JN298058

DNAチップ活用テクノロジーと応用
DNA Chips Technologies and Applications

《普及版／Popular Edition》

監修 久原 哲

シーエムシー出版

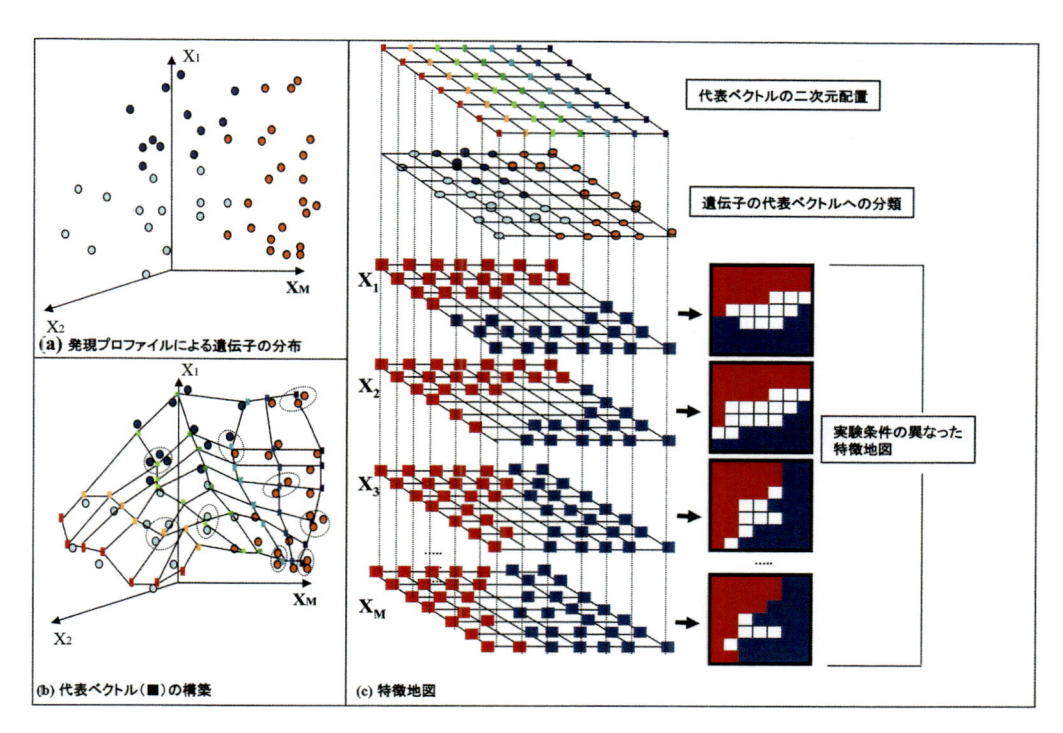

図1　自己組織化法の概念図
（3編3章2　図1）

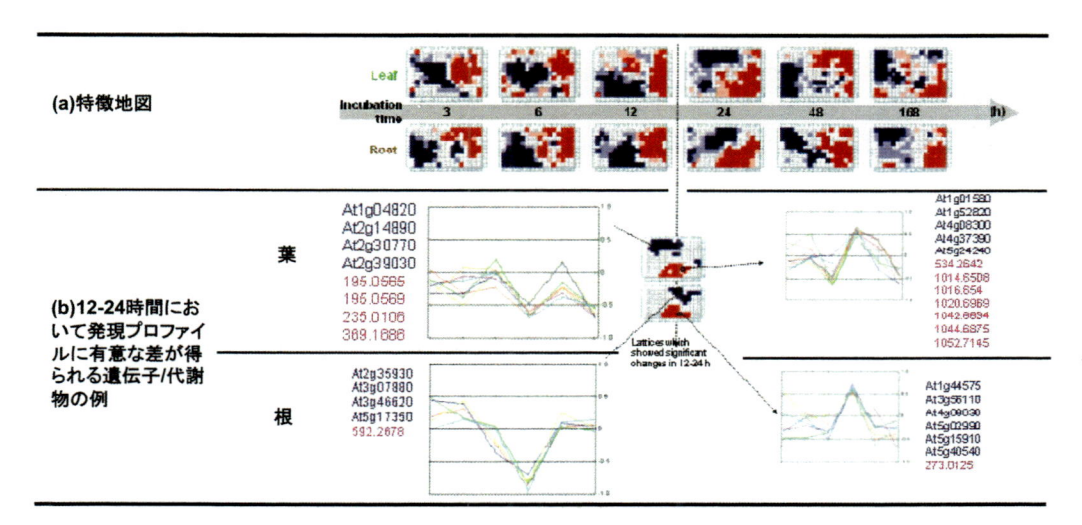

図2　特徴地図解析
（3編3章2　図2）

はじめに

　20世紀の最後の10年間の圧倒的ゲノム全塩基配列解読プロジェクトの進展により，21世紀におけるポストゲノム科学の大きな研究分野分野としてOMICS（Transcriptomics，Proteomics，Metabolomics等，各層における網羅的解析の総称）研究が始動し，生物学が新しい局面を迎えている。生物機能を高度に利用するためには，遺伝子・タンパク質・代謝産物の網羅的同定とともに，それらの構成する機能ネットワーク構造を理解することが不可欠である。生命の青写真は遺伝子ではなく，ネットワーク構造であるとすら言われている。

　これらの新しい概念の最初のステップがトランスクリプトミクスであり解析手段としてDNAチップが実用化されたのは周知のことである。DNAチップが最初に使われたのは1995年の出芽酵母である。当時のチップは，ガラスの基板の上にcDNAを貼り付けたものであり研究室での自作が主流であった。しかし，アフィメトリックス社がオリゴプローブを基盤上で合成させる手法を開発し，一気にオリゴプローブが主流を占めるようになった。また，ゲノム配列の決定にあわせてチップのコンテンツも多様になり，現在ではゲノム配列が明らかになった主要な生物のチップがカタログに載っている時代になっている。同時に研究対象も遺伝子領域からタイリングアレイ等のゲノム全体へとより広い領域をカバーしつつあり，さらにCHIP on Chip解析等の解析を通して複製過程の解析までもが対象となるような拡張が行われている。

　さらにハード面でも，チップの基盤においても，ガラス基盤，ダイアモンド基盤からシリコン基盤，ビーズ等の新しい基盤が採用され，基盤の形も平面からパイル型あるいは繊維型チップ等立体基盤へと拡張されている。

　一方解析分野では，初期に行われたモデル動物での発現解析からヒトへの応用が盛んに行われ，多くの重要な成果を挙げている。特にチップの医療への応用は，近年，患者個人の体質や病態・薬剤応答性をもとに薬の種類や量を決定するなどの患者個人に適した医療（オーダーメイド医療）の実現，あるいは病気の早期発見や病態診断に用いるための高感度の疾患特異的バイオマーカー探索研究が進んでおり，信頼性の高い臨床診断の実現が期待されている。

　これらの研究あるいは応用の基礎となる解析技術も大幅に進んでいる。従来から指摘されてきたデータの誤差については，誤差の修正法が開発されてきている。解析手法も広範囲の分野の研究者が開発に着手して，チップデータの研究分野にあった解析プログラムが提供されている。

　本書では，これら最近の進展を，チップ開発の企業，新しい実験手法，解析の実際としてモデル生物での発現解析からヒトでの臨床応用までを例をあげながら解説している。最後に，全ての

解析の基本となる解析技術の基礎について技術的解説を行っている。

2006 年 9 月

九州大学大学院　農学研究院　久原　哲

普及版の刊行にあたって

本書は2006年に『DNAチップ活用テクノロジーと応用』として刊行されました。普及版の刊行にあたり，内容は当時のままであり加筆・訂正などの手は加えておりませんので，ご了承ください。

2014年4月

シーエムシー出版　編集部

執筆者一覧（執筆順）

久原　　哲	九州大学大学院　農学研究院　システム生命科学府　遺伝子資源工学部門　遺伝子制御学講座　バイオアーキテクチャーセンター　教授
梶江　慎一	アフィメトリクス・ジャパン㈱
浅岡　広彰	イルミナ㈱　営業部　部長
平山　幸一	東洋鋼鈑㈱　技術開発・環境本部　技術研究所　開発研究部
信正　　均	東レ㈱　新事業開発部門　DNAチップグループ　グループリーダー
秋田　　隆	三菱レイヨン㈱　新事業企画室　ゲノムグループ　担当部長
大島　　拓	奈良先端科学技術大学院大学　助手
白髭　克彦	東京工業大学　バイオ研究基盤支援総合センター　助教授
百瀬　義雄	東京大学大学院　医学系研究科クリニカルバイオインフォマティクス研究ユニット
中原　康雄	東京大学大学院　医学系研究科神経内科
辻　　省次	東京大学医学部付属病院　神経内科　科長
漆原　秀子	筑波大学　大学院生命環境科学研究科　教授
岩橋　　均	�㈿産業技術総合研究所　ヒューマンストレスシグナル研究センター　副研究センター長
石田　直理雄	�独産業技術総合研究所　生物機能工学研究部門　生物時計研究グループ　グループ長，筑波大連携大学院　生命環境科学　教授
源　　利文	�独産業技術総合研究所　生物機能工学研究部門　生物時計研究グループ　ポスドク研究員
古屋　茂樹	九州大学　バイオアーキテクチャーセンター　教授
吉田　一之	宇都宮大学　農学部生物生産科学科
平林　義雄	理化学研究所　脳科学総合研究センター　CREST
下地　　尚	㈶癌研究会　ゲノムセンター　チームリーダー
野田　哲生	㈶癌研究会　癌研究所　所長／ゲノムセンター長
斎藤　博久	国立成育医療センター研究所　免疫アレルギー研究部　部長
黒川　敦彦	㈱サインポスト　代表取締役CEO
山﨑　義光	大阪大学医学部付属病院　病院教授

中神 啓徳	大阪大学大学院　医学系研究科　遺伝子治療学　助手	
森下 竜一	大阪大学大学院　医学系研究科　臨床遺伝子治療学　教授	
本多 政夫	金沢大学大学院　医学研究科　感染症病態学　助教授，消化器内科	
山下 太郎	金沢大学大学院　医学研究科　消化器内科	
上田 晃之	金沢大学大学院　医学研究科　消化器内科	
川口 和紀	金沢大学大学院　医学研究科　消化器内科	
西野 隆平	金沢大学大学院　医学研究科　消化器内科	
鷹取 元	金沢大学大学院　医学研究科　消化器内科	
皆川 宏貴	NEC基礎・環境研	
金子 周一	金沢大学大学院　医学研究科　消化器内科　教授	
小西 智一	秋田県立大学　生物資源科学部　准教授	
中村 由紀子	愛媛女子短期大学　生命科学研究所　かずさDNA研究所　植物ゲノムバイテク研究室	
真保 陽子	奈良先端科学技術大学院大学　情報科学研究科・情報生命学専攻	
矢野 美弦	千葉大学大学院薬学研究科　遺伝子資源応用研究室，理化学研究所植物科学研究センター	
モハマド・アルタフル・アミン	奈良先端科学技術大学院大学　情報科学研究科・情報生命学専攻	
黒川 顕	奈良先端科学技術大学院大学　情報科学研究科・情報生命学専攻	
阿部 貴志	国立遺伝学研究所　生命情報・DDBJ研究センター	
木ノ内 誠	山形大学　工学部　応用生命システム工学科	
斉藤 和季	千葉大学大学院薬学研究科　遺伝子資源応用研究室，理化学研究所植物科学研究センター	
池村 淑道	長浜バイオ大学	
金谷 重彦	奈良先端科学技術大学院大学　情報科学研究科　情報生命学専攻	
井元 清哉	東京大学　医科学研究所　ヒトゲノム解析センター　DNA情報解析分野　助手	

執筆者の所属表記は，2006年当時のものを使用しております．

目　次

I 編　チップの新しい技術

第1章　ゲノムタイリングアレイ　　梶江慎一

1　Gene Chip®の製造技術とプローブアレイの高集積度化 ……………………… 3
2　ゲノムタイリングアレイによって実現される新しいアプリケーション ………… 5
3　ゲノムタイリングアレイのデザイン …… 5
4　タイリングアレイのデータ解析 ………… 6
5　全ゲノムタイリングアレイセット ……… 7
6　Human Promoter 1.0R Array ………… 7
7　Chromosome 21/22 1.0 Array Set ……… 8
8　ENCODE01 1.0 Array ………………… 9
9　サンプル調製プロトコール …………… 10

第2章　ビーズアレイ　　浅岡広彰

1　はじめに …………………………… 12
2　ビーズアレイプラットフォーム技術の概略 ………………………………… 12
　2.1　アレイフォーマット ……………… 15
3　SNPジェノタイピング解析の概要 …… 16
　3.1　Golden Gate™ Assay（Custom Design SNP解析に最適）………… 18
　3.2　Whole Genome Genotyping (infinium™) Assay（網羅的SNP解析に最適）………………………… 19
4　遺伝子発現プロファイリング解析の概要 ………………………………… 20
　4.1　In Vitro Transcription (IVT) Assay（網羅的な遺伝子発現解析に最適）………………………………… 21
　4.2　DNA-Mediated Annealing, Selection, extension, and Ligation (DASL) Assay（Custom Design 遺伝子発現解析に最適）…………………… 21
5　アプリケーション紹介 ……………… 22
　5.1　Universal Bead Arrays を用いたフォルマリン固定パラフィン包埋組織の遺伝子発現プロファイリング … 22
6　まとめ ……………………………… 25
7　おわりに …………………………… 25

第3章　検査用シリコンミニマイクロアレイ　　平山幸一

1　はじめに …………………………… 26
2　開発の経緯 ………………………… 26

3 ジーンシリコンについて …………… 26	7 遺伝子解析用基板としての評価 ……… 29
4 ジーンシリコンの構成および特徴 …… 27	8 SNPの検出 …………………………… 31
5 ジーンシリコンの作成方法 …………… 28	9 おわりに ……………………………… 32
6 スポット溶液の検討 …………………… 28	

第4章　柱状構造高感度DNAチップ　　信正　均

1 はじめに ……………………………… 33	2.3 ターゲットDNAとの反応性向上
2 高感度チップ技術の特徴 ……………… 34	……………………………………… 36
2.1 チップ形状・材質による検出スポット形状の安定化とノイズ低減 …… 34	3 柱状構造DNAチップの性能評価 …… 37
	4 今後の展開 …………………………… 39
2.2 チップに固定するDNA（プローブDNA）の密度制御 …………… 36	5 おわりに ……………………………… 39

第5章　繊維型DNAチップ　　秋田　隆

1 はじめに ……………………………… 41	5 ジェノパール®の使用方法 …………… 49
2 ハイブリダイゼーション ……………… 41	6 ジェノパール®の基本性能 …………… 50
2.1 ハイブリダイゼーションに関係するDNAの形態変化 …………… 41	6.1 再現性 …………………………… 50
	6.2 感度 ……………………………… 51
2.2 効率的なハイブリダイゼーション ……………………………………… 42	6.3 定量PCRとの相関 ……………… 51
	7 ジェノパール®の応用例 ……………… 52
2.3 ハイブリダイゼーションにおける諸問題 ………………………… 44	7.1 マイクロRNA解析への応用 …… 52
	7.2 腸内フローラ解析への応用 ……… 52
2.3.1 部分ミスマッチ塩基対形成 … 44	7.3 化学物質バイオアッセイへの応用
2.3.2 分子間静電相互作用 ………… 45	……………………………………… 54
2.3.3 ターゲット核酸の高次構造 … 45	7.4 環境ホルモン検査への応用 ……… 54
2.3.4 一塩基多型検出 ……………… 46	7.5 ゲノム多型解析への応用 ……… 55
3 フォーカストアレイ …………………… 46	8 一塩基多型検出法 …………………… 55
4 ジェノパール®の製造方法 …………… 47	9 DNAチップの今後の課題 …………… 56

II編　チップの新しい実験法

第1章　バクテリアのタイリングアレイ解析　　大島　拓

1　はじめに …………………………… 61
2　タイリングアレイ ………………… 61
3　大腸菌，枯草菌の遺伝子間高密度化タイリングアレイ（intergenic tiling array）
　　…………………………………… 63
4　大腸菌および枯草菌タイリングアレイを用いた転写解析 ……………… 64
　4.1　標識cDNA断片の合成 ……… 64
　4.2　ハイブリダイゼーションシグナルの解析 ………………………… 65
　4.3　発現量データの解析（ゲノムDNAハイブリダイゼーションデータによるcDNAハイブリダイゼーションデータの補正） ………… 66
　4.4　タイリングアレイによる転写データを用いた転写開始点の解析 …… 67
5　低分子RNAおよび低分子量たんぱく質をコードする遺伝子領域の推定 …… 67
　5.1　ChIP-chip 解析 ……………… 68
　5.2　ChAP-chip 法 ………………… 69
　5.3　RNA polymeraseの分布 …… 69
6　おわりに …………………………… 70

第2章　ChIP-on-chip法　　白髭克彦

1　はじめに …………………………… 73
2　背景と操作の概略 ………………… 73
3　ChIP-chipによる染色体動態の解析 … 75
4　おわりに …………………………… 76

第3章　チップを使ったSNP解析　　百瀬義雄，中原康雄，辻　省次

1　SNPとは …………………………… 78
2　チップによるSNPタイピング …… 79
3　チップを使ったSNP解析の実際 …… 81
　3.1　メンデル遺伝性疾患への応用 …… 81
　3.2　多因子疾患への応用 ………… 82
　3.3　その他 ………………………… 83

III編　発現解析と機能解析

第1章　モデル動物

1　細胞性粘菌トランスクリプトームのアレイ解析 ……………… 漆原秀子…89

- 1.1 細胞性粘菌のゲノミクス ……… 89
  - 1.1.1 細胞性粘菌とその生活環 …… 89
  - 1.1.2 細胞性粘菌のゲノム解析 …… 90
  - 1.1.3 細胞性粘菌でのアレイ解析 … 91
- 1.2 cDNAアレイとその利用 ………… 91
  - 1.2.1 発生過程でのトランスクリプトーム解析 ……………………… 92
  - 1.2.2 脱分化過程の解析 …………… 92
  - 1.2.3 その他の解析 ………………… 94
- 1.3 オリゴアレイを用いた解析 ……… 95
- 1.4 おわりに ………………………… 96
- 2 酵母 環境化学物質影響評価への発現解析の利用 ……………… 岩橋 均…97
  - 2.1 DNAマイクロアレイを用いた化学物質の毒性評価 ………………… 97
  - 2.2 酵母の利点と欠点 ……………… 97
  - 2.3 暴露実験条件の設定 …………… 98
  - 2.4 誘導・抑制遺伝子の選択 ……… 99
  - 2.5 誘導・抑制遺伝子の機能分類 … 100
  - 2.6 誘導・抑制遺伝子の詳細解析 …… 104
  - 2.7 クラスター解析 ………………… 104
  - 2.8 DNAマイクロアレイを用いた発現解析の裏技 ……………………… 106
- 3 DNAチップを用いた生物時計機能解析 ―ショウジョウバエの交尾行動リズムとホヤの体内時計
  ………………… 石田直理雄,源 利文…108
  - 3.1 DNAマイクロアレイの良し悪し
    ……………………………………… 108
  - 3.2 生物時計遺伝子とその機能 ……… 108
  - 3.3 遺伝子のリズム発現と末梢時計 … 109
  - 3.4 ショウジョウバエの交尾行動リズム ……………………………… 110
  - 3.5 尾索動物カタユウレイボヤにおける概日振動遺伝子群の探索 ……… 112
- 4 マウス
  …… 古屋茂樹,吉田一之,平林義雄…118
  - 4.1 はじめに ………………………… 118
  - 4.2 アレイ実験を始める前に ……… 119
    - 4.2.1 アレイプラットフォームの選択とレプリケート数 ……… 119
    - 4.2.2 基本解析を自力で行うのか … 120
  - 4.3 マイクロアレイ実験と解析の実際
    ……………………………………… 121
    - 4.3.1 実験操作 ……………………… 121
    - 4.3.2 遺伝子改変疾患モデルマウスでのアレイ解析の実際 ……… 121
  - 4.4 リアルタイムPCR定量による確認実験 ……………………………… 129
  - 4.5 おわりに ………………………… 129

第2章 ヒト

- 1 マイクロアレイを用いた癌の遺伝子発現解析研究 …… 下地 尚,野田哲生…131
  - 1.1 はじめに ………………………… 131
  - 1.2 マイクロアレイを用いた癌研究の意義 ……………………………… 131
  - 1.3 癌の臨床転帰診断 ……………… 132
    - 1.3.1 白血病の分類・リンパ腫の予後予測 ………………………… 132

- 1.3.2 癌の再発予測 …………… 133
- 1.4 癌の薬剤感受性診断 …………… 134
  - 1.4.1 乳癌の術前化学療法感受性 … 134
  - 1.4.2 食道癌の化学療法感受性 …… 135
  - 1.4.3 慢性骨髄性白血病におけるグリベック感受性 …………… 135
- 1.5 臨床サンプルを扱う際の問題点 … 136
- 1.6 ゲノム情報を用いた癌治療体系の確立に向けて …………… 138
- 1.7 おわりに …………… 139

2 喘息等アレルギー疾患 …… 斎藤博久 … 141
- 2.1 DNAチップ技術の進歩 …………… 141
- 2.2 アレルギー疾患病態解析に関するDNAチップ技術応用の限界 …… 141
  - 2.2.1 アレルギー疾患における炎症の特徴 …………… 141
  - 2.2.2 炎症組織における炎症細胞の数の増加 …………… 142
  - 2.2.3 標的細胞分画における少量の異種細胞の混入 …………… 142
  - 2.2.4 DNAチップの検出限界 …… 143
- 2.3 アレルギー疾患病態解析に関する方法DNAチップ技術応用 ……… 144
  - 2.3.1 動物モデルの使用 …………… 144
  - 2.3.2 高度に精製したヒト細胞の使用 …………… 145
  - 2.3.3 マイクロダイセクションなど組織の一定分画の採取 ……… 146
  - 2.3.4 細胞種特異的遺伝子発現データベースの利用 …………… 146
- 2.4 トランスクリプトーム研究の今後の動向 …………… 147

3 糖尿病 ………… 黒川敦彦，山﨑義光 … 150
- 3.1 はじめに …………… 150
- 3.2 動脈硬化の発現・進展と動脈硬化危険因子 …………… 150
- 3.3 疾患感受性遺伝因子としての遺伝子多型 …………… 151
- 3.4 糖尿病合併症感受性遺伝子多型 … 151
  - 3.4.1 レニン・アンジオテンシン系（RA系）遺伝子 …………… 151
  - 3.4.2 脂質代謝関連遺伝子 …………… 151
  - 3.4.3 酸化ストレス関連遺伝子 …… 151
  - 3.4.4 その他の遺伝子多型 …………… 152
- 3.5 遺伝子多型と疾患発症 …………… 152
- 3.6 多重遺伝子多型解析 …………… 154
- 3.7 「サインポストDM」サービスの概要 …………… 156
- 3.8 NAP(Nuclease Activated Probe)-Ligation法によるDNAチップ解析の特徴 …………… 156
- 3.9 おわりに …………… 157

4 動脈硬化 ………… 中神啓徳，森下竜一 … 158
- 4.1 はじめに …………… 158
- 4.2 動脈硬化とは …………… 158
- 4.3 炎症性サイトカインと動脈硬化 … 159
- 4.4 動脈硬化と血液由来幹細胞 …… 160
- 4.5 遺伝子診断 …………… 161
  - 4.5.1 ACE遺伝子多型 …………… 161
  - 4.5.2 ACE2遺伝子多型 …………… 161
  - 4.5.3 アンジオテンシノーゲン遺伝子多型 …………… 161
  - 4.5.4 AT1遺伝子多型 …………… 162
  - 4.5.5 AT2遺伝子多型 …………… 162

4.5.6 G蛋白β3サブユニット遺伝子多型 …………… 162	ウイルスゲノムの検出 …………… 167
4.5.7 NOS遺伝子多型 ………… 162	5.3 cDNAマイクロアレイ法を用いたゲノムCGH ……………… 168
4.5.8 インスリン受容体遺伝子 …… 162	5.4 肝炎・肝細胞癌組織のトランスクリプトーム解析 ……………… 168
4.5.9 LDL受容体遺伝子 ………… 163	5.4.1 Serial Analysis of Gene Expression (SAGE) 法を用いた正常肝組織, 慢性肝炎, 肝細胞癌の解析 …………………… 168
4.6 末梢血トランスクリプトーム解析 …………………………… 163	
4.7 将来的な応用の展望 ………… 163	
5 肝臓疾患と発現プロファイル …… **本多政夫, 山下太郎, 上田晃之, 川口和紀, 西野隆平, 鷹取 元, 皆川宏貴, 金子周一** … 167	5.4.2 cDNAマイクロアレイ法を用いた慢性肝炎, 肝癌例の解析 … 169
	5.5 肝細胞癌のプロテオーム解析 …… 176
5.1 はじめに ………………… 167	5.6 おわりに ………………… 177
5.2 cDNAマイクロアレイ法を用いた	

第3章　解析技術

1 発現プロファイルの標準化と比較 ……………………… **小西智一** … 179	クリプトームデータの統合解析に向けて … **中村由紀子, 真保陽子, 矢野美弦, モハマド・アルタフル・アミン, 黒川 顕, 阿部貴志, 木ノ内誠, 斉藤和季, 池村淑道, 金谷重彦** … 191
1.1 はじめに ………………… 179	
1.2 基本となる考え方について …… 179	
1.3 解析は標準化から始まる ……… 180	
1.3.1 標準化の原理 …………… 180	
1.3.2 パラメトリック法 ………… 181	2.1 はじめに ………………… 191
1.3.3 実際の計算 ……………… 183	2.2 自己組織化法 ……………… 192
1.4 標準化したデータを比較する …… 185	2.2.1 Kohonen SOM ………… 192
1.4.1 原因から考える視点 ………… 185	2.2.2 Batch-learning SOM ……… 194
1.4.2 結果から考える視点 ………… 187	2.2.3 BL-SOMによる発現プロファイル解析法 …………… 196
1.5 測定結果の再現性を調べる …… 188	
1.6 おわりに ………………… 190	2.3 トランスクリプトームおよびメタボロームにおけるデータの統合解析 ……………………… 197
2 自己組織化法のバイオインフォマティクスへの応用ーメタボロームおよびトランス	
	2.4 ダウンロードサイト ………… 198

3 発現プロファイル解析-ネットワーク構築 ……………………… **井元清哉**…201
  3.1 はじめに ………………………… 201
  3.2 遺伝子ネットワーク推定 ………… 201
    3.2.1 記号の整理 …………………… 201
    3.2.2 遺伝子間の関係を知る ……… 203
  3.3 解析例 …………………………… 210
    3.3.1 Griseofulvin の例：出芽酵母
    ………………………………… 211
    3.3.2 Fenofibrate の例：ヒト血管内皮細胞 ……………………… 212

Ⅰ編　チップの新しい技術

上篇　キャップの新しい技術

第1章　ゲノムタイリングアレイ

梶江慎一*

1　GeneChip® の製造技術とプローブアレイの高集積度化

アフィメトリクス社は，半導体の製造に使われているフォトリソグラフィー技術（図1）を利用することにより，高密度オリゴヌクレオチドアレイであるGeneChipの製造技術を確立した[1,2]。フォトリソグラフィーによる光の照射とヌクレオチドモノマー前駆体のカップリング反応を繰り返すことで，アレイ基板上の特定の領域に，任意の配列のオリゴヌクレオチドプローブを合成することが可能となる（図2）。GeneChipプローブアレイの製造では，ガラス基板上で直接オリゴヌクレオチドを合成することで，合成ステップを最小限に抑えている。同一配列のオリゴヌクレオチドプローブが合成されるアレイ上の正方形の区画をプローブセルと呼ぶが，1個のプローブセル上には，数百万の同一のオリゴヌクレオチド分子が結合している。

GeneChipプローブアレイを用いた遺伝子発現解析は，技術的に大きな困難がなくルーチンに実施できるまでになっており，ヒトを含む様々な生物種のアレイを用いた研究成果が数多く報告され，原著論文数は4,000報を超えている[3]。応用面では，GeneChipテクノロジーを利用した臨

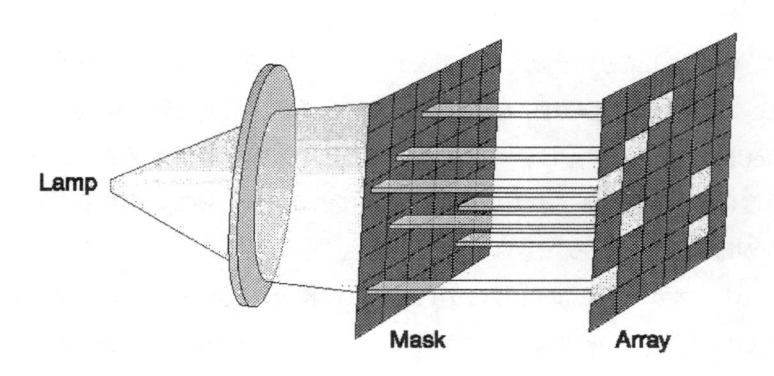

図1　フォトリソグラフィー
GeneChipプローブアレイの製造工程では，フォトリソグラフィーとコンビナトリアル・ケミストリーを組み合わせた独自の信頼性の高い方法が採用されている。フォトリソグラフィーでは，マスクがアレイ上に照射される光の位置を制御し，合成されるオリゴヌクレオチドの配列を決めている。

---

*　Shinichi Kajie　アフィメトリクス・ジャパン㈱

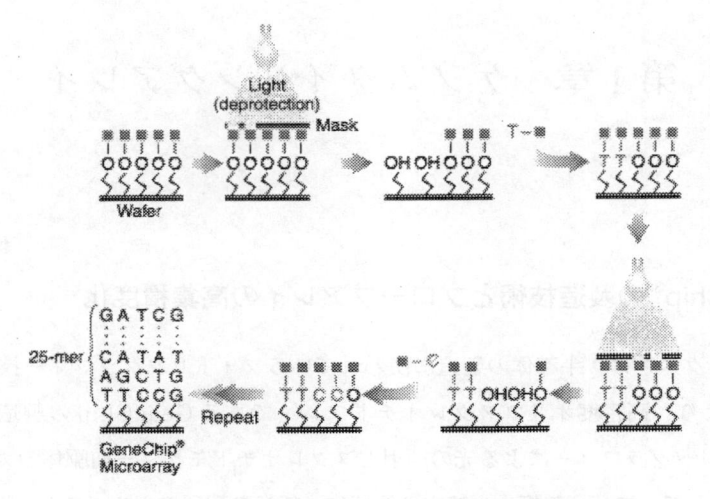

図2 アレイ上でのオリゴヌクレオチドの合成反応

オリゴヌクレオチドは，アレイのガラス基板（ウエハー）上で直接合成される。マスクが持っているウィンドウのパターンは，ウエハー上に照射される光の位置を決める。光化学反応で取り除くことができる保護基を持った合成リンカーは，マスクを通して照射された紫外線により，特定の領域だけ保護基が脱離する。保護が外れ水酸基が露出した部分で，脱保護可能な保護基で修飾されたデオキシヌクレオチドのいずれか1種類の重合反応が行われる。異なるマスクを適用した保護基の脱保護と，A，C，T，Gそれぞれの塩基を持ったヌクレオチドモノマー前駆体のカップリング反応が，プローブが25塩基である全長に達するまで繰り返される。このような工程により，アレイ基板上の特定の領域に，任意の配列のオリゴヌクレオチドプローブを合成することができる。

床診断用製品が開発され，新薬開発の現場では，臨床試験のデータ収集にも積極的に利用されている。

このように，半導体工業という全く異なる分野の技術である，フォトリソグラフィー技術を応用することで，非常に集積度の高い GeneChip プローブアレイを大量に製造することが可能となった。GeneChipテクノロジーは，一度に多くの遺伝子情報の解析が必要な分野に適したツールであり，高度にコントロールされた製造プロセスにより，同じ種類の異なるアレイ間での実験の高い再現性が確保されている[4]。

GeneChip プローブアレイでは，1枚のアレイ上に，膨大な数のDNAプローブを搭載できるという特徴を生かして，いくつかの新しいアプリケーション用のアレイも開発されている。高等真核生物におけるタンパク質の多様性は，遺伝子数だけではなく，様々なパターンでスプライスされる転写産物の多様性にも依存しているが，現在の真核生物の遺伝子発現解析アレイでは，mRNAの3'側に近い位置でプローブを設計しており，選択的スプライシングの全てを検出できるようにはなっていない。選択的スプライシングやスプライスバリアントを検出・定量するには，各エクソンに対してプローブを設定する必要がある。ヒトゲノム中の百万以上に及ぶといわれる

全てのエクソンをスキャンするには，一つのエクソンに対し，数個のプローブを設定するとしても，全ゲノムで数百万種類のプローブが必要なことになる。プローブセルサイズを縮小し集積度を高めることで，ヒトゲノム中の全エクソンをスキャンするヒトエクソンアレイが開発された[5]。細胞内では，タンパク質をコードしないが転写されているRNAの存在が知られているが，これらの検出にもGeneChipテクノロジーの適用が考えられた。ゲノムタイリングアレイと呼ばれるGeneChipアレイでは，ゲノムDNAの塩基配列情報が入手可能な生物種に限られるが，ゲノム配列の一定間隔ごとにプローブが設定されていて，全ての転写産物の検出が可能となっている。アフィメトリクスの研究グループは，ヒトの21番，22番染色体のゲノムタイリングアレイを用いて，転写産物を網羅的に調べた研究成果を発表した[6]。

2 ゲノムタイリングアレイによって実現される新しいアプリケーション

多くの生物種で全ゲノム配列の解読が完了したことで，新しいタイプの実験をゲノムワイドに実施することが可能となった。ゲノムタイリングアレイの応用範囲は広く，クロマチン免疫沈降（ChIP：chromatin immunoprecipitation）法を利用したタンパク質-DNA相互作用部位のマッピング，新規のRNA転写産物の発見，メチル化やアセチル化など広範囲のエピゲノミックな変化の検出など，ゲノムをより詳しく理解するための発見ツールとして利用できる。

GeneChipタイリングアレイでは，どのような先入観にも基づかない，中立なアレイデザイン戦略を採用しているので，ゲノム全体をアノテーションとは無関係に研究することが可能となる。新規のRNA転写産物を発見するために利用できるが，以前は「ゲノムの砂漠」であると考えられていたゲノム領域においても，新たなアノテーションを確立することが可能になる[6]。

ChIP法は，10年以上にわたり，タンパク質-DNA相互作用の研究に利用されてきたが，ChIPプロトコールをGeneChipの全ゲノムタイリングアレイと共に用い，転写因子のDNA結合部位をマッピングすることで，ゲノムDNAにおける制御機構を理解することが可能となる。ChIPプロトコールとGeneChipタイリングアレイとの強力な組み合わせは，染色体全体にわたるタンパク質-DNA相互作用部位のマッピングに利用されている。

3 ゲノムタイリングアレイのデザイン

ゲノムタイリングアレイのデザインは，DNAマイクロアレイデザインの変化を象徴するものとなっている。ゲノムDNA配列をRepeatMaskerという反復配列の領域を除去するソフトウェアで処理し，得られた反復配列のない配列情報が，GeneChipタイリングアレイのデザインに用

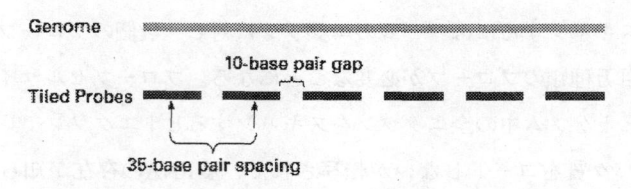

```
Genome
                    10-base pair gap
Tiled Probes    ━━ ━━ ━━{  }━━ ━━ ━━ ━━ ━━ ━━
                  ↑  ↑
                35-base pair spacing
```

図3　ゲノムタイリングアレイのデザイン
35塩基対の分解能を持つゲノムタイリングアレイのアレイデザインを示す。隣り合うオリゴヌクレオチドの中心塩基間の距離が約35塩基対の間隔になるようにプローブがタイリングされ，オリゴヌクレオチド間のギャップは約10塩基対となっている。

いられている。プローブは，タンパク質のコーディング領域であるか非コーディング領域であるかに関係なく，配列全域から一定の間隔で選択されている。GeneChipタイリングアレイシリーズの全てのアレイは，25-merオリゴヌクレオチドを採用していて，最適なハイブリダイゼーション特異性を持つオリゴヌクレオチドプローブが選択されている。塩基対で表される分解能は，アレイ上のプローブがゲノムをカバーする密度に対応していて，隣り合う25-merオリゴヌクレオチドの中心塩基間の距離になっている（図3）。タイリングアレイは，特定の転写産物の転写方向とは関係なく，ゲノムのDNA鎖の方向性に基づいてデザインされている。アレイの名称に，R（Reverse）と表示されたアレイのプローブはゲノムDNAの逆鎖方向に相補的で，F（Forward）と表示されたアレイのプローブは順鎖方向に相補的になっている。

4　タイリングアレイのデータ解析

アフィメトリクスは，タイリングアレイのデータを解析するために，Tiling Analysis Software（TAS）とIntegrated Genome Browser（IGB）という2つのソフトウェアツールを開発した。TASは，GeneChipタイリングアレイ専用の，生データ解析ソフトウェアで，GeneChip Operating Software（GCOS）から出力された.celファイルに格納されているプローブセル蛍光強度データを解析し，以下の情報を提供する。

・調べているゲノム領域におけるsignalおよびp-value
・計算されたsignalおよびp-valueに基づくゲノム間距離の算出
・解析結果の概要をまとめた統計情報
・アレイデータの品質を評価するためのグラフ表示

TASで得られた解析結果は，IGBへのインポートが可能である。このIGBは，ゲノムや複数のデータソースからの対応するアノテーションを視覚化し，探索するためのソフトウェアアプリケーションである。また，TASで出力したファイルを，UCSC Genome Browserを用いて表示す

GeneChip® Operating Software (GCOS) .cel file → Affymetrix® Tiling Analysis Software (TAS) → Integrated Genome Browser (IGB)

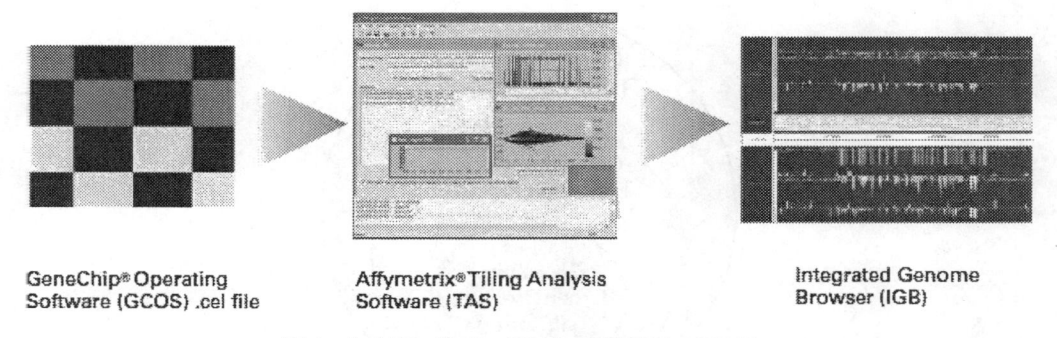

図4 タイリングアレイのデータ解析ワークフロー

ることも可能である．図4に，タイリングアレイデータ解析の基本ワークフローを示す．

5 全ゲノムタイリングアレイセット

ヒトとマウスについては，転写産物マッピングやChIP法を用いた実験に利用できる高分解能の全ゲノムタイリングアレイセットが2種類販売されている．GeneChip Human Tiling 1.0R Array Setは，パーフェクトマッチプローブとミスマッチプローブの両方を活用した14枚のアレイで構成され，転写産物マッピングやその他の解析に適したデザインとなっている．GeneChip Human Tiling 2.0R Array Setは，ChIP実験のためにデザインされ，Human Tiling 1.0R Array Setのすべてのパーフェクトマッチプローブを搭載している（図5）．Human Tiling 2.0R Array Setは，アレイ7枚で構成される全ゲノム解析用製品である．

両者の全ゲノムタイリングアレイセットのデザインに用いた塩基配列は，NCBIヒトゲノムアセンブリのBuild 34から選択している．反復配列はRepeatMaskerで取り除かれ，隣り合う25-merオリゴヌクレオチドの中心塩基間距離で表された分解能が平均35塩基対となるようにプローブが選択され，プローブ間のギャップは約10塩基対となっている．これらの製品の各アレイには，650万種類以上のプローブが含まれ，特定のゲノム領域を調べることも可能である．

6 Human Promoter 1.0R Array

Human Promoter 1.0R Arrayも，ChIP実験用にデザインされた1枚のアレイからなる製品で，25,500カ所以上のヒトプロモーター領域にタイリングされた460万以上のプローブで構成されている．このアレイのデザインに用いた塩基配列は，NCBIヒトゲノムアセンブリのBuild 34から選択され，反復配列はRepeatMaskerで取り除かれている．プロモーター領域は，35,685個の

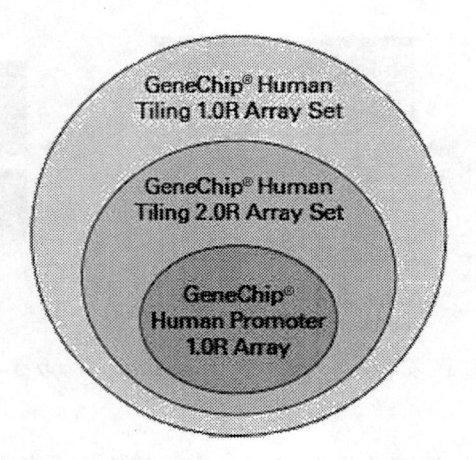

図5 Human Tiling Array シリーズの相互関係

Human Tiling 1.0R Array Set は 14 枚のアレイで構成され，転写産物マッピング実験に適したデザインになっている．

Human Tiling 2.0R Array Set は，7 枚のアレイで構成され，クロマチン免疫沈降実験に適したデザインになっている．このアレイセットには，Human Tiling 1.0R Array Set のパーフェクトマッチプローブが全て含まれている．

Human Promoter 1.0R Array は，Human Tiling 2.0R Array Set のプローブの一部で構成され，プロモーター領域におけるクロマチン免疫沈降実験のためにデザインされている．

Ensemble 遺伝子（version 21_34d，2004 年 5 月 14 日），25,172 個の RefSeq mRNA（NCBI GenBank，2004 年 2 月 7 日），47,062 個の complete-CDS mRNA（NCBI GenBank，2003 年 12 月 15 日）の配列情報を用いて選択されている．このアレイのために選択されたプローブは，ChIP 実験のための全ゲノム解析用製品である Human Tiling 2.0R Array Set で用いられているプローブの一部であり，パーフェクトマッチプローブだけになっている（図 5）．隣り合う 25-mer オリゴヌクレオチドの中心塩基間距離で表される分解能が平均 35 塩基対となるようプローブが選択され，プローブ間のギャップは約 10 塩基対となっている．このアレイが調べているプロモーター領域は，転写開始部位の 7.5 kb 上流から，転写開始部位の 2.45 kb 下流までで，この領域内に平均 35 塩基対の間隔でプローブが配置されている（図 6）．これは，UCSC によってアノテートされた NCBI ヒトゲノムアセンブリ（Build 34）の CpG アイランドの約 59% に対応するプローブを含んでいる．

7　Chromosome 21/22 1.0 Array Set

Chromosome 21/22 1.0 Array Set は，3 枚のアレイで構成され，ヒト 21 番，22 番染色体を研究するためにデザインされている．この製品には，2 種類のアレイセットがあり，Chromosome

第1章 ゲノムタイリングアレイ

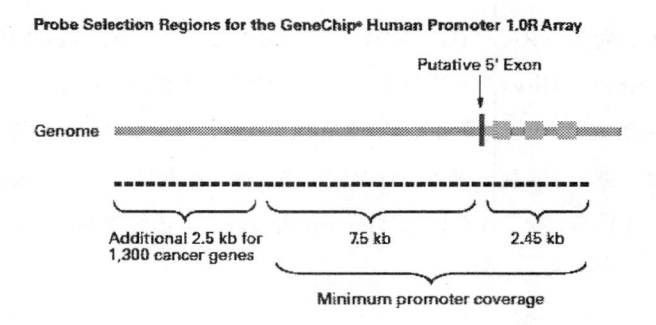

図6 Human Promoter 1.0R Array のプローブ選択領域
Human Promoter 1.0R Array の各プロモーター領域は，5'転写開始部位の約7.5 kb 上流から2.45 kb 下流までをカバーしている。また，1,300個以上の癌関連遺伝子については，プロモーター領域のカバー範囲を拡張し，追加的なゲノム情報が含まれるようにしている。このように選択された遺伝子の場合，全カバー領域は，転写開始部位の10 kb 上流から2.45 kb 下流までとなっている。

21/22 1.0F Array Set は，ゲノムDNAの順鎖方向の配列に相補的で，Chromosome 21/22 1.0R Array Set は，逆鎖方向の配列に相補的である。このアレイセットのデザインに用いた塩基配列は，NCBI ヒトゲノムアセンブリの Build 28 から選択されている。反復配列は RepeatMasker で取り除き，非反復配列だけが含まれている。隣り合う25-mer オリゴヌクレオチドの中心塩基間距離で表された分解能が平均35塩基対となるようプローブをタイリングし，プローブ間のギャップは約10塩基対となっています。これらのセットの各アレイには，100万以上のパーフェクトマッチプローブが含まれ，ヒトの21番，22番染色体の全領域を調べることができる。

8　ENCODE01 1.0 Array

ENCODE（Encyclopedia of DNA Elements）プロジェクトとは，ヒトゲノム配列に含まれる全ての機能エレメントを同定することを目的として，米国立ヒトゲノム研究所（NHGRI：National Human Genome Research Institute）が実施しているプロジェクトである[7]。ENCODE01 1.0 Array は，このプロジェクトが採用しているタイリングアレイであり，新規転写産物のマッピングや ChIP アッセイなどの研究に利用できる。このアレイは，30 Mb の DNA からなる ENCODE パイロット DNA 領域（ヒトゲノムの約1%に相当）を研究するためにデザインされている。これらのパイロット領域は，NHGRI の委員会が選択したもので，DNA マイクロアレイを用いた将来の ENCODE 研究への指針としての役割を果たすことが期待されている。ENCODE 情報は，UCSC Genome Browser にも含まれている。このアレイの内容の半分は NHGRI の委員会が手作業で選択したもので，残りの50%はランダムに選択したものとなっている。手作業で選択した領域は，研究が進んでいる遺伝子やその他の既知の配列エレメントの存在，および他の生

物種と比較できる配列データの存在に基づいて選択されている。合計14.82 Mbの配列が手作業で選択され，500 Kb～2 Mbのサイズのターゲット配列14個が含まれている。遺伝子やその他の機能エレメントの内容が大きく異なるゲノム領域を適切にサンプリングするため，ランダムに選択した内容には，遺伝子密度や非エクソン領域の保存の程度に基づいて選択した500 Kbの領域30カ所が含まれている。アレイの内容はRepeatMaskerによる処理を行い，非反復配列だけがデザインに用いられている。

9　サンプル調製プロトコール

転写産物マッピング用のサンプル調製プロトコールは，実験マニュアルとして標準化されていて，専用の試薬キットが利用できる[8]。転写産物を網羅的に調べたい細胞や組織から抽出・精製したRNAを出発材料として，2本鎖DNAターゲットの標識反応を行う。ハイブリダイゼーションの感度と特異性を改善するため，出発材料のRNAから，Ribominusキットを用いて，リボゾームRNAを除く方法が推奨されている。処理されたRNAは，cDNA合成反応によって2本鎖cDNAにコピーされ，続くインビトロ転写反応において，cRNAに増幅される。このcRNAは，2サイクル目のcDNA合成反応のテンプレートとして用いられ，再び2本鎖cDNAが合成される。このcDNA合成反応では，一定の比率でデオキシウリジンヌクレオチドを取込ませる。ウラシルDNAグリコシラーゼ（UDG）とエンドヌクレアーゼ（APE1）の処理による2本鎖cDNAの断片化反応を行った後，ターミナルデオキシヌクレオチジル・トランスフェラーゼ（TdT）により，末端のビオチン標識反応を行う。このようにして得られたビオチンラベル化cDNAターゲットを，アレイ上のオリゴヌクレオチドプローブにハイブリダイズさせ，洗浄・染色へと進む。この洗浄・染色の工程は，専用の実験装置により全自動化されている。染色の工程では，ハイブリダイズしたcDNA中のビオチンに蛍光タンパク質を結合させ，ビオチン量を蛍光シグナルとして，スキャナーにより測定する。スキャナーで読取った蛍光シグナルのデータは，コンピュータへ転送され，GCOSにより.celファイルが作成される。

クロマチン免疫沈降実験用のサンプル調製プロトコールも，実験マニュアルが公開されている[9]。この方法はGeneChipタイリングアレイ専用の方法であり，ビオチン標識した2本鎖DNAターゲットを調製し，DNA-タンパク質相互作用やクロマチン修飾の部位をゲノムワイドで検出するための方法になっている。詳細な実験条件としては，用いている細胞の種類や研究対象のタンパク質の種類に応じて，抗体の性能評価，ソニケーションによるDNAの断片化，免疫沈降したDNAのPCR増幅などのステップで，研究者自身によるプロトコールの最適化が必要となっている。

第 1 章　ゲノムタイリングアレイ

文　　献

1) S. P. A. Fodor, J. L. Read, M. C. Pirrung, L. Stryer, A. Tsai Lu, D. Solas, *Science*, **251**, 767 (1991)
2) S. P. A. Fodor, R. P. Rava, X. C. Huang, A. C. Pease, C. P. Holmes, C. L. Adams, *Nature*, **364**, 555 (1993)
3) *Nature Reviews Microarrays Collection*, Supplement to Nature Publishing Group (2004)
4) K. K. Dobbin, D. G. Beer, M. Meyerson, T. J. Yeatman, W. L. Gerald, J. W. Jacobson, B. Conley, K. H. Buetow, M. Heiskanen, R. M. Simon, J. D. Minna, L. Girard, D. E. Misek, J. M. Taylor, S. Hanash, K. Naoki, D. N. Hayes, C. Ladd-Acosta, S. A. Enkemann, A. Viale, T. J. Giordano, *Clin Cancer Res*, **11**, 565 (2005)
5) H. Wang, E. Hubbell, J. S. Hu, G. Mei, M. Cline, G. Lu, T. Clark, M. A. Siani-Rose, M. Ares, D. C. Kulp, D. Haussler, *Bioinformatics*, **19**, i315 (2003)
6) P. Kapranov, S. E. Cawley, J. Drenkow, S. Bekiranov, R. L. Strausberg, S. P. A. Fodor, T. R. Gingeras, *Science*, **296**, 916 (2002)
7) The ENCODE Project Consortium, *Science*, **306**, 636 (2004)
8) "GeneChip Whole Transcript (WT) Double-Stranded Target Assay Manual", Affymetrix (2005)
9) "Affymetrix Chromatin Immunoprecipitation Assay Protocol", Affymetrix (2006)

第2章　ビーズアレイ

浅岡広彰*

1　はじめに

　生物の基本情報であるDNA塩基配列の解読技術の急速な進展により，生物の進化メカニズムや生命現象の調節機構を解明する上でベースとなるヒトゲノムの配列情報が，2003年4月に解読完了宣言がされた。ただし，ヒトゲノム全塩基配列解読が完了したからと言って，遺伝子や調節機構などがすべて明らかにされたわけではなく，ゲノム情報の完璧な理解には至っていないのが現状である。しかし，このゲノム情報の基盤が整備されたのを機にして「マイクロアレイ」と呼ばれる網羅的な解析技術が次々と開発され，遺伝子発現解析技術あるいは一塩基多型（SNP）を検出する技術としてのSNPジェノタイピング解析技術も近年急速に進展してきている。また，これらの解析技術は特許等により各社それぞれのプラットフォームが乱立状態である。この「マイクロアレイ」技術が，将来的に生活習慣病の発症機構の解明，そしてその先にある個人の遺伝的な特性，体質を考慮した疾病予防，治療を行う「オーダーメイド医療」に向けて大きな進歩を与えるだろうと考えられているが，現状さまざまな問題点，課題があるのも事実である。

　イルミナ社は，きたる「オーダーメイド医療」の実現化に向けて進められている研究において，従来の手法の種々の問題点を克服した精度の高いアッセイ法の開発，高速かつ安価なゲノム情報解析手法の開発を進めてきた。

　本稿では，最新のビーズアレイ（BeadArray™）プラットフォーム技術を用いた遺伝子発現解析技術およびSNPジェノタイピング解析技術とその応用について概説する。

2　ビーズアレイプラットフォーム技術の概略

　現在BeadArray™プラットフォームとして，光ファイバー技術を採用する96サンプル同時解析可能なSentrix™ Array Matrixとシリコンウエハ微細加工技術を採用する1，6，8および16サンプル同時解析可能なSentrix™ BeadChipの2種類の異なったArray of Arrays™フォーマットが市販されている。

　＊　Hiroaki Asaoka　イルミナ㈱　営業部　部長

第2章　ビーズアレイ

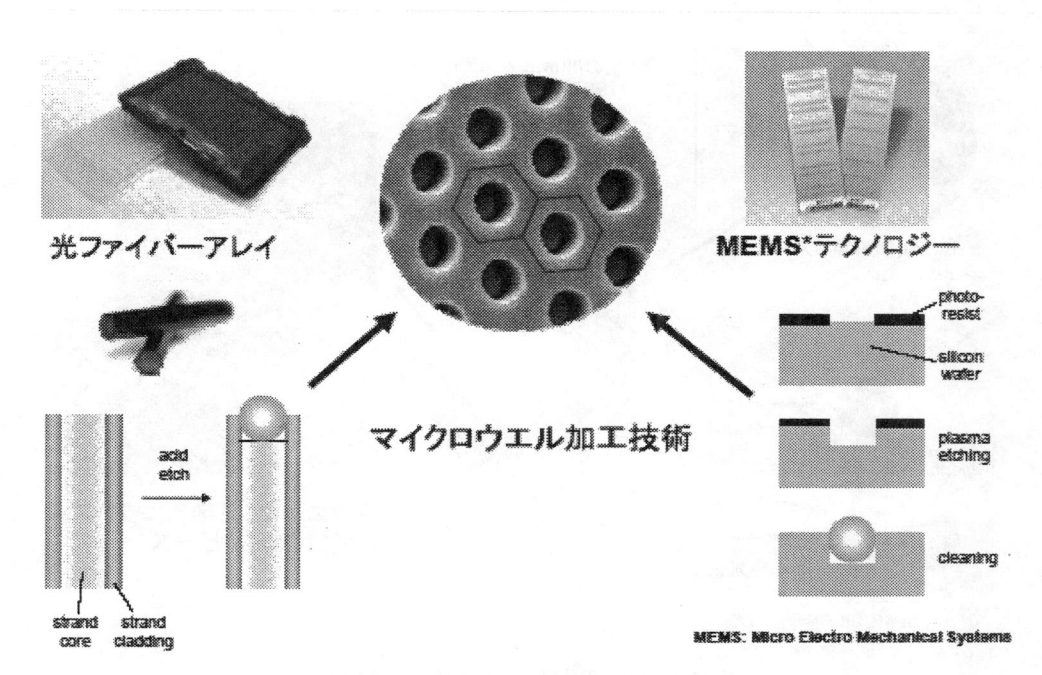

図1　生物学と光ファイバー技術の融合

　それぞれのフォーマットに3μmのエッチング加工作業を行い，ビーズを固定するためのウエルをアレイ上に形成している。このコア技術は，分子生物学と光ファイバー・オプティックス技術の高密度／高効率データを転送する特性を融合したものである（図1）。これらは通信産業で速い，高いバンド幅データ転送のために使われるものと同じ光ファイバーである。すべての光ファイバー束が，約5万もの光ファイバー繊維束で構成されている。その光ファイバー束を酸でエッチングすると各光ファイバーに約3μmのウエッジが形成される。同様に，スライドグラス形の半導体ウエハをMEMS（半導体エッチング）技術でエッチングして約3μmのウエッジを形成する。

　機能的なBeadArrayを作るために個別のビーズを等量用意する（図2）（ここでは，光ファイバーアレイを例にした）。ユニークな完全長の24mer illumiCode™オリゴのシークエンスを持っているそれぞれがアミノ結合している（アミノ基は，オリゴ合成の最後のステップで加えられる）。現在，1620種の異なったビーズタイプが等濃度でそれぞれ1チューブ内にプールされている（Golden Gate Assay；SNP解析用ビーズ）。ファイバー束の端は，ビーズの混合溶液の中に簡単に浸して，自己修飾させる。つまり，ビーズは，穴の中に引き込まれて収まる状態である。1620種類のビーズタイプを光ファイバー50,000束に浸すと，これは平均30程度（N＝30）の同一のアッセイエレメント（あるいはビーズタイプ）の状態でランダムなアレイとして作製される。

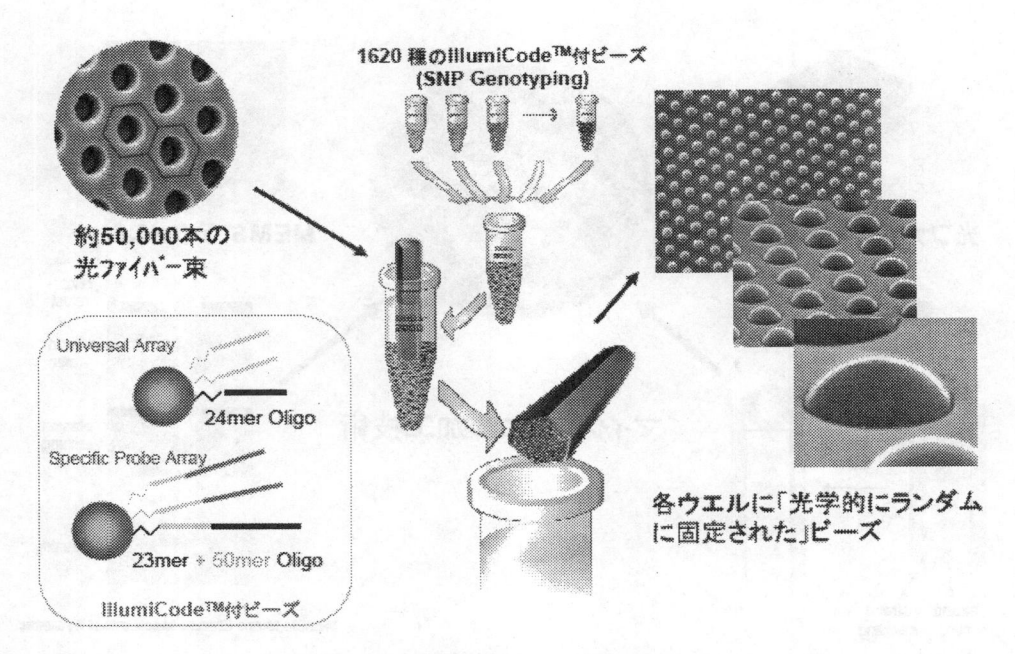

図2　ビーズの調整とアレイ生産プロセス

　このずば抜けた冗長性(重複性)は，実験の中で同じタイプの多くのビーズを平均して比較することを可能にした。このことにより BeadArray の結果が，高再現性，高精度の理由のひとつである。最終的にシークエンスオリゴタグ (illumiCode™) を修飾した $3\mu m$ のビーズが，$6\mu m$ 間隔でランダムに配置される (Sentrix Universal-96 Array Matrix (96サンプル同時解析：96SAM) あるいは，Sentrix Universal-16 BeadChip (16サンプル同時解析：16HD) の場合)。

　このことにより各ビーズの蛍光情報をそれぞれ統計処理可能な数 (約30程度) に，高密度に配置することができるため従来のアレイと比較しても非常に高精度で再現性の良い解析結果が，少サンプル量で効率的に得られる。ただし，ランダムに固定された状態では，位置情報が不明のためマイクロアレイとしてまだ使用できないため，弊社内で位置情報決め (ビーズデコーディング) を行っている (図3)。

　ここでは，16種類のビーズタイプを50,000束にフォーマットしたと仮定する (Illumina では，現在 GoldenGate Assay での SNP 解析では1620種のビーズを持っているが理解しやすくするため16として考える)。

　まず，ビーズに結合した24merの相補的なオリゴをそれぞれ16本用意する。この相補的なオリゴ24merに4色の蛍光を修飾する (Decode hyb 1)。そのとき検出した画像が左下部の Decoder hybridization 1 の図である。左上の青色(図では，黒色)に光った位置は，1から4のオリゴビーズどれかが結合していることがわかる。同様に，黄色(図では，白色)の位置は，9から12のど

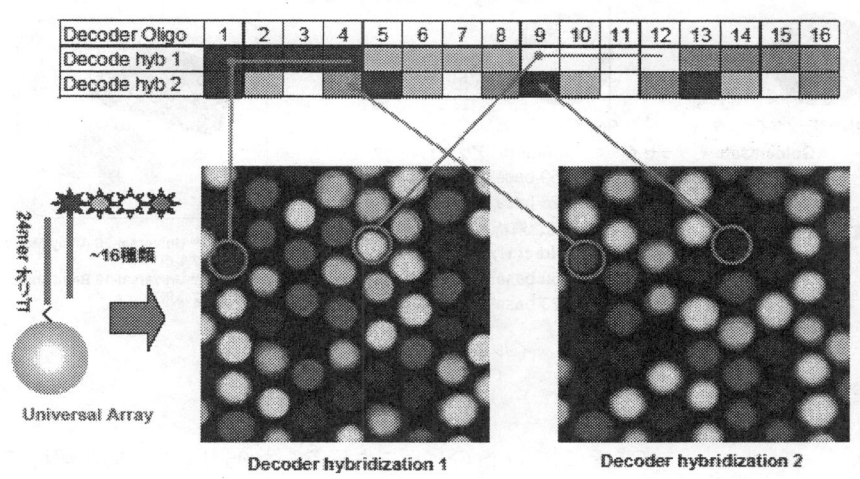

第2章 ビーズアレイ

図3 ビーズデコーディング

れかのオリゴビーズが結合していることがわかる。すべての位置の色素情報を確認した後，熱処理によりハイブリした色素をはがす。

2回目のステップとして同様に相補的なオリゴに4色の蛍光を修飾するが，Decode hyb 1の蛍光の組み合わせを順次変えていく。そしてハイブリを行った図が，右下の図である（Decoder hybridization 2）。2回目の解読で先ほど青色（図では，黒色）に光っていた位置が赤色（図では，灰色）に変わった。このことから（上図から），青色（図では，黒色），赤色（図では，灰色）で4番のオリゴビーズが結合していることが確認できた。同様に，黄色（図では，白色），青色（図では，黒色）のビーズは，9番のオリゴビーズが結合していることが確認できた。これを繰り返し行う形で，位置情報を確認する。

このように，ランダムに配置されたBeadArray™はイルミナ社内の位置情報の解読工程によりビーズの位置と蛍光強度の情報をチェックすることですべてのアレイを品質管理していることになる。結果として，従来のアレイに比べ，すべてのアレイを品質管理した約30枚分のデータ量が1サンプルの解析で得られる「マイクロアレイ」が，今後期待される臨床診断に向けた非常に精度の高い結果を提供する。

現在，イルミナ社では，2種類のビーズタイプ（Universal Array方式，あるいはSpecific Probe Array方式）の「マイクロアレイ」が市販されている（図4）。

2.1 アレイフォーマット

Sentrix™ Array Matrix：1.4mm直径の50,000本の光ファイバー束の先端を酸でエッチングし

図4 イルミナ社のビーズタイプ

て，そこに3μmのビーズを配置した96サンプル同時解析できる96ウエルプレート対応型光ファイバーアレイ（カスタムデザインSNP解析に最適なアレイフォーマット）

Sentrix™ BeadChip： スライドグラス型の半導体ウエハをMEMS（半導体エッチング）技術で加工して3μmのビーズを配置した1，6，8および16サンプル等の同時解析ができるスライドグラス型アレイ（網羅的解析に最適なアレイフォーマット）

3 SNPジェノタイピング解析の概要

SNP (single nucleotide polymorphism：個人間でのDNA塩基配列の一塩基の違いによる多型) は，ある塩基の変化が人口中1％以上の頻度で存在しているものと定義されている。SNPの数としては，ヒトゲノム中の数百〜1000塩基対に1カ所位の割合で存在していると推測されているので，ゲノム中には300万〜1000万カ所のSNPがあると考えられている。ただし，このSNP全てを対象として解析を進めることは，「オーダーメイド医療」の実現のために効率的ではないと考えられ，体質の違いの元になる遺伝情報を解明しようと，日米など5カ国が参加して，2002年10月から「国際ハップマッププロジェクト」がスタートした。各人種間で病気のかかりやすさや薬の効き具合を左右する体質の遺伝的特質を示す「地図（ハップマップ）」を作るのが目的であり，その「地図」が，2005年10月に完成したことで生活習慣病に代表される頻度の高い疾患 (common disease) に関与する遺伝子や薬剤の応答性に関係する遺伝子の研究がより効率的になり，「オーダーメイド医療」に一歩前進したと考えられている。

従来は，この遺伝子多型を制限酵素断片長（RFLP）や繰り返し配列の長さ（マイクロサテラ

第2章 ビーズアレイ

イト）の違い，DNA鎖がつくる高次構造の違い（SSCP）で検出してきたが，分析は多大な労力を要した。もし前述のSNPを「マイクロアレイ」で検出することが一般化すれば，ある患者のゲノムワイドなSNP情報が一気に数千塩基の範囲まで，何かの形質に関連する遺伝子領域を絞り込むことも可能になるかもしれない。その効率の差は徒歩とロケットほどの差に匹敵する。

この「国際ハップマッププロジェクト」より決められた各人種間のtagSNPは，約250,000種類ながら今までの一般的なゲノムワイドSNPアレイに比べ高いゲノムカバー率を示すことから，効率よいデータ解析が可能になった。これは，現在問題になっているバイオインフォマティクス技術（統計解析能力，解析時間等）への負担も大きな改善が期待されている。

弊社は，この「国際ハップマッププロジェクト」の約70%弱の各国タイピングセンターに機器を導入し，解析に参画することでいち早く，各人種間のtagSNPを搭載したHumanHap300（317K tagSNP），HumanHap550（550K tagSNP）を2006年1月および3月に発売開始した。将来は，1,000,000（1M）のSNPを搭載したアレイも開発予定である。

また，ヒトゲノム上のSNPには，大きく分けて蛋白の構造に直接影響を与える領域（Non-synonymous SNP）と，その蛋白の遺伝子の転写に影響を与える領域（コーディング領域から10kb以内に位置するSNP），生物種間で高度に保存されている領域，が存在する。そのそれぞれの領域のSNPをゲノム中に等間隔に配置し，約100,000SNP強を1枚に搭載したアレイも疾患関連遺伝子探索には非常に有効な解析アプローチであると言われている。SNPには遺伝子の機能に直接影響しないものも多いはずであるが，それによって近傍の遺伝子領域を型別に分類することができる。今日までの報告では，ほとんどの疾患リンク部分がエクソン領域内部または近傍に存在すると考えられているので，例えばゲノムワイドなSNPを利用したLOH/コピー数解析等からの効率的な疾患関連遺伝子探索にも使用可能である。

またSNPの中には，機能的あるいは構造的に遺伝子産物の機能に関与している場合も考えられている。具体的に言えば，ある病気である酵素の遺伝子領域近傍のSNPが病気に耐性をもつ人ではA型，かかりやすい人ではB型といった傾向として現れるとする。この傾向を調べ上げることによってその酵素が病気の原因遺伝子，あるいは関連する因子であることを絞り込んでいくことができる。その遺伝子領域に限って，お互い共通の先祖を持っているということから，それらは人の発生から成長，老化，罹患の過程で何かしらの影響を及ぼしているはずである。それが顔や背たけの違いや，かかってしまった病気の違いに反映すると考えられている。

癌の治療で言えば，初期の診断で腫瘍の増殖性や発育の傾向，転移性，抗癌剤や放射線治療に対する感受性などの判定が，できるだけ正確に行われることがQOLの向上と良い予後を得るために重要である。しかし，現時点では同じ癌であっても悪性度の判定や治療に対する感受性についての完璧な予測は困難である。これを現在，SNP解析で正確に判定出来るように研究が進めら

3.1 Golden Gate™ Assay（Custom Design SNP 解析に最適）

イルミナ社のGoldenGate™ Assayは，「国際ハップマッププロジェクト」で約70％の世界各国有数のタイピングセンターで採用された，高精度でカスタムデザインし易いアッセイである。本アッセイは，確認したいSNPsをカスタマイズして1サンプルあたり96，384，768，1536あるいは1536の倍数のマルチプレックスSNPs解析が可能で，非常に柔軟性のある2ステップのアッセイ工程から成り立っている（図5）。1ステップ目は，抽出されたゲノムDNAに検出したいSNPに対応したアレル特異的オリゴ（ASO）2種とSNPサイトの下流にローカス特異的オリゴ（LSO）1種の計3種のプローブを1チューブ内で最大1536カ所，酵素による伸長反応とライゲーション反応を行っている。LSOのプローブ内に各ビーズに修飾されたillumiCode™配列に相補的な配列が含まれている。2ステップ目に1ステップ目で形成された最大1536種類の合成プローブに対してCy-3/Cy-5の2色の蛍光プローブを使用してマルチプレックスPCR反応をする。その後，24baseのアドレス配列を有したSentrix Universal-96 Array Matrix（96サンプル同時解析：96SAM）あるいは，Sentrix Universal-16 BeadChip（16サンプル同時解析：16HD）を使用して各サンプルあたり最大1536SNPsをオーブン中で一定時間ハイブリダイズし，その後弊社BeadArray Readerにて検出を行っている。96サンプル同時処理できるので1枚の96SAMで約150,000SNPsの検出が可能である。検出にかかる時間は，約90分である（1分以内/サンプル）。

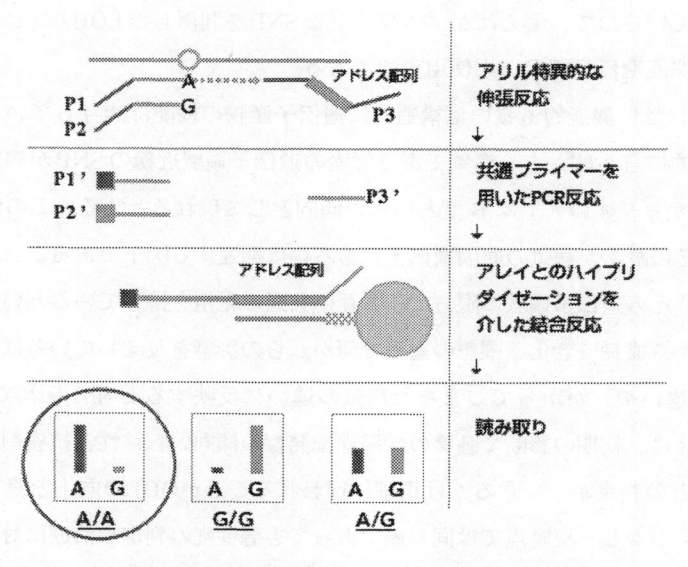

図5　酵素による伸長反応とライゲーション反応

第2章　ビーズアレイ

イルミナ社のGoldenGate™ Assayは，現在ゲノムワイドSNPジェノタイピング解析後の絞込みをかけた2次スクリーニング（ファインマッピング）等に使用されている。既存製品として現在，Human Linkage Panel，Human MHC Panel，Human Cancer Panel，Mouse Linkage LD/MD Panel，DNA Test Panelが発売されている。また，研究者の要望にあわせたカスタムデザインSNP解析も可能である。

3.2　Whole Genome Genotyping（infinium™）Assay（網羅的SNP解析に最適）

イルミナ社のWhole Genome Genotyping Assay（Infinium Assay）は，あらかじめ弊社内のバイオインフォマティクス部門により選び出した約100,000種類以上のヒト遺伝子のエクソン領域のゲノムワイドな解析のためのSNPs，あるいは「国際ハップマッププロジェクト」で見つけられたtagSNPを，約300,000種類以上あるいは550,000種類以上を1枚のアレイ上で解析するためのアッセイ系である。このInfinium Assayの特徴は，PCR操作を行わない，Whole Genome Amplification技術を応用した1チューブアッセイ法のため，ゲノム上のすべてのSNPにアッセイが対応可能である。従来の制限酵素の断片化等の技術で問題視されているアッセイ工程（精製・電気泳動チェック等）の煩雑さ，アッセイ精度についての問題を解消した将来，ゲノム上のあらゆる位置の新たなSNPに対してフレキシブルに対応できる高精度アッセイ法である（図6）。

本アッセイでは，ゲノムDNAの複雑な増幅ステップを1チューブ内で簡便に行う。この方法で大多数のSNPローカスは，PCRベースの手法によって起こりやすい増幅中のバイアスを防い

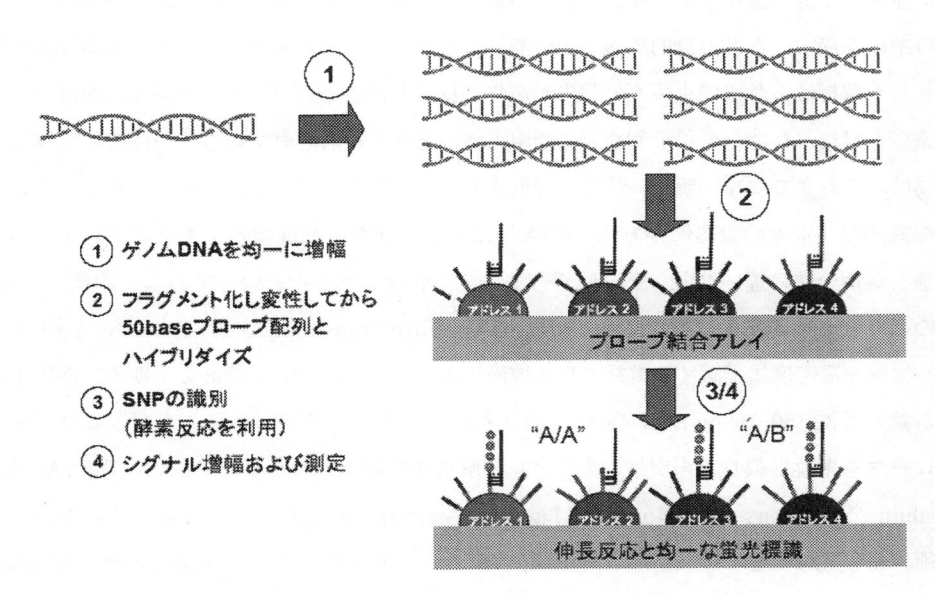

図6　Infinium™ Whole Genome Genotyping Assay法

でいる。次に，増幅された生成物を断片化し，一本鎖化してアレル特異的プローブ配列を有したBeadChipにハイブリダイズする。このBeadChipは，12列で構成されていて，それぞれが約890,000ビーズ以上（Human-1 BeadChipの場合）に配置されている（それぞれのビーズ上には，50baseのアレル特異的なプローブ配列が配置されている）。次に，ハイブリダイゼーションと洗浄の後にプライマー伸長反応が行われている。このステップでアレル特異的にヌクレオチドが反応により伸長することでSNPローカスが特定されている。また同時に，このプライマー伸長反応により検出可能な蛍光色素が，ビーズ上のプローブに生成される。その後，弊社BeadArray Readerにてスキャンする。

イルミナ社のInfinium Assayは，現在網羅的なゲノムワイド相関解析，LOH/コピー数解析において世界的に利用されている。現在既存製品として，Human-1 (exon-100K)，HumanHap300 (tagSNP 317K)，HumanHap550 (tagSNP 550K) が，発売されている。また，研究者の要望にあわせた6K〜50KのInfinium AssayによるカスタムデザインSNP解析も可能である。

4 遺伝子発現プロファイリング解析の概要

「マイクロアレイ」は，ゲノムの中からエクソンの探索や転写産物の多様性解明にも用いられていくと考えられている。その他，薬物などの刺激に対する細胞の遺伝子発現変化の分析，トランスジェニックマウスやノックアウトマウスの遺伝子発現を調べることによって，ある遺伝子の変化に連動して動く遺伝子群の探索，病巣の遺伝子発現のプロファイルから診断や治療法，病因解明の糸口を探す，などの目的に多くの可能性をもっている。マイクロアレイによる臨床検体を対象とした解析はこれまでも多くの報告があり，特に悪性腫瘍のマイクロアレイ解析は，さまざまな臓器を対象として，予後予測などに使用可能かどうか検討されている。一部には，実際の臨床現場に，これまでにない新しい情報を提供する試みが始まっている。しかしながら，それぞれの研究機関で，別々の臓器保存方法，RNA抽出方法，異なった種類のマイクロアレイ，実験手技の差，病期分類の違いなど，その解析方法は全く異なったものといってもよい印象すらある。

このようなさまざまな問題を加味して従来のIn Vitro Transcription（IVT）Assayと約30程度の同一情報を高密度に配置する弊社アレイ技術により，高密度アレイであるがゆえに使用するサンプル量の低減（50-150ng total RNA）と各工程のアッセイバリデーションができるコントロールプローブを多数搭載した再現性の高いアレイ解析法を開発した。また，DASL(DNA-Mediated Annealing, Selection, extension, and Ligation)Assayは，弊社独自のアッセイで従来遺伝子解析技術には使用できないフォルマリン固定パラフィン包埋サンプル（Formalin-Fixed Paraffin-Embedded：FFPEサンプル）などの臨床検体として非常に有用な情報を蓄えたサンプルでの高

第 2 章　ビーズアレイ

精度な遺伝子発現結果を提供できるアッセイ系も新たに開発した。DASLアッセイは，今後エピジェネティック解析（メチル化解析，アリル特異的発現解析等）にも拡張可能なフレキシブルなアッセイ系である。

4.1　In Vitro Transcription（IVT）Assay（網羅的な遺伝子発現解析に最適）

イルミナ社のIVT Assayは，従来の1/50–1/100のサンプル量（約50–150ng）のtotal RNAから，T7プロモーターをもつプライマーを用いて1st strand cDNAを合成し，さらに2nd strand cDNAを合成する。この二本鎖cDNAを鋳型として，ビオチン標識したリボヌクレオチドの存在下で，T7 RNAポリメラーゼによりin vitro transcription（IVT）を行い，ビオチンで標識されたcRNAを合成する。その後，生成したビオチン標識cRNAを断片化することなくダイレクトに，SA-Cy3ラベルを行った後，遺伝子特異的な50baseのプローブ配列を有したBeadChipに温度管理下でハイブリダイズさせる。次に，弊社BeadArray Readerにてスキャンする。

イルミナ社の網羅的発現解析アレイとして現在，Human-6（網羅的48K），HumanRef-8（アノテーション済み24K），Mouse-6（網羅的48K），MouseRef-8（アノテーション済み24K）が，発売中である。近い将来，Ratアレイも発売予定である。

4.2　DNA-Mediated Annealing, Selection, extension, and Ligation（DASL）Assay（Custom Design 遺伝子発現解析に最適）

イルミナ社のDASL Assayは，SNP解析に使用しているGolden Gate Assayの変法である。簡単には，Golden Gate AssayではゲノムDNAをテンプレートとするが，DASL AssayではcDNAよりスタートする。よって，マルチプレックスに約512遺伝子（3プローブ/遺伝子の設計）をカスタマイズしてアレイ検出可能である。手順としては，ランダムプライマーおよびoligo d(T)プライマーを用いてtotal RNAをcDNAに変換する。次に検出したい遺伝子の特定領域（例えば各エクソン毎にプローブ設計を行えばバリアント解析が行える）に設計された遺伝子特異的プローブ2種および下流にローカス特異的オリゴ（LSO）1種の計3種のプローブを1チューブ内で最大1536カ所，酵素による伸長反応とライゲーション反応を行う。ライゲーションを受けたオリゴヌクレオチド全体が均等に増幅される。これは，PCR増幅対象（amplicon）がすべて均一な長さを持ち，共通のユニバーサルPCRプライマーと結合するからである。前出のGolden Gate Assayと同様にLSOのプローブ内に各ビーズに修飾されたillumiCode^{TM}配列に相補的な配列が含まれている。その後，同じく23baseのアドレス配列を有した96SAMを使用して蛍光標識された増幅産物とユニバーサルアレイとをハイブリダイゼーションしてから，個々のビーズの蛍光強度を測定する（図7）。

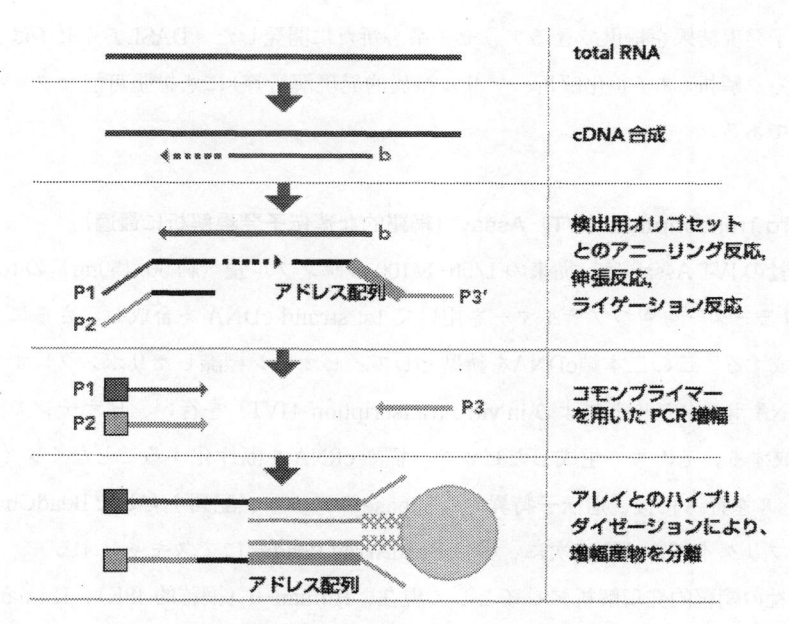

図7 酵素による伸長反応とライゲーション反応

　これは，従来法であるcRNAをダイレクトにハイブリする方法と違い，ampliconをユニバーサル（タグ）アレイにハイブリダイズして検出するためRNA分解等のスタートサンプルの影響を受けない非常に精度の高いアッセイ法である。
　イルミナ社のDASL Assayは，現在網羅的遺伝子発現解析後の絞込みをかけた2次スクリーニング，あるいは部分分解したRNA（FFPEサンプル等）からの正確なマルチプレックス遺伝子発現解析に使用している。既存製品として現在，Human Cancer Panelが発売されている。また，研究者の要望にあわせカスタムデザインした遺伝子発現解析も可能である（メチル化等のエピジェネティクス解析にも対応可能である）。

5 アプリケーション紹介

5.1 Universal Bead Arraysを用いたフォルマリン固定パラフィン包埋組織の遺伝子発現プロファイリング

　フォルマリン固定パラフィン包埋サンプル（Formalin-Fixed Paraffin-Embedded：FFPEサンプル）は，北アメリカだけでも4億以上の癌組織サンプルが保存され，それぞれ専門的な臨床診断が加えられていると考えられている。このようなサンプルは，有益な情報を蓄えた潜在的な鉱脈と考えられている。基本的な遺伝子発現プロファイリングと組み合わせれば，癌や他の複合疾患

第2章　ビーズアレイ

と関連するバイオマーカーを検出して評価する興味深い研究が可能になる。従来は，これらサンプルをアッセイして再現性のある結果を得るためには，高価で処理能力の限られた定量PCR（qPCR）しかなかった。イルミナ社のDASLアッセイは，再現性の高いRNAプロファイリングを，高度なマルチプレックスおよび経済的なコスト/サンプルで実現する。また，新たに発売したDASL Cancer Panelは，一般的に公表されている10種類の癌遺伝子リストから502遺伝子を抽出し，それら遺伝子の検出用オリゴを組み合わせたオリゴセットである。

　DASL Cancer Panelを市販のRNAとFFPE組織でのアッセイの性能特性を調べた。まず，インタクトRNAを用いた重複サンプルの比較実験から個々のプローブレベルと遺伝子レベルの両方で良好な再現性が得られた。FFPEサンプル由来RNAでも，個々のプローブレベルと遺伝子レベルの両方で，インタクトRNAと同等の良好な再現性が得られた。このようにDASLアッセイのダイナミックレンジ，検出限界，qPCR測定精度について調べたところ，通常のマイクロアレイ発現解析を用いた結果と同等の結果が得られた（図8）。

　DASLアッセイが臨床サンプルを適切に分類できるかどうかを評価したところ，正常組織と癌化組織では，発現様式が劇的に異なることが示された（図9-1）。また，さまざまな品質の臨床サンプルに対する適性を確認するため1年から11年の保存期間を持つFFPEサンプルからRNA

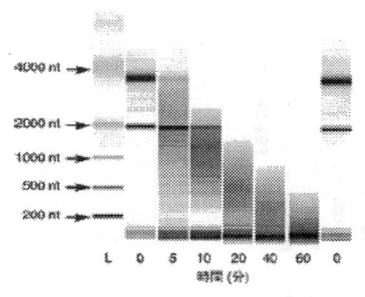

95℃, 1時間の加温で、増幅可能なハウスキーピング遺伝子由来転写産物(〜 200 bp amplicon)の99%が消失した。

RNA分解が進行しても、DASLアッセイでは発現遺伝子の検出を維持できた。

RNA分解サンプルから得られたデータを相互比較する方が、インタクトなRNAサンプルと比較するよりも良い値が得られた。

PC3 RNAサンプル; 95℃での処理時間	0分	5分	10分	20分	40分	60分
RT-PCR; % RNA増幅（増幅可能な割合）	100.00	53.02	22.90	5.47	0.75	0.13
DASLアッセイ：重複サンプル間の相関係数, r^2	0.997	0.997	0.996	0.993	0.978	0.938
DASLアッセイ：インタクトRNAとの相関係数, r^2	0.997	0.908	0.832	0.773	0.711	0.610
DASLアッセイ：検出された遺伝子の割合 (%), インタクトRNAとの比較	100.00	99.12	98.23	97.35	94.25	87.61

ヒト腫瘍細胞から得られたtotal RNAをプールし(reference RNA)、95℃で1時間まで加熱した。どの程度サンプルRNAが分解されているかを、Bioanalyzerを用いて判断した（上図）。発現遺伝子を測定するため、リアルタイムqPCR（2種類のハウスキーピング遺伝子、〜 200 bp amplicon）とDASLアッセイ（前立腺ガン関連の235遺伝子）を使用した。

図8　RNA分解の影響

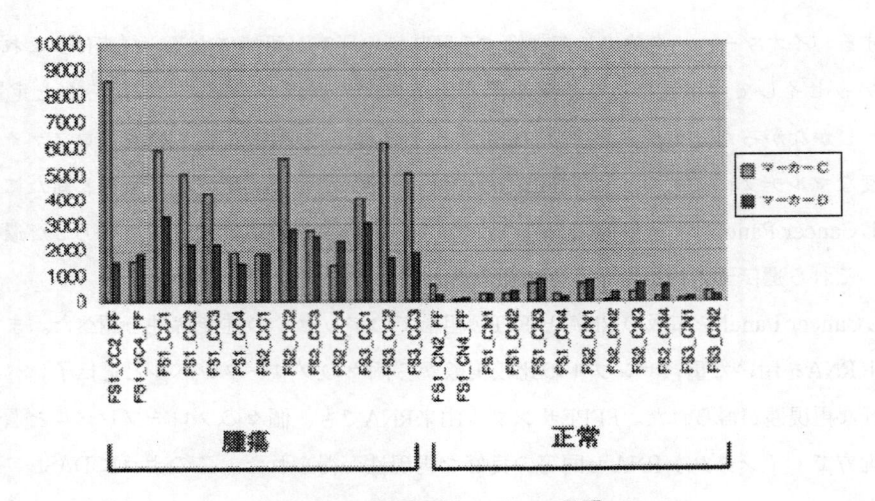

図 9-1　結腸腫瘍マーカーの発現
パラフィン包埋DSALアッセイで検出された235遺伝子から，4種類の組織および疾患関連遺伝子を抽出し，それら遺伝子の発現量を蛍光強度で示した。

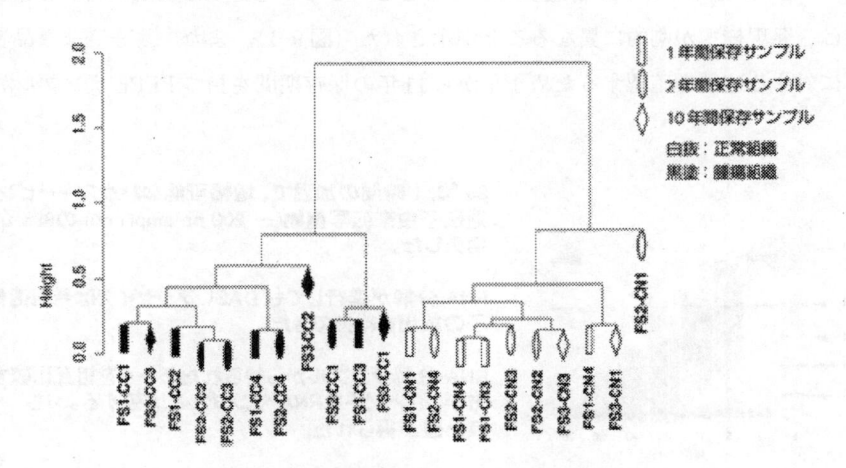

図 9-2　結腸サンプルのクラスター解析
結腸組織のパラフィン包埋保存組織では，保存期間ではなく，正常組織と腫瘍組織の違いに従って分離された。

を抽出して評価したところ，同じく正常組織と癌化組織を正確にグループ分類することができた（図9-2）。DASL Cancer Panel について詳しくお知りになりたい場合は，弊社までお問い合わせいただきたい。(TEL：03-5252-7771，e-mail：Webmaster@illuminakk.co.jp)。

6 まとめ

DASLアッセイは，部分分解されたRNAサンプルの遺伝子発現解析を可能にする新しい解析法で，FFPE組織などに効果的である。DASLアッセイは，イルミナ社のユニバーサルアレイを使用するため，遺伝子発現解析を柔軟にカスタマイズすることが可能で，専用のカスタムアレイを作成する必要がない。また，高度なサンプル処理能力を持ち，96サンプルあるいは16サンプルまでの同時処理が可能である。従って，大量に保存された既存サンプルと症例から，新たな臨床的事実を発見することが容易になる。

7 おわりに

今後「マイクロアレイ」技術は，新たな治療法を開発し，最適化し，臨床現場での有効性を確認するという一連の過程に欠かせない存在になると考えられる。例えば，現在の癌の医療においては，組織形態学に基づく病理検査が診断の基本手段となっているが，今現在行われている病理診断では癌の確定が可能であっても，多様な個性を有する癌について，個々の症例ごとに予後や薬剤抵抗性などの悪性度を的確に判断することは困難であるため，新たな診断技術の開発が求められている。この診断領域を見据えて米国FDA主導でMAQC（MicroArray Quality Control）Projectが行われ，現在結果が公表されている（ウエッブサイト：http://www.fda.gov/nctr/science/centers/toxicoinformatics/maqc/）。

このような観点から，イルミナ社の「ビーズアレイ」技術が，癌の悪性度診断を遺伝子レベルの情報に基づいて行おうとする研究に盛んに試みられ，病理検体であるFFPEサンプルを利用した「DASLアッセイ解析法」や癌の的確な悪性度診断をゲノムワイドな染色体コピー数異常を高精度に解析できる「Infiniumアッセイ解析法」，あるいは癌関連遺伝子のSNPマーカー探索，エピジェネティックな解析等に用いられる「GoldenGateアッセイ法」を用いることにより，「オーダーメイド医療」の実現に向けた質の高い医療の提供に大きく貢献するものと期待されている。

第3章　検査用シリコンミニマイクロアレイ

平山幸一*

1　はじめに

　近年，ゲノムシーケンス解析などにより，膨大な数のDNA情報が蓄積されている。また，そのDNA情報をもとに，DNAマイクロアレイなどを用いることで網羅的な遺伝子発現解析が可能となっている。このようなデータからバイオインフォマティクスなどを用いて有用な情報を絞り込み，医薬品開発や医療分野における診断，環境分析などへの実用化が期待される。ここでは当社で開発した検査用ミニマイクロアレイ「ジーンシリコン」について紹介する。

2　開発の経緯

　当社では素材や表面処理に特徴のある製品を開発・製造しているが，硬質材料や電子材料を開発する中で，硬質材料であるダイヤモンドに着目した。ダイヤモンドは炭素系材料の中では炭素原子が最も高密度に配列した結晶構造を持っている。そのため，表面のC–H結合に官能基を導入すれば，他の素材より多くのDNAを固定化することができる。シリコンウエハ表面にダイヤモンドを製膜し，C–H基を活性化修飾することでDNAなどの生体分子を共有結合する基板「ジーンダイヤ」を開発した。このジーンダイヤはゲノムDNAの保存などに使用することができる。
　ダイヤモンドは高密度な結晶構造を持ち，優れたDNA固定化能を有しているが，製膜時間が長く，原材料の面からも多大なコストがかかるという側面もある。そこで，汎用型DNAマイクロアレイ用基板として，ダイヤモンドに代わり，ダイヤモンドライクカーボン（DLC）をシリコン基板表面に製膜した「ジーンシリコン」の開発へと至った。

3　ジーンシリコンについて

　DLCはダイヤモンドと比べ製膜速度が速く，生産性が向上する。DLCの結晶構造はアモルファス構造をしており，その性質はダイヤモンドと類似した特性を持っている。また，下地の基材と

＊　Koichi Hirayama　東洋鋼鈑㈱　技術開発・環境本部　技術研究所　開発研究部

第3章　検査用シリコンミニマイクロアレイ

してシリコンウエハを用いているが，これは半導体用のプロセスを利用することができ，チップ基板生産時に大量生産に対応することができる．

　従来のDNAマイクロアレイは，1枚のスライドガラス基板上に数千から数万のDNAを乗せていく．それに対してジーンシリコンは3mm角の基板上に数十のDNAを乗せる．一度に解析することができるデータ数は少ないが，解析したいDNA（遺伝子）を絞り込むことによって必要な情報だけを得ることができる．また，3×3mmと基板表面が小さいことから，ハイブリダイズさせるターゲットサンプルを2～3μLと，従来のマイクロアレイよりも少なくすることができる．微量サンプルなどは濃縮してハイブリダイズを行なうことも可能である．

　あるいは，これまで数万点のマイクロアレイデータから得られたデータを基に，数十に遺伝子を絞り込んだマイクロアレイへの展開も考えられる．

　また，従来のマイクロアレイはハイブリダイズの時間が一晩かかり，洗浄操作も煩雑であった．これを解決するために，ジーンシリコン専用の冶具を開発し，ハイブリダイズ時間の短縮と洗浄操作の簡略化を実現し，再現性の良いデータが得られる基板を開発した．

4　ジーンシリコンの構成および特徴

　ジーンシリコンの構成および外観を図1に示す．構成は半導体用の3mm角シリコンウエハにダイヤモンドライクカーボン（DLC）を製膜し，さらに表面処理を施した構成になっている．基板表面は高密度にカルボキシル基が配置し，さらに活性エステルが導入されている．こうすることで，アミノ基を持つDNAを共有結合で基板に固定化することができる．

　また，ジーンシリコンの冶具および自動反応装置を図2に示す．ジーンシリコンを個別に使用する場合には樹脂製の冶具を用いる（図2(a)）．また，多数のサンプルを一度に反応させる場合にはスクリーニング用の自動反応装置を用いる．図2(b)に示した装置は当社で開発した装置で，一度に96サンプルを個別に96枚のジーンシリコンにハイブリダイズすることができる．

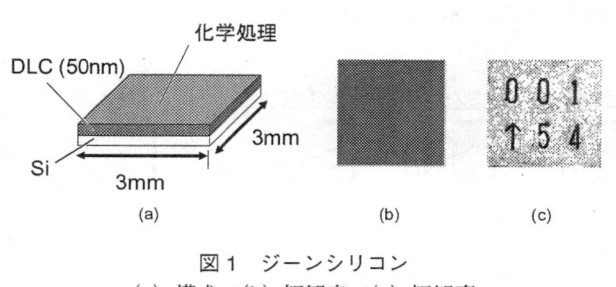

図1　ジーンシリコン
(a)　構成　(b)　概観表　(c)　概観裏

DNAチップ活用テクノロジーと応用

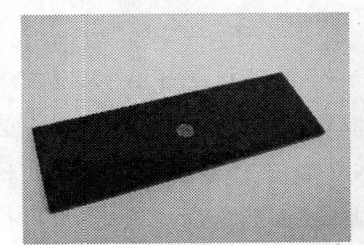

(a) 個別解析用冶具　　(b) スクリーニング用解析装置

図2　ジーンシリコン解析用冶具および解析装置

5　ジーンシリコンの作成方法

レーザーで3mm角にカットされたシリコンウエハにイオン化蒸着法を用いて約50nmのDLCを製膜し，真空チャンバー内で直接アミノ基を導入する。DLC製膜装置を図3に示す。その後，基板を取り出して，化学処理を行ない，基板表面にカルボキシル基を導入する。さらに活性化試薬を用いてカルボキシル基を活性エステル化する。そうすることで，基板表面の活性エステル基とDNAが有するアミノ基でアミド結合を形成し，基板表面に共有結合でDNAが結合する。図4にジーンシリコンの表面化学修飾を示す。

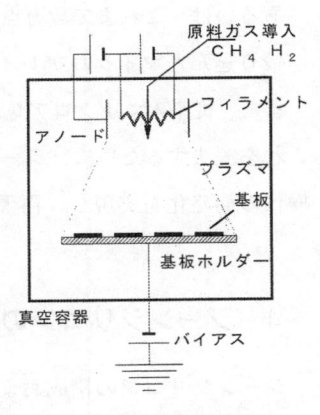

図3　DLC制膜装置

6　スポット溶液の検討

一般的に，スタンフォード型のマイクロアレイには50%DMSOや3×SSCなどがスポット溶液としてよく用いられるが，これらを用いて当社のジーンシリコンにDNAをスポットした場合，十分なDNAの固定量を得ることができなかった。そこで，ジーンシリコンに最適なスポット溶液の開発を行なった。12種類のスポット溶液を選定し，各溶液にCy3蛍光標識した22merのオリゴヌクレオチド（配列：5'Cy3-ACTGGCCGTCGTTTTACAACGT-3'）をスポッターSPBIO（日

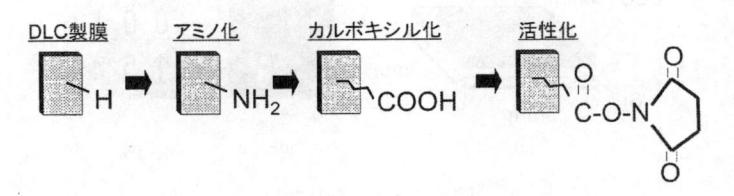

図4　化学修飾方法

立ソフトウェアエンジニアリング社製）でスポットした。80℃で1時間ベーキングを行ない固定化した。室温で2×SSC/0.2%SDS溶液で15分間洗浄し、さらに、95℃の2×SSC/0.2%SDS溶液で5分間洗浄した。超純水でリンスし、遠心乾燥した後、蛍光スキャナーFLA8000（富士写真フイルム社製）でスキャンを行なった。

いくつかの有機溶媒や多糖類、塩、界面活性剤などを混合して1～12のスポット溶液を作製し、評価した。

図5にスポット溶液と固定化DNAのスキャン画像を示す。画像は蛍光強度が強いほど白、弱いほど黒で表示している。No.6のスポット溶液が最もDNAの固定化量が多いことがわかった。また、このNo.6はスポット内の濃度分布が均一で、しかも円形の形状も良く保っていた。一方、スポット内の濃度分布が不均一なものの一部は溶液中にNaClなどの塩が含まれていることがわかった。

No.6の溶液を用いることで、ジーンシリコンに多くのDNAを固定化することができ、スポット内の濃度分布が均一なスポットを得ることができる。また、この溶液には不揮発性の有機溶媒を使用しているため、スポットした後に完全に乾燥することがなく、スポットが基板上のどの位置にあるか、また基板上に乗っているかを容易に判別することができる。

7 遺伝子解析用基板としての評価

ジーンシリコンにオリゴヌクレオチドを固定化して、蛍光標識オリゴヌクレオチドにてハイブリダイズを行ない、蛍光測定を行なうことでハイブリダイズ能を評価した。固定化オリゴヌクレオチド配列は5'-ACTGGCCGTCGTTTTACAACGT-3'である。このオリゴヌクレオチドを各濃度に希釈した。希釈には前述のNo.6スポット溶液を用いた。

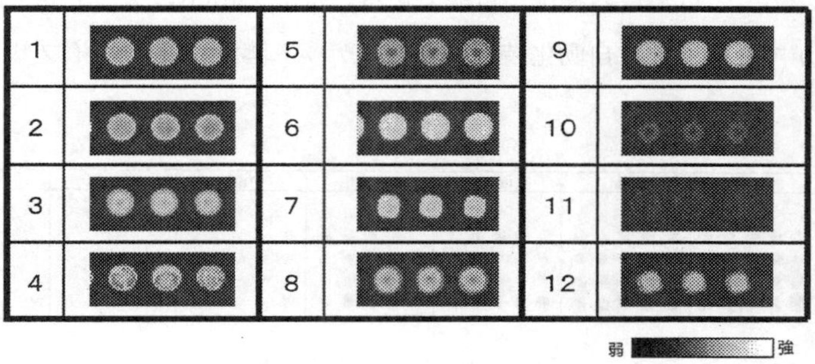

図5　スポット溶液の検討
12種類のスポット溶液を作製し、ジーンシリコンにCy3標識オリゴDNAをスポットした。

DNA溶液をSPBIO2000（日立ソフトウェアエンジニアリング社製）を使用してジーンシリコン上にスポットし，80℃で1時間ベーキングした。その後，2×SSC/0.2%SDS溶液（室温）で15分間洗浄し，95℃に加熱した2×SSC/0.2%SDS溶液で5分間洗浄した。

更に，固定化オリゴヌクレオチドに対して相補的なCy5蛍光標識オリゴヌクレオチドをハイブリダイズさせた。Cy5蛍光標識オリゴヌクレオチドを5×SSC/0.5%SDSに溶解し，オリゴヌクレオチドを固定化したジーンシリコンを浸漬した後，60℃で16時間ハイブリダイズを行なった。その後2×SSC/0.2% SDSで洗浄を行ない，0.1×SSCでリンスした後に乾燥した。反応後の基板の蛍光画像は，共焦点型蛍光スキャナーFLA-8000（富士写真フイルム社製）を用いて蛍光画像を測定した。

ジーンシリコンにオリゴヌクレオチドを固定化し，ハイブリダイズによって相互作用したCy5標識オリゴヌクレオチドの蛍光測定を行なって基板の評価を行なった結果を図6に，蛍光強度を図7に示す。

図7(a)より，ターゲット濃度が同一濃度の場合，固定化オリゴヌクレオチドの濃度に相関してハイブリダイズシグナルが高くなることがわかる。通常のマイクロアレイ用基板では，Poly-L-リシンやシランカップリング剤をコーティングし，その正電荷でDNAを静電的に結合する基板が一般的であるが，負電荷の小さいオリゴヌクレオチドを固定化することが難しく，熱洗浄による剥離も見られる。今回開発したジーンシリコンは，マイクロアレイ用として開発したジーンスライドと同様に，共有結合による信頼性の高い結合が可能であり，スポットするオリゴヌクレオチドの濃度を変化させることにより，固定化量を制御することができる。また，固定化するDNAとしてcDNAでなくオリゴヌクレオチドを採用することで，DNAの精製度と品質を高めることができ，アレイの固定化濃度及び信頼性を高めることができた。

図7(b)より，固定化オリゴヌクレオチドの濃度が同一の場合，ターゲットDNAの濃度に相関してハイブリダイズシグナルが高くなることがわかる。固定化オリゴヌクレオチドの濃度が高いほうが検出範囲が広く，低濃度の検出が可能である。特に，10fMのターゲット濃度で，ハイブリダイズの検出ができており，自動化装置にてターゲット溶液3μLのハイブリダイズが可能で

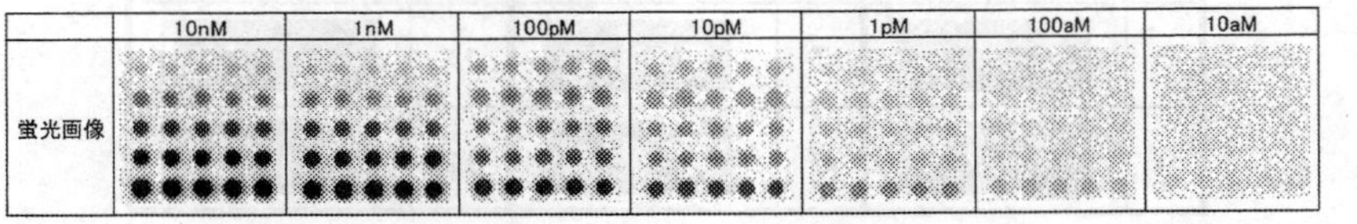

図6　ハイブリダイズ画像
ハイブリダイズ温度：60℃，ハイブリダイズ時間：16時間
ハイブリダイズ溶液：5×SSC，0.5%SDS

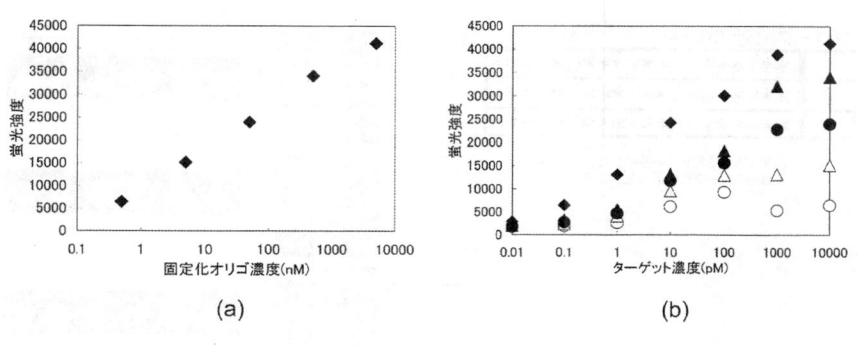

第3章　検査用シリコンミニマイクロアレイ

図7　ハイブリダイズ解析蛍光値
(a) 固定化オリゴ濃度とハイブリダイズシグナルの関係
　　固定化オリゴ濃度：0.5-50000nM，ターゲット濃度：10nM
(b) ターゲット濃度とハイブリダイズシグナルの関係
　　◆固定化オリゴ濃度：5000nM，ターゲット濃度：0.01-10000pM
　　▲固定化オリゴ濃度：500nM，ターゲット濃度：0.01-10000pM
　　●固定化オリゴ濃度：50nM，ターゲット濃度：0.01-10000pM
　　△固定化オリゴ濃度：5nM，ターゲット濃度：0.01-10000pM
　　〇固定化オリゴ濃度：0.5M，ターゲット濃度：0.01-10000pM

あることから，2万個の目的分子を検出できる検出感度の高い基板であることがいえる。

8　SNPの検出

　数千～数万スポットのマイクロアレイでの解析は遺伝子発現解析が主に行なわれているが，ジーンシリコンのような数十スポットのマイクロアレイではSNPs解析が特に有効である。

　例えば，単一種のウイルスが複数の遺伝型を持ち，その遺伝型がSNPsの違いで決定でき，ウイルスに感染した生物の治療をするためにウイルスの遺伝型を特定しなければいけない場合，ジーンシリコンを用いた検査で簡単に，かつ迅速にその遺伝型を判別することができる。ここではその判別例を示す。

　プローブDNAは20merとし，3種類のSNPsを判別するプローブを設計し，オリゴヌクレオチドを合成した。このプローブのSNPsの位置を図8(a)に示す。このとき，基板との固定化効率を高める目的と，固定化DNAが比較的同一方向で基板に固定化される目的で，5'末端にアミノ基を修飾した。次に合成した20merのオリゴDNAを前述のスポット溶液No.6に溶解し，最終濃度10pmol/μLで3mm角のジーンシリコンに各2点ずつスポットを行なった。80℃で1時間ベーキングを行い固定化した。その後，室温で2×SSC/0.2%SDS溶液で15分間洗浄し，さらに，95℃の2×SSC/0.2%SDS溶液で5分間洗浄した。最後に超純水でリンスした後，遠心乾燥しマイクロアレイを作製した。

DNAチップ活用テクノロジーと応用

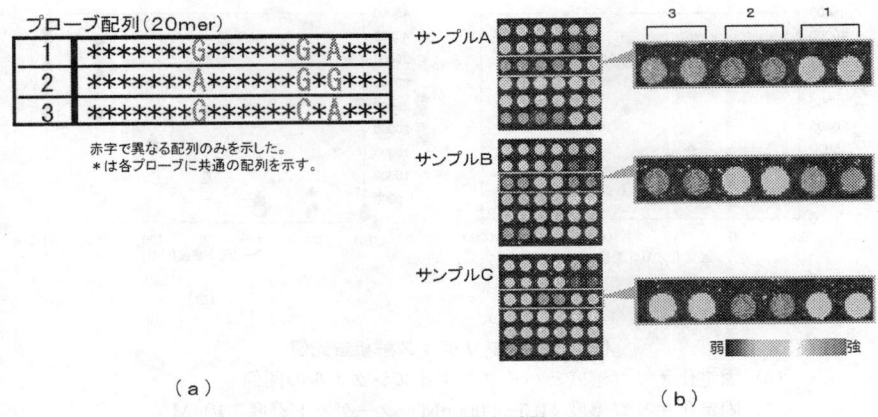

	プローブ配列（20mer）
1	*******G******G*A***
2	*******A******G*G***
3	*******G******C*A***

赤字で異なる配列のみを示した。
＊は各プローブに共通の配列を示す。

（a）　　　　　　　　　　　　　　　（b）

図8　SNPs検出試験

ターゲットDNAの作製はPCRを用いた。ウイルスに感染した検体から，ウイルスゲノムDNAを抽出し，PCRのテンプレートとし，Cy5-dCTPを取り込んだ約600bpのDNAを増幅した。このPCR溶液に最終濃度1×SSC/0.1%SDSとなるようにハイブリダイズ液を加え，ターゲット溶液とした。

ハイブリダイズはジーンシリコン専用の治具を用いて行なった。ハイブリダイズカバーにターゲット溶液を3μL滴下し，それをジーンシリコンの真上にくるように被せた。湿箱に入れ，45℃で30分間インキュベートした。湿箱から取り出し，2×SSC/0.2%SDSで2回洗浄し，さらに2×SSCで2回洗浄した。遠心乾燥を行ない，FLA8000でスキャンを行なった。図にスキャンの結果を示した（図8(b)）。

各画像の上から3段目に注目すると，サンプルAはプローブ1が最も蛍光強度が強く，サンプルBはプローブ2，サンプルCはプローブ3が最も蛍光強度が強かった。また，これらのサンプルの塩基配列をDNAシーケンサーで解析したところ，サンプルAはプローブ1，サンプルBはプローブ2，サンプルCはプローブ3と塩基配列が一致した。このことから，ジーンシリコンと専用の治具を用いることで容易にかつ，30分という短いハイブリダイズ時間でSNPs判別ができることが実証された。

9　おわりに

ここではシリコン基板にDLCを製膜し化学修飾を施した，遺伝子解析用基板ジーンシリコンを紹介した。高密度にDNAを固定化することができ，SNPs検出に使用することができ，低価格，反応の自動化を実現した。将来的には臨床検査や微生物検査などのルーチンワークでの使用へ展開していきたいと考えている。

第4章　柱状構造高感度DNAチップ

信正　均*

1　はじめに

　DNAチップは多数の遺伝子情報を一斉に解析できる遺伝子関連研究支援ツールとして使用され，ゲノム関連の基礎研究に大いに寄与している[1〜9]。その市場は近年急激に成長し，現在，数百億円規模と言われている。テーラーメイド医療や創薬開発，環境検査，食品検査・工程管理など多くの応用展開が検討されており，さらに今後，市場が飛躍的に拡大するものと期待されている[10〜14]。そのため，種々の分野の研究機関やメーカーで，DNAチップが開発され，製品化されている。

　しかし，その急激な市場成長の一方で，技術的には当初開発された材料，プロトコールに大きな変革はない。既存のDNAチップでは，各種研究用途の解析面から，またテーラーメイド医療等の実用面等から，感度や再現性，定量性が必ずしも十分ではなく，大幅な高感度化が求められている。例えば，種々の遺伝子情報を一斉に検出できるアレイを用いているにもかかわらず，高発現，かつはっきりとした発現変動が観察できる場合にしか十分な解析結果が得られず，低発現遺伝子の発現変動を議論するには十分ではないという課題があった。また，患者に負担が少ない低侵襲な微量検体による解析や，極僅かな遺伝子の存在に関する精度の高い解析についても検出感度が十分とは言い難い。

　このような課題に関し，1種類の遺伝子に対して複数の断片を搭載するなど，より情報量を多くして（統計的な）解析方法とリンクされる方法，電気的検出のように，広いダイナミックレンジとコンパクトな検出システムを期待した方法，また，検体側の増幅を繰り返すことにより検出できるように工夫した方法などが試みられているが，バイアスが掛かったり，解析におけるブラックボックス化が進む傾向にあった。

　ここでは，これまで主流となっている蛍光検出技術をベースに，これまでのデータや主なプロトコール，さらにはシステム面の資産を活かせ，チップを替えるだけで従来チップ技術の最高で100倍の高感度が実現できる新しいDNAチップ技術を開発したので，その概要について記す。

---

*　Hitoshi Nobumasa　東レ㈱　新事業開発部門　DNAチップグループ　グループリーダー

2 高感度チップ技術の特徴

　高感度化の手段として，東レでは①チップ形状・材質による検出スポット形状の安定化とノイズ低減，②チップに固定するDNA（プローブDNA）の密度制御，③ターゲットDNAとの反応性向上，の3つを開発課題として掲げ，DNAチップ基板をこれまでの平板から凹凸形状にする画期的なアイデアと，基板表面をナノレベルの特殊加工で活性化する技術と，解析のための反応（ハイブリダイゼーション）を強制的に促進させる技術を開発し，従来のDNAチップに比べ，最高で100倍の検出感度が達成できる技術の開発に成功した[15～18]。

　このことは，それまで不可能であった極微量の検体からの解析を可能とし，また，低発現のためにシグナルがノイズに埋もれて見えなかった現象が検出できるようになることを示唆する。例えば，内視鏡技術で微量の検体を採取するだけで，迅速に正確な検査結果が得られる可能性が期待され，患者のQOL（Quality of Life）の改善，医療費削減の観点から，大幅な用途拡大につながると考えられる。

　さらに，このような技術を用いて網羅的な研究用DNAチップが開発できれば，上述したごく僅かな遺伝子の存在を，網羅的かつ高精度に検出でき，また，特に低発現域の遺伝子発現情報を高精度に検出できることから，基礎研究においても新しい発見が期待される。

　以下に，高感度化の①～③の技術について，その詳細を記す。

2.1　チップ形状・材質による検出スポット形状の安定化とノイズ低減

　従来，DNAチップの基板としてはガラス平板を用いるのが一般的である。ガラス平板基板上にプローブDNAをスポットし共有結合等により基板への固定化を向上させている。この際，基板とプローブDNAとのぬれ性を高めようとするとスポット形状が安定しなかったり，固相化の段階で中心が抜けたような形状（ドーナツ化）になる場合がある。これらの現象は，検出シグナルのバラツキ原因の一つとなるだけでなく，解析時のデータ解析に長時間を要する原因となる。また，スポットやスポット以外の領域へのターゲットDNAの非特異吸着抑制にも影響を及ぼし，検出の精度を低下させる原因となる。高感度DNAチップの開発のためには，感度を向上させるだけではなく，ノイズを低減させて，いわゆる検出感度（シグナル/ノイズ）を向上させることが重要な課題であり，スポット形状を安定化すること，基板表面への非特異的な吸着を抑制することが高精度化へのポイントになると考えられる。

　従来のDNAチップでは，スポット形状安定化と検出システムとの関係から，一般的にはより平坦な基板を開発する方向が主流であるが，東レでは，平板基板ではなく，検出部に凹凸構造を持たせた革新的な柱状構造チップを考案した。この柱の上端面にプローブDNAを固定すること

第4章　柱状構造高感度DNAチップ

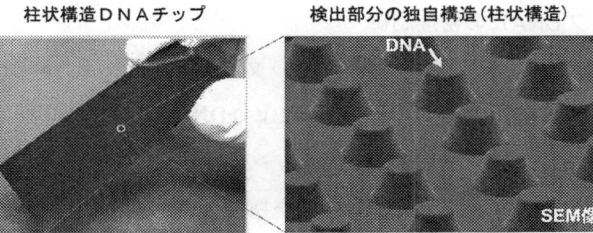

図1　柱状構造高感度DNAチップの形状

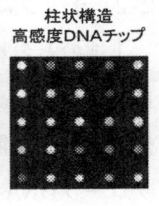

図2　検出結果の比較

により，スポットの形状安定化が期待される。従来のガラス基板を用いてこのような微細構造を精度高く形成しようとするとエッチング技術等の加工プロセスが必要となる。そこで，柱状構造チップの基材としては，加工が容易で，かつ材料自体が有する自家蛍光が小さな合成樹脂を用いた。図1には，このようにして作製した柱状構造チップの写真を示す。チップの基板表面に，直径，高さとも数十ミクロンから数百ミクロンの凹凸構造が施されている。図2に様々な種類のプローブDNAを凹凸構造の上部にスポットし，ターゲットDNAと反応させた後のスポット形状の検出イメージを示す。検出には，市販のDNAチップ検出装置（一部を除く）を用いることができる。このイメージから，安定したスポット形状でシグナルが観察され，柱の上端面全体にDNAが固定でき，スポット内の分布の均一性が優れていることがわかる。一方，ガラス平板基板にスポットした場合，スポット形状にバラツキが生じ，いくつかのスポットではドーナツ化も観察された。また，合成樹脂からなる柱状構造チップでは，材料自体の自家蛍光を制御でき，市販の従来型DNAチップ（ガラス平板）の場合と比較して，スポットおよびスポット周辺のノイズが数分の一に減少できることが観察された。このように，柱状構造チップを用いることにより，スポットの形状が安定化されるばかりでなく，ノイズも低減できることが確認され，精度の高い検出が可能になると期待される。

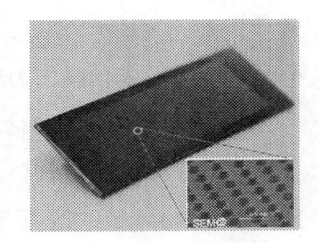

図3　網羅型柱状構造高感度DNAチップの形状

さらに，図3には，研究用の網羅的チップについてもその外観写真を示す。樹脂製基板により，精度高く微細加工するためには多くのノウハウを必要とする。検査・診断用で想定される数百程度までのスポットのチップだけではなく，研究用の網羅的な遺伝子解析にも適用できる数万のスポットのチップの作製技術も開発できている。この網羅的なDNAチップにより，高感度性能を実証し，実績を蓄積して，今後，検査・診断用チップとして着実に用いられていくことが期待される。

2.2 チップに固定するDNA（プローブDNA）の密度制御

上述のとおり，今回開発した合成樹脂からなる柱状構造を持つチップでは，表面加工・修飾の自由度が高い。柱状構造の上端面をナノレベルの設計を行うことによりDNAとの相互作用を制御する技術を開発でき，ターゲットDNAとのハイブリダイゼーション効率が最も良好な密度でプローブDNAを固定させることに成功している。またDNAとの結合様式を種々設計できることを利用して，非特異なDNAの吸着抑制にも有効な表面を設計・実現している。これらの表面設計技術は，シグナルを向上させるとともにノイズレベルを低減させ，この技術も検出感度向上に有効である。

2.3 ターゲットDNAとの反応性向上

一般的なDNAチップでは反応時にターゲットDNAを含む溶液中のDNAの拡散が遅く（～200 μm[19]），希薄な溶液を用いた場合や低発現の遺伝子を検出対象とした場合，十分な反応効率が期待できない。そこで，反応時にターゲットDNAの拡散を物理的に加速するコンセプトで検討を進めた。その結果，上述の柱状構造，表面のナノレベルの設計に組み合わせてビーズによる撹拌を用いることで，プローブDNAには何等影響を与えることなく効果的に反応促進が可能となった（図4）。

すなわち，図5に示すように，ハイブリダイゼーション時にチャンバー内にターゲットDNAと同時に直径数十μm～数百μmの大きさのビーズを封入して，チップを振とうし，ビーズを動かしてハイブリダイゼーション液の撹拌を行う。ハイブリダイゼーション液が撹拌されることにより，静置時に比べて効率的にターゲットDNAがプローブDNAと会合し，両者の反応性が格段

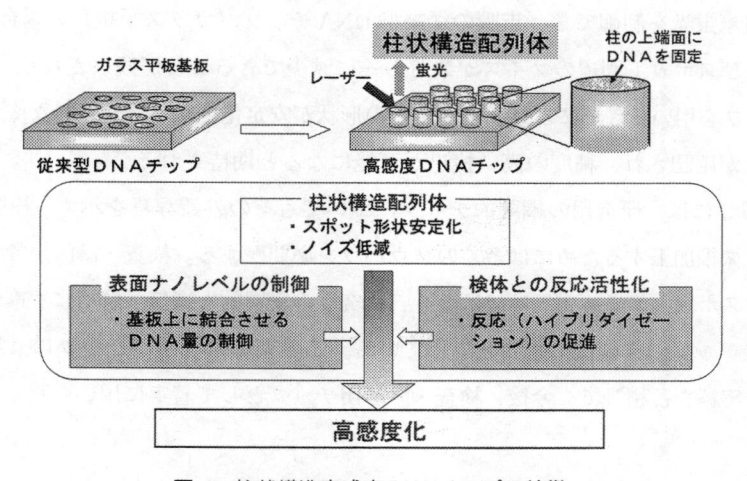

図4　柱状構造高感度DNAチップの特徴

第4章　柱状構造高感度DNAチップ

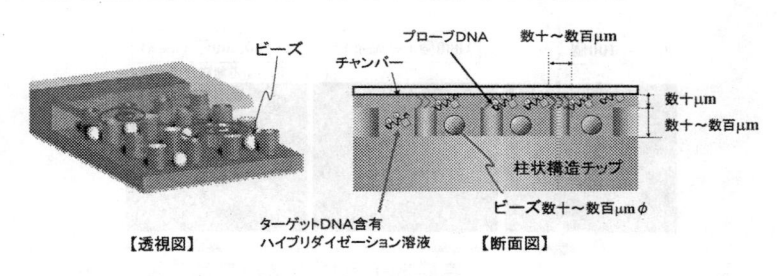

図5　柱状構造とビーズ攪拌
（ハイブリダイゼーションの促進）

に向上する。また，スポット間の反応均一性およびスポット内の反応均一性も格段に増す。この時，プローブDNAがスポットされている柱状構造の端面とカバーグラスの間にビーズが侵入しないような設計を行うことにより，プローブDNAが傷つけられることはない。

この反応性向上手法は，検査・診断用で想定される数百程度までのスポットのチップの場合だけでなく，基礎研究などに用いられる数万のスポットが形成された網羅的なチップの場合でも，柱状構造の形状とレイアウト，および攪拌プロトコールを工夫することにより，同様の効果が確認できている。

3　柱状構造DNAチップの性能評価

上記3つの改良により作製したDNAチップの性能を評価した。図6にターゲットDNAの濃度を変化させたときのシグナル／ノイズ比（S/N比）の推移を示す。また，図7に，1.0および0.01μg相当のターゲットDNAを用いたときの従来型チップと今回開発した柱状構造チップの検出イメージを示す。従来の平板ガラス製DNAチップと比較して，顕著なシグナルの上昇およびノイズ低減が観察された。特に検出限界において，ガラス平板基板では0.01μg相当以下ではシグナル検出が困難であるにもかかわらず，今回開発した柱状構造の柱状構造DNAチップでは，

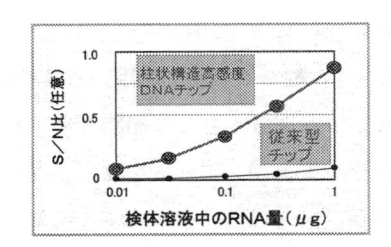

図6　柱状構造高感度DNAチップと従来型チップの性能比較

図7　柱状構造高感度DNAチップと従来型チップの検出像

DNAチップ活用テクノロジーと応用

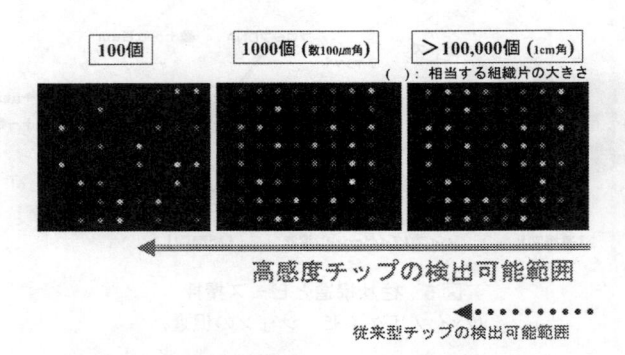

図8 柱状構造高感度DNAチップの性能
（細胞数と検出像）

従来のガラス平板のDNAチップと比較して，約1/100のターゲットRNA量でもシグナルが検出できることが確認された。

また，細胞数を血球計算盤を用いてカウントし，所望の数だけ取り出して遺伝子を抽出してターゲットとし，柱状構造チップで検出した結果を図8に示す。従来のガラス製DNAチップでは細胞100,000個あたりからいくつかのスポットのシグナルが不明瞭となり，細胞10,000個の場合シグナルは著しい低下を示し始めたが，柱状構造DNAチップでは，細胞数1,000個でも明瞭なシグ

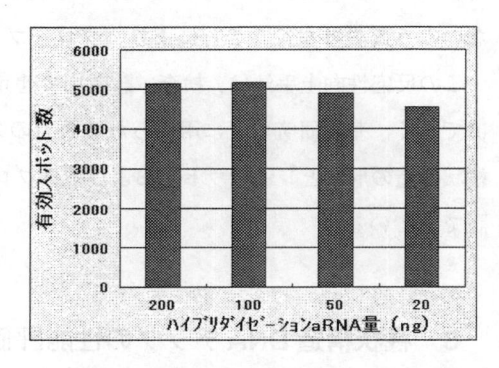

図9 柱状構造高感度DNAチップの性能
（ハイブリダイゼーションに用いたaRNA量と有効スポット数）

ナルが検出され，100個でも多くのシグナルが観察された。これらの結果から，検査・診断応用を考えた場合，耳掻き1杯程の組織検体や極微量の血液から得られる遺伝子量でも十分に検出できることが確認された。また，この結果に基づき，再現性や低発現遺伝子の検出における定量性も従来のチップに比べ飛躍的に優れたDNAチップの開発に成功した。

さらにまた，柱状構造チップを用いて作製した酵母の網羅的チップを用いて，その高感度性能を確認している。図9には酵母 S. cerevisiae の total RNAから作製した，反応に用いる標識aRNA量を漸減させた場合の検出有効スポット数の推移を示す。ターゲットとしてaRNA量がわずか20ngであっても，十分に試料がある場合（例えば200ng）の90%のスポットを高い感度で検出することができている。また，反応に用いる標識aRNAを多くすることによって，これまで検出することができなかった低発現遺伝子を捉えることが可能となる。

第4章　柱状構造高感度DNAチップ

4　今後の展開

　現在，DNAチップの用途は多数のプローブDNA（1,000〜30,000遺伝子）を搭載した網羅的解析用が主流である。高感度なDNAチップを用いることにより，これまでのDNAチップで得られる発現情報よりも確度高く，さらにこれまでのDNAチップでは検出できなかった低発現な，あるいは微量の遺伝子に関する情報が得られるようになり，遺伝子関連の研究に革新をもたらすものと期待される。既に，研究用網羅的チップとして酵母の全遺伝子を搭載したチップを製品化しており，さらに，ヒト網羅的チップ，特定の疾患領域に関係する遺伝子を搭載したチップを上市するとともに，各種カスタムチップの試作や解析を進め，高感度性能を実証し，実績を蓄積中である（ホームページ URL：http://www.3d-gene.com）。

5　おわりに

　以上のように，通常の発想（平板）とは逆の斬新な形状（柱状構造）とナノレベルの表面修飾，新規な反応促進技術を開発することにより，超高感度化技術を開発することに成功した。今後，このDNAチップ技術に様々な遺伝子情報を搭載し，本チップの特長を生かした領域で実用化に向けたさらなる実績を積み，医薬医療用等，世の中に貢献できるバイオツールの開発が期待される。

文　　献

1) S. P. A. Fordor et al., Science, **251**, 767(1991)
2) J. L. DeRisi et al., Science, **278**, 680(1997)
3) U. Landegren et al., Genome Res., **8**, 769(1998)
4) A. J. Thiel et al., Anal. Chem., **69**, 4948(1997)
5) C. J. Flaim et al., Nature. Methods, **2**, 119(2005)
6) M. Maekawa et al., Development, **132**, 1773(2005)
7) S. P. Laiti et al., Bichem. Mol. Biol., **92**, 281(2004)
8) J-P. A. Dong et al., Gene, **344**, 67(2005)
9) X. J. Zhou, et al., Nature. Biotechnol., **23**, 238(2005)
10) S. Katsuma et al., Biochem. Biophys. Res. Commun., **288**, 747(2001)
11) M. Yamada. et al., Proc. Natl. Acad. Sci. USA, **102**, 7736(2005)

12) L. J. Van't Veer *et al.*, *Nature*, **415**, 530 (2002)
13) D. L. Gerhold *et al.*, *Nature Genetics*, **32**, 547 (2002)
14) O. Margalit *et al.*, *Blood Rev.*, **19**, 223 (2005)
15) 日本経済新聞朝刊, 2004年9月17日付
16) 日本経済新聞朝刊, 2004年9月24日付
17) *BOSS*, 11月22日号, ㈱経営塾発行, 71 (2004)
18) K. Nagino *et al.*, *The Journal of Biochemistry*, **139**, 697-703 (2006)
19) J. C. Politz *et al.*, *Proc. Natl. Acad. Sci. USA*, **95**, 6043 (1998)

第5章　繊維型DNAチップ

秋田　隆*

1　はじめに

　DNAチップを製造するためにも，また，DNAチップを生命科学分野において有効に利用していくためにも，DNAやRNAを化学物質として理解することが重要である。繊維型DNAチップ開発の基礎となっているのは，DNAの化学，特に高分子化学である。そこで，DNAチップ科学の心臓部を形成するハイブリダイゼーション反応（hybridization reaction）から，高分子化学的視点を中心に説明していく。

2　ハイブリダイゼーション

2.1　ハイブリダイゼーションに関係するDNAの形態変化

　一本鎖DNAは基本的に半屈曲性高分子（semi-flexible polymer）である。半屈曲性高分子は，溶液中において，ランダムコイル（random coil）ほどは自由に屈曲できないが，棒状高分子（rod-like polymer）よりは屈曲性に富む。すなわち，観測の空間スケールあるいは時間スケールを充分に長くとった場合には，DNAはフレキシブルなように見えるが，観測の空間スケールあるいは時間スケールを短くとった場合には，DNAは棒のように見える。一般的にDNAの分子量が非常に大きいので，手段次第で両方の観測が可能となる。

　半屈曲性高分子の特徴を示す一般的なモデルとしては，みみず鎖（worm-like chain）モデルがよく用いられる。みみず鎖の固さを特徴づけるパラメーターとしては，持続長（persistence length）がある。高分子をひもに例えると，ひも（高分子）の両端を両手に持って，ひもを縦にし，上の手を離すと，ひもは途中で折れ曲がる。持続長とは，下の手の先から，折れ曲がった所までの長さをいう。ひもが柔らかい場合には，下の手先でひもはすぐに折れ曲がってしまい（高分子の持続長は短く），ひもが比較的固い場合には，下の手からある程度上にまっすぐに伸びる部分がある（高分子の持続長は長い）。この概念は，DNAチップの科学において，片末端を固定化したキャプチャープローブ（capture probe）DNA設計の際に大切である。

---

　*　Takashi Akita　三菱レイヨン㈱　新事業企画室　ゲノムグループ　担当部長

DNAチップ活用テクノロジーと応用

　一本鎖DNA水溶液へ多価カチオンを加えていくと，ある濃度でランダムコイル状態からグロビュール（globule）状態へ分子鎖の形態を変化させる。グロビュール状態とは，鎖状高分子が分子間引力によって形成される熱力学的に比較的安定な緊密凝集状態である。すなわち，水溶液中でのDNAの流体力学的半径が減少する。このコイル−グロビュール転移（coil-globule transition）は可逆的な形態変化である。

　一般に生体高分子は構造敏感性を有しているが，分子の集合状態（高次構造）が機能発現にあたって重要な役割を果たす。DNAの場合の最大の特徴は，二重らせん構造（double helical structure）をとることであり，これがDNAチップ科学の心臓部を形成するハイブリダイゼーション反応の基礎となる。二重らせんDNAは，水素結合などによりコンホメーション（conformation）変化が極度に制限されている。従って，比較的柔らかめの一本鎖DNAと充分に固くて分子運動がかなり制限されている二本鎖DNA（二重らせんDNA）では，当然のことながら形態も諸性質も大きく異なる。ところが，生命科学分野においては，これらを区別しないで議論を進める場合がしばしばある。このことが，その後の誤解を招く大きな原因となってしまう。DNAチップに限らず，DNAの諸性質を議論する場合には，どちらを対象に議論しているのかを明瞭に区別しなければならない。

　二重らせん構造を形成している2本のDNA分子の立場からしてみると，ハイブリダイゼーション反応はヘリックス−コイル転移（helix-coil transition）である。また，一種の融解（melting, fusion）とみることもでき，生命科学分野では，融解温度（melting temperature：Tm）という言葉の方がなじみが深い。二重らせんの構造形成のための安定化エネルギーは，各塩基間の水素結合と塩基ユニットの積重ねによる分子間相互作用力（stacking energy）に依存するので，融解温度は，同じ長さのDNAであってもその個別の塩基配列（特にCG含有量）に依存する。ヘリックス−コイル転移は可逆的であり，温度，共存イオンの種類や濃度（pH）などにより制御することが可能である。しかしながら，ヘリックス−コイル転移は一次の相転移ではなく，中間段階では系中にヘリックス状態とランダムコイル状態が共存する。これが，DNAチップを使用した際の結果としての信頼性に好ましくない影響を及ぼす原因のひとつとなる。

2.2　効率的なハイブリダイゼーション

　二重らせん構造を安定化させる要因は各塩基間の水素結合と塩基ユニットの積重ねによる分子スタッキングエネルギーである。分子スタッキングエネルギーはπ-π相互作用とも呼ばれ，二重らせんの外側の水の水素結合が疎水性化学基を内部に押しやることによって生じる疎水的相互作用である。

　逆に，二重らせん構造を不安定化させる要因は，分子間静電斥力と分子運動である。分子間静

第5章　繊維型DNAチップ

電相互作用に関しては 2.3.2 で述べるので，ここではまず分子運動性に関して述べる。

　芳香環（aromatic ring）や複素環（heterocyclic ring）の二重結合は固定的なものではなく，例えばカルボニル基（C=O）と水酸基（C-OH）やアミノ基（-NH$_2$）とイミノ基（=NH）は化学的に平衡状態にあって共鳴安定化（resonance stabilization）している。常温の場合には，平衡はカルボニル基やアミノ基側に傾いているであろう。この平衡状態が核酸の各塩基が相補的な塩基対を形成する際の不確定性のひとつの要因となる。すなわち，二重らせんを形成している各塩基対の水素結合は，切れたり付いたりすることを繰り返している。温度が上がれば分子運動性は活発となり，水素結合が切れた方に平衡が傾く。更に温度が上がれば二本鎖は分離していく。

　ハイブリダイゼーション反応の律速段階は，核酸の相補鎖同士がうまく出会う段階である。これは高分子の重心の移動を伴う拡散（diffusion）である。すなわち，ハイブリダイゼーション反応は拡散律速反応（diffusion controlled reaction）であるといえよう。一般的に，核酸濃度が高くなればハイブリッド形成速度は速くなり，有効なハイブリが行えるものと思われがちであるが，必ずしもそうではない。ターゲット（検体）とする核酸の拡散速度に比例してハイブリ速度が速くなるのは，核酸濃度が非常に希薄な場合のみに限られる。

　ターゲット（検体）溶液中の核酸の拡散を加速するように系へ揺動（fluctuation）を加えることにより，ハイブリ反応を加速させるとともにキャプチャープローブの有効利用効率を向上させることが可能である。

　Chan ら[1]は，固体表面上での二次元ハイブリダイゼーション理論より，速くて有効なハイブリ反応のためには，ターゲット（検体）核酸の鎖長をできるだけ短く（好ましくは100塩基以下に）すること，及び二次元チップ上のキャプチャープローブの固定化密度を下げることを提案している。これは，溶液相中及び固体表面上での二次元拡散速度を向上させるためである。

　二次元の DNA チップには，このような根本的な制約が常につきまとう。

　そこで，Steel ら[2]は，三次元チップとして Gene Logic 社の "Flow-Thru Chip^{TM}" のコンセプトを示している。これは，内部に微細多孔を有する無機材料の多孔内部をハイブリダイゼーション反応の場として利用するものであり，二次元チップと比べてキャプチャープローブ核酸が存在する表面積が格段に増加している。また，ターゲット核酸溶液を流動させることにより微細多孔内部でのキャプチャープローブ核酸表面の更新を行えるという特徴がある。

　PamGene 社とオリンパスが共同開発した "PamChip" も，内部に微細多孔を有する無機材料を利用した三次元チップのひとつである[3]。

　三菱レイヨンが独自に開発した中空繊維型三次元チップである "ジェノパール®"（Genopal）に関しては，この後で詳しく述べる。

2.3 ハイブリダイゼーションにおける諸問題
2.3.1 部分ミスマッチ塩基対形成

ハイブリダイゼーション反応において最も厄介な問題は，両鎖が完全に相補的（complementary）でなくとも二重らせん（double helix）を形成することである。

図1に，ハイブリダイゼーション反応の模式図を示した。ここではまず，末端が固体基材表面等に固定化されていない相補的な塩基配列（base sequence）を持つ核酸鎖同士が二重らせんを形成する過程を考える（一方の核酸の末端が固定化されている場合には，分子運動性に関する大きな束縛因子が加わるので更に複雑になる）。

溶液中においてランダムコイルに近い状態にある一本鎖核酸は，相手となる相補的一本鎖核酸の拡散による接近に伴い，高分子鎖中の各セグメントの大きなコンホメーション変化を伴いながらヘリックス－コイル転移の遷移状態に入る。そして，部分的な水素結合の形成と切断を繰り返しながら全体的ならせん構造を再形成していく。この後期過程においては次第にエネルギー準位を低下させながら高次構造が安定化していくが，適度な高温状態に保たれている系では，ある程度の分子運動性が許されているので，核酸同士は最安定構造から少しだけ不安定な（少しだけエネルギー準位の高い）多数の準安定状態間での遷移を繰り返している。そして，溶液系全体の温度を下げていくと，各セグメントのコンホメーション変化による新たな水素結合を形成するための分子運動エネルギーが系中にて外部から供給されるエネルギーを下回ったところで，らせん構造が次第に確定されていく。このとき，多数の準安定状態間での遷移を繰り返していた二重らせんは，その遷移確率に応じて複数のらせん構造をとり得る。

核酸が真に相補的な（最安定な）塩基対を形成する場合，DNA同士であればAT塩基対とGC塩基対が形成され，DNAとRNAの場合には更にAU塩基対が形成される。しかしながら，現実に形成される塩基対は，上述した理由から，必ずしもこの通りとはならず，様々なミスマッチ塩

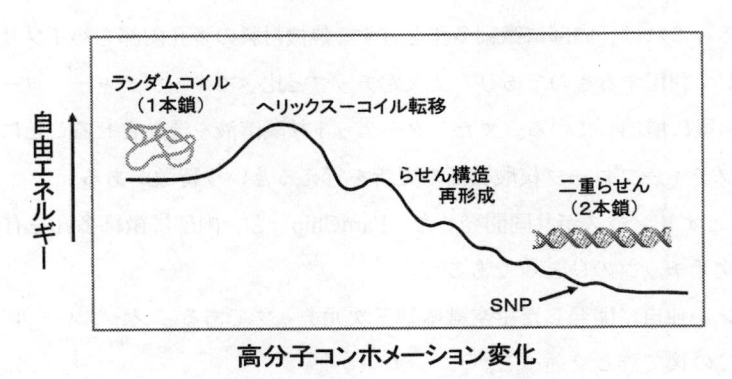

図1　ハイブリダイゼーション反応

第5章　繊維型DNAチップ

塩基対が形成される。なかでも，グアニン（G）が関与する塩基対のミスマッチが多いようである[4]。熱力学的な安定性からみれば，GU塩基対の結合エネルギーはAU結合のエネルギーよりもわずかに小さいだけであり，GG塩基対やGT塩基対，GA塩基対も準安定状態をとり得るようである[5]。

　この問題への対策としては，チップ使用技術面からのアプローチと，チップ設計製造技術面からのアプローチがある。チップ使用技術面からのアプローチとしては，完全マッチ塩基対からなる二重らせんと部分ミスマッチ塩基対を含む二重らせんの間において何らかのコントラストが出るような実験条件（温度や添加塩濃度など）を選択することが考えられる。しかしながら，図1に示したように，2者間でのエネルギー状態差がごくわずかであることより，ある範囲内における部分最適化は可能であるものの，普遍性を有する根本的な解決には至らない。特に，DNAチップ側のキャプチャープローブとして比較的長い塩基配列を有するDNAを用いた場合には，実質的に避け難い状況となってしまうことが我々の実験結果からも明らかとなっている。

　尚，一方において，部分ミスマッチ塩基対形成によるハイブリダイゼーションの選択性低下を防ぐために，人工核酸プローブを用いる提案もある[4]。

2.3.2　分子間静電相互作用

　DNAはヌクレオチドがホスホジエステル結合により次々と連結した高分子であり，リン酸基が水素イオンを放出して負に荷電しやすい。従って，水溶液中においては酸性の性質を示すとともに，荷電高分子（ポリアニオン）としての分子間静電相互作用を示す。水溶液中において，相補的な核酸のポリアニオン同士が近づいてハイブリッドを形成しようとする場合，そこには静電的な分子間反発力が働いてしまうので，不利となる。

　Vainrubら[6,7]も，オリゴヌクレオチドプローブを搭載した二次元DNAチップ基盤上におけるハイブリダイゼーションのメカニズムに関して，静電的な分子間反発力が働くことを述べている。そして，二次元ハイブリダイゼーションシグナルの強度は，キャプチャープローブ密度の増加によって初期には増加するが，すぐに極大を向かえ，その後は逆に減少していくことを示している[6]。

　従って，DNAチップの感度を向上させようとする場合，チップに固定するキャプチャープローブの量を増加させることは得策ではない。

2.3.3　ターゲット核酸の高次構造

　遺伝子発現解析の場合，DNAチップによって検出しようとするターゲット試料（検体）としてRNAを用いることが多いので，RNAの性質に関して若干述べる。

　RNAは，リボースの3′位が次のヌクレオチドの5′位とホスホジエステル結合を介して連結したポリヌクレオチドであるから，DNAと同じように極性が存在する。これは，キャプチャープ

45

ローブDNAとの間のハイブリダイゼーション反応にとっての阻害要因となる。

　RNAの分子量はDNAに比べると小さいが，分子量分布は広範に及び，高次構造的特徴も多様である。RNAは一本鎖で存在するが，同一分子内での自己相補的な配列による分子内水素結合を形成しやすく，部分的に二本鎖構造をとってヘアピン構造(hairpin structure, stem structure)をとったり，また，同一分子内の2つの自己相補的な配列の間にランダムな配列が存在する場合には，中間のランダム配列部分が輪のようになったヘアピン-ループ構造（hairpin-loop structure, stem-loop structure)をとったりする。RNAのこのような特異的立体構造形成もまたハイブリダイゼーション反応を妨害する。

　ちなみに，核酸のこのような特徴的な高次構造を逆に利用した一本鎖立体配座多型（single strand conformation polymorphism：SSCP)法とよばれる核酸解析方法もある。この場合の高次構造は1塩基の変異によって変化するので，原理的な一般性があるとは言い難いが，未知の変異を見出すような際には有用な手段のひとつであろう[8]。

2.3.4　一塩基多型検出

　遺伝子中の数百個の塩基配列中で1個の塩基だけが異なる一塩基多型（single nucleotide polymorphism：SNP）を検出するためには，遺伝子配列を1塩基の精度で判定する必要がある。ところが，二重らせん形成を鎖全体のエネルギー差で見分けようとするハイブリダイゼーションの原理だけを利用して，1塩基のわずかなエネルギー状態の違いを検出することは容易ではない。ミスマッチ塩基対の構造は，その構成塩基の種類，ミスマッチ前後の塩基配列，溶液中の塩濃度，温度などの要因によって大きく変化する。また，図1に示した通り，フルマッチDNA二重らせんと1塩基ミスマッチDNA二重らせんのエネルギー状態差はごくわずかである。このわずかな差を正確に検知しようと思えば，ハイブリダイゼーション原理以外の他の工夫が必要となってくる。この工夫に関するいくつかの例については8節で述べる。

3　フォーカストアレイ

　遺伝子の網羅的な解析（一次スクリーニング）が終了した後に，絞り込まれた遺伝子の精密解析用として用いられるマイクロアレイがフォーカストアレイである。

　様々な状況を反映させながら日々刻々と変化する遺伝子発現（gene expression），すなわちmRNAの転写量を計測して解析するトランスクリプトーム（transcriptome）は，RNA診断とも呼ばれる。野島[9]は，"ヒトゲノムのすべての遺伝子の転写動態を追跡してRNA診断となすことは，解析すべき遺伝子の数が多すぎて意味をなさない。RNA診断を実用化するには，遺伝子の数を100～500個程度に絞り込まなければならない。"と述べている。

第5章　繊維型DNAチップ

表1　DNAチップのカテゴリー

カテゴリー	地図にたとえると	価値	目的・用途	遺伝子数
スクリーニングアレイ	国土全図	全体概略 網羅性	網羅解析 一次スクリーニング	数万〜数千
フォーカストアレイ	市街地図	詳細情報 信頼性	特定解析 汎用検査	数百〜数十

表2　DNAチップに要求される項目

	基礎研究分野	実用化研究分野	汎用検査分野
目的	遺伝子スクリーニング	特定応用検討	精密解析・繰返測定
遺伝子数	数万〜数千	数千〜数百	数百〜数十
チップ種類	スクリーニングアレイ		フォーカストアレイ
要求項目			
網羅性	◎	△	×
チップ性能 (再現性・感度・正確性)	△	○	◎
低価格	△	○	◎
易操作性・迅速性	△	○	◎

　フォーカストアレイは，遺伝子の網羅解析用として用いられるスクリーニングアレイとは，設計思想も使用目的も異なる。表1に，DNAチップの大きなカテゴリーを示した。スクリーニングアレイは，対象とする遺伝子全体のプロファイリングのために用いられ，網羅性が必要である。これに対してフォーカストアレイは，特定領域において既に絞り込まれた遺伝子群の詳細解析を目的としており，高い信頼性が要求される。表2には，各分野においてDNAチップに要求される項目をまとめて示した。遺伝子に関する基礎研究分野と汎用検査分野では，DNAチップに要求される項目が異なる。この間に，基礎探索研究から特定領域での応用を目指すプロセスとしての実用化研究分野が位置づけられる。

　繊維型DNAチップ(ジェノパール®)は，フォーカストアレイを目指して開発されたものである。

4　ジェノパール®の製造方法

　DNAチップの製造方法において非常に重要な技術は，キャプチャープローブDNAの固定化である。

　二次元マイクロアレイへの一般的なDNA固定化方法としては，古くには，主に長鎖cDNAの固定化方法として，スライドガラスなどの固体表面上をポリリジンやポリアルキルアミン，アミ

ノアルキルシラン等のコーティングによりプラスに荷電させ，そこへDNAのリン酸基が有するマイナス架電との間の静電相互作用によって固定化していた。しかしながらこの方法では，ハイブリダイゼーション反応において重要な役割を果たす核酸分子のコンホメーション変化を大きく束縛してしまうことになる。

そこで，その後は，主にオリゴDNAの固定化として，スライドガラスなどの固体表面上に官能基（カルボキシル基，アルデヒド基，エポキシ基など）を配し，片末端をアミノ基などに化学修飾したDNAと共有結合させる手法が用いられている。これであれば，固体表面に近いDNAの分子運動性は制限を受けるが，固体表面から遠い側のDNAの分子運動性は拘束されることが無くなってくる。片末端が固体上に固定化されている場合の分子運動性に関して，固体表面近くと遠くではかなりの違いがあることは，スポーツ刈りの短い髪型の頭と長髪の頭を手で触ったときの感触の違いからも推測できよう。もしもキャプチャープローブDNAがフレキシブルなスペーサーセグメント領域を持たずに根元から直ちに個体表面上に固定化されていると仮定すると，二重らせん形成に関与する比較的大きなコンホメーション変化を誘導するDNAの分子運動性が拘束から解き放されていき，ターゲット側の相補塩基対と正常なマッチングを形成していくことができるのは，一般的には20～30塩基以上離れたところからと考えられる。

繊維型DNAチップ（ジェノパール®）は，従来型の平板チップ（二次元アレイ）とは異なり，ハイブリダイゼーション反応の際の核酸分子のコンホメーション変化が容易な，自由度のある三次元構造をとっており，図2に示した如く，キャプチャープローブDNAが高含水高分子ゲルを介して中空繊維内部空間に固定化された配列体を薄くスライスすることによって製造される[10～20]。ジェノパール®におけるキャプチャープローブDNAの固定化は，中空繊維内部において親水性ビニルモノマーを架橋剤存在下で重合して高含水ゲルとする際に，片末端を化学修飾によりビニル化したオリゴDNAを共重合により含水高分子ゲルネットワーク中へ片末端を共有結合させることによる。従って，キャプチャープローブDNAは，主鎖の分子運動性が非常に高いフレキシブルな状態（図3）にあり，プローブ利用効率が高く，正確なハイブリダイゼーション反応を行うことができる。

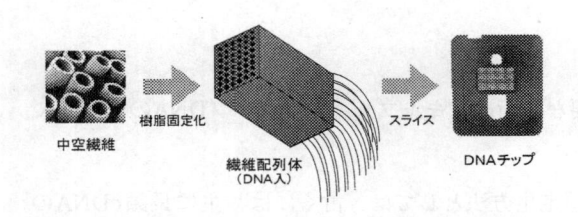

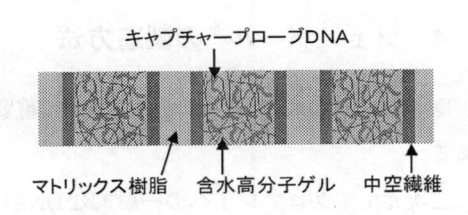

図2　中空繊維型DNAチップの製造方法　　　図3　中空繊維型DNAチップの断面構造

第5章　繊維型DNAチップ

　ジェノパール®のキャプチャープローブDNAは、チップ製造段階からユーザー使用に至るすべてのプロセスにおいて水中に存在する。すなわち、キャプチャープローブDNAにとってコンホメーション変化がしやすい状態(プローブ利用効率が高く、正確なハイブリダイゼーション反応を行うことができる状態)に、チップ保存期間中も含めて常に保たれている。ジェノパール®は長期保存安定性にも優れ、ユーザーがいつDNAチップを使用しても、初期チップ設計通りの性能を提供することができる。

　また、共重合プロセスコントロールにより、チップの用途や目的に最適のキャプチャープローブ密度とすることができ、微量検体の検出や広いダイナミックレンジでの定量性が要求される用途等、広範囲な用途へ適用していくことが可能である。

5　ジェノパール®の使用方法

　ジェノパール®の製造方法は、他のDNAチップのプラットフォームと比べると極めて特徴的であるが、その使用方法は通常のDNAチップとほぼ同様であり、目的や用途によりカスタマイズすることも可能である。一般的な遺伝子発現解析の場合を例にとったジェノパール®の使用方法に関しては、文献21)を参照されたい。

　ジェノパール®を使用する上での特徴として、多段階洗浄をあげることができる[39]。ジェノパール®は、蛍光検出も系が水中にある状態で行うため、ハイブリダイゼーション反応後の洗浄条件を段階的に変化させながら、1枚のチップと1つのターゲット検体試料だけで、何種類もの条件下におけるハイブリダイゼーション状況の変化を連続的かつ正確に追跡することができる。これは、ジェノパール®が、チップの製造から反応及び検出までの全プロセスにおいて系を水中に保っているから、正確さを伴って可能となることであり、一連のプロセスのどこかで系を一度でもドライアップしてしまうと、それは測定誤差混入の原因となる。

　ジェノパール®の更なる特徴として、データ解析プロセスにおける正確さと省力性があげられ

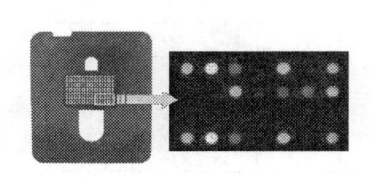

図4　中空繊維型DNAチップの検出画像イメージ

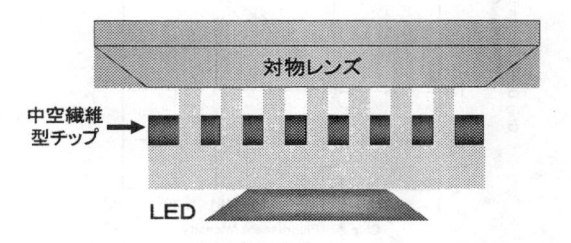

図5　透過光による中空繊維型DNAチップの自動スポット認識

る。ジェノパール®の検出画像イメージを図4に示したが，ジェノパール®はDNAプローブが存在する中空繊維内部スポットエリアのみが光透過性を有するため，透過光によるスポット位置認識，及び各スポットからの蛍光強度の積分と規格化が自動で，かつ正確に行える（図5）。

6　ジェノパール®の基本性能

ジェノパール®の基本性能として，再現性，感度，定量PCRとの相関に関して述べる。

6.1　再現性

複数のチップ間でのデータの再現性を確認するため，同一のサンプルを同量，2枚のジェノパール®にそれぞれハイブリダイゼーションし，蛍光強度を測定した。各遺伝子について一方のDNAチップの蛍光強度を横軸に，他方を縦軸にプロットした（図6）。2枚のジェノパール®の相関係数（R^2）は0.99であり，ジェノパール®が極めて高い再現性を示すことがわかる。この数値は，同一ロット間の2枚のチップを使用した場合も，別のロット間の2枚のチップを使用した場合もほぼ同様である。

また，異なる組織のサンプルを，それぞれ10枚のジェノパール®（合計20枚）にハイブリダイゼーションし，蛍光強度を測定した。実験毎の組織間の発現差を$\log_2$で算出し，実験1回目の組織間の発現差を横軸に，実験2から10回目の組織間の発現差を縦軸にプロットしたところ，高い再現性（$R^2 = 0.99$）を示した（図7）。

ジェノパール®を使用した実験結果はこのように極めて高い再現性を示すことから，蛍光標識は1色法を用いることが可能である。そして，直線性が得られるダイナミックレンジも広く，高発現の遺伝子から低発現の遺伝子まで正確なデータを取得可能である。コントロールの検体を大

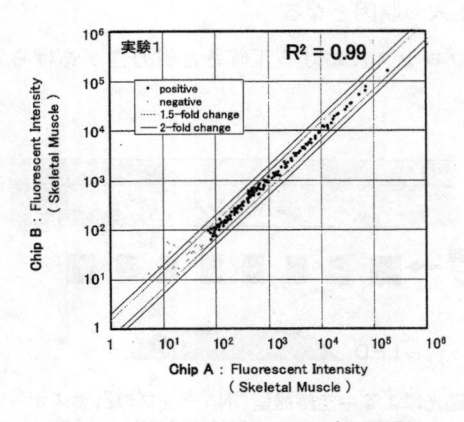

図6　中空繊維型DNAチップの再現性 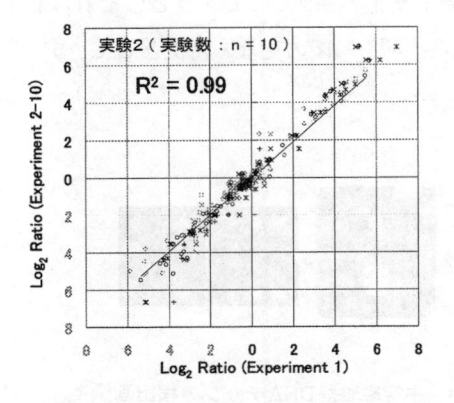　　　図7　遺伝子発現差の相関（n = 10）

第5章 繊維型DNAチップ

量に準備する必要もなくなることから，基礎研究における経時変化のフォローの際や，将来の検査・診断用途において有用と考えられる。

6.2 感度

遺伝子発現解析におけるジェノパール®の感度を確認するため，基準サンプル（total RNA：control sample）とこれに所定量のスパイクサンプル（total RNA：spiked mRNA sample）を添加した検体を調製し，それぞれジェノパール®にハイブリダイゼーションして蛍光強度を測定した。各遺伝子について，一方のDNAチップの蛍光強度を横軸に，他方を縦軸にプロットした（図8）。

図8中の0.83 pg（1：6,000,000）とは，5 μgのtotal RNA中に0.83 pg（重量比として約6百万分の1）のmRNAをスパイクしたことを表す。また，本実験においては，スパイクしていないサンプル，すなわち基準サンプルに対して，スパイクサンプルの発現が確認できることを示している。

6.3 定量PCRとの相関

マウス（BALB/c ♀）の脳と骨格筋由来のtotal RNAを用いて，両サンプル間の発現差をジェノパール®と定量PCR法により比較した。

各組織由来のtotal RNA 5 μgよりジェノパール標準プロトコールに従って調製したaRNAを各々ジェノパール®にハイブリダイゼーションし，ハウスキーピング遺伝子の蛍光強度を用いてサンプル間の補正を行い，発現差を求めた。

一方，定量PCRは，各組織由来のtotal RNAから逆転写酵素によりcDNAを合成したものを鋳型として用い，発現差を比較Ct法を用いて相対定量した。

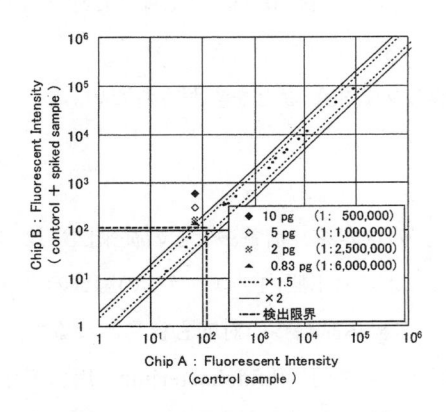

図8 中空繊維型DNAチップの感度 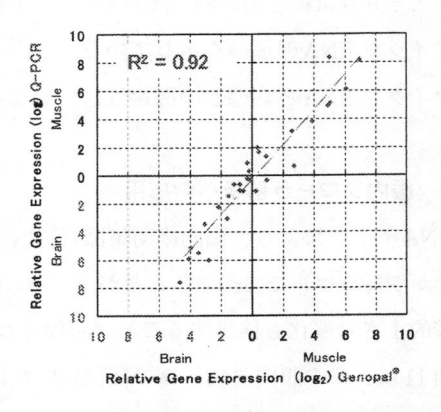 図9 中空繊維型DNAチップと定量PCRとの相関

結果を図9に示したが，ジェノパール®で取得したデータと定量PCRにより取得したデータとの相関係数（R^2）は0.92であり，高い相関を示している。

定量PCRにより取得したデータは，間違いがないとは必ずしも言い切れないことは，心ある研究者には周知のことと思われるが，一方でそれを承知の上でこれを指標としてDNAチップ自体の性能を評価することが多いことも事実である。本稿では割愛するが，DNAチップに搭載するキャプチャープローブの塩基配列を如何にして目的以外の遺伝子を検出しない特異的な配列に設計するかは，DNAチップの本質的性能に関わる重要な要素の一つである。ジェノパール®では，特異的な配列をTm，GC含量，ホモロジー，二次構造，その他の観点から設計するソフトウェアを使用して，キャプチャープローブの設計を行っている。

7　ジェノパール®の応用例

遺伝子発現（gene expression）解析や遺伝子多型（genetic polymorphism）解析へのジェノパール®応用に関して，いくつかの例を紹介する。

7.1　マイクロRNA解析への応用

ジェノパール®をヒトのマイクロRNA解析へ応用した例を示す。ヒト培養細胞として，慢性骨髄性白血病細胞株（K562細胞）及び急性T細胞性白血病細胞株（Jurkat細胞）を用い，また組織としては大脳（brain）及び大腸（colon）を用いて，AGPC法に準じてtotal RNAを抽出精製し，カラム法によりsmall RNA分画を精製，small RNAを直接蛍光標識して，ジェノパール®MICH（ヒト版マイクロRNA解析用DNAチップ）により解析した結果を図10に示した。ゲノムのノンコーディング領域から転写されてくるマイクロRNAに関して，図10上は，K562細胞由来とJurkat細胞由来のマイクロRNAの違いを示しており，図10下は，大脳由来と大腸由来のマイクロRNAの違いを示している。

マイクロRNAと病態との関連性については，北條の文献38）などを参照されたい。

7.2　腸内フローラ解析への応用

DNAチップにより，腸内細菌集団（腸内フローラ）の状態を，培養法などの従来法に比べて迅速かつ種レベルで検出することができる。特に食品によるヒト腸内フローラへの影響のような比較的小さな変化も検出することが可能となるほか，多検体試料への対応も容易となる[22]。

図11に，ヒト腸内フローラの菌種動態変化を，ビフィズス菌（Bifidobacterium）用にデザインしたジェノパール®により検出した例を示した。食餌摂取前と摂取後の腸内フローラの変化が

第5章　繊維型DNAチップ

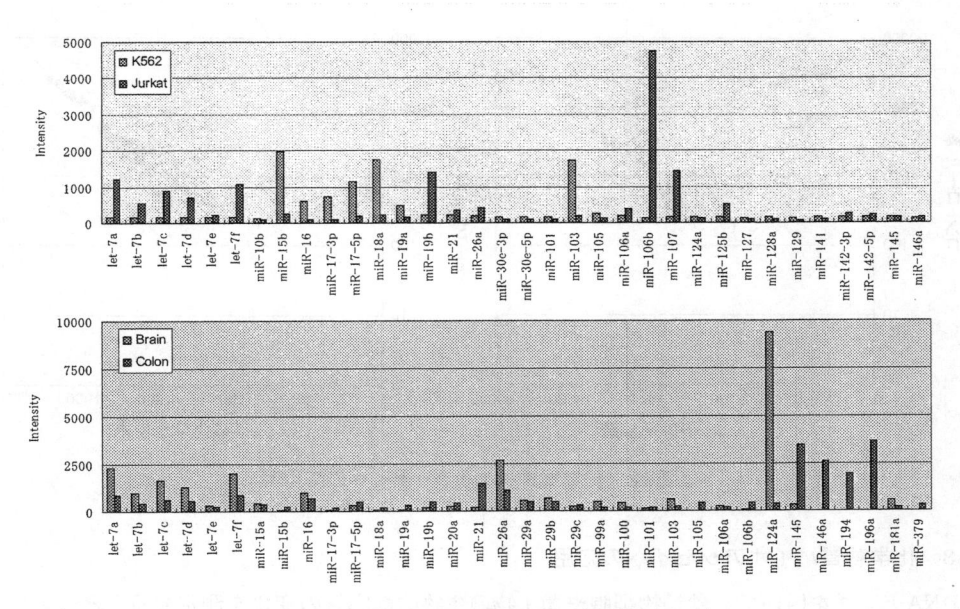

図10　マイクロRNA解析への応用例
上：K562細胞由来（▨）とJurkat細胞由来（■）の比較
下：Brain由来（▨）とColon由来（■）の比較

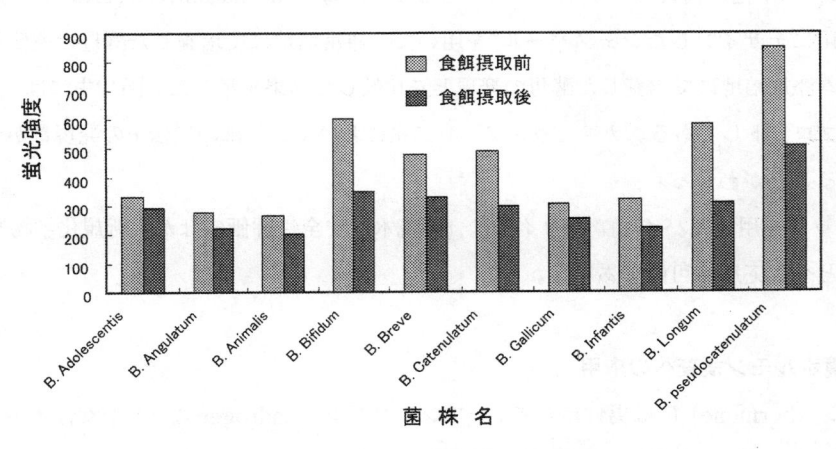

図11　腸内フローラ解析への応用例

明瞭に観測できている。

　腸内フローラの情報は，機能性食品の有効利用，食事療法，健康診断，病気予防等の様々な応用が可能であろう。

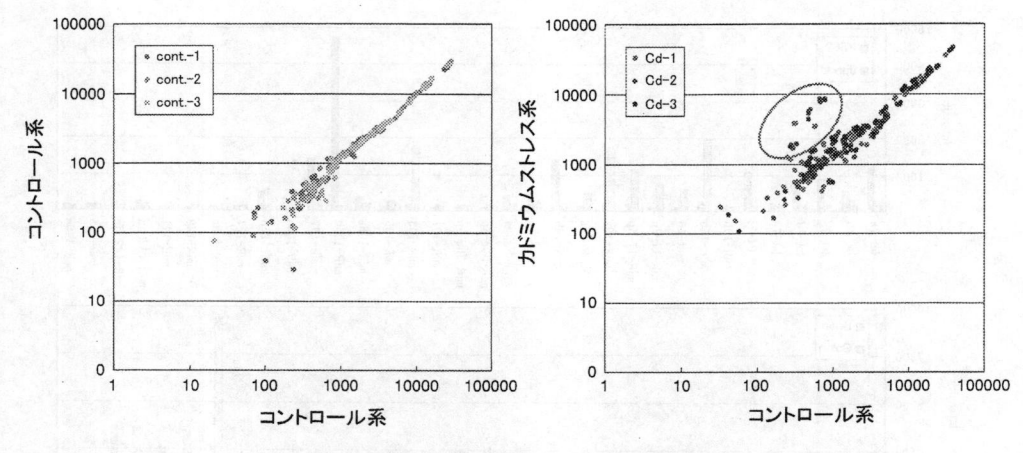

図12 化学物質バイオアッセイへの応用例

7.3 化学物質バイオアッセイへの応用

DNAチップを用いて,動植物細胞や微生物の生物的な応答の変化を測定することにより,化学物質の毒性を評価することができる。毒性のある化学物質は細胞に何らかの傷害を与えるが,そのとき細胞はその傷害を修復しようと,化学物質の毒性を反映した応答をする[23]。

図12に,水中化学物質のバイオアッセイとして,酵母(saccharomyces cerevisia)遺伝子の発現解析用にデザインしたジェノパール®を用いて,通常培地にて培養した酵母の遺伝子発現とカドミウム添加培地にて培養した酵母の発現とを比較した結果を示した。図12中には,3回の実験結果がプロットしてある。カドミウムストレス系において,一部の遺伝子の発現量が大きく変化していることがわかる。

DNAチップを用いたバイオアッセイ法は,環境水の安全性評価のほか,新規化学物質のリスク評価などへの応用も可能であろう。

7.4 環境ホルモン検査への応用

ホルモン(hormone)には男性ホルモン(アンドロゲン,androgenなど)や女性ホルモン(エストロゲン,estrogenなど)があるが,環境ホルモン(内分泌攪乱物質,endocrine disruptors)として問題視されるのは,エストロゲン作用をもつものであることが多い。そこで,DNAチップを用いて,環境ホルモンが及ぼす影響をエストロゲン活性の程度として評価することができる[24]。実際には,培養細胞を用いて,これにターゲット検体を暴露し,そのレスポンスをDNAチップに搭載された遺伝子群のエストロゲン刺激時と非刺激時の発現変動差として見積る。

第5章　繊維型DNAチップ

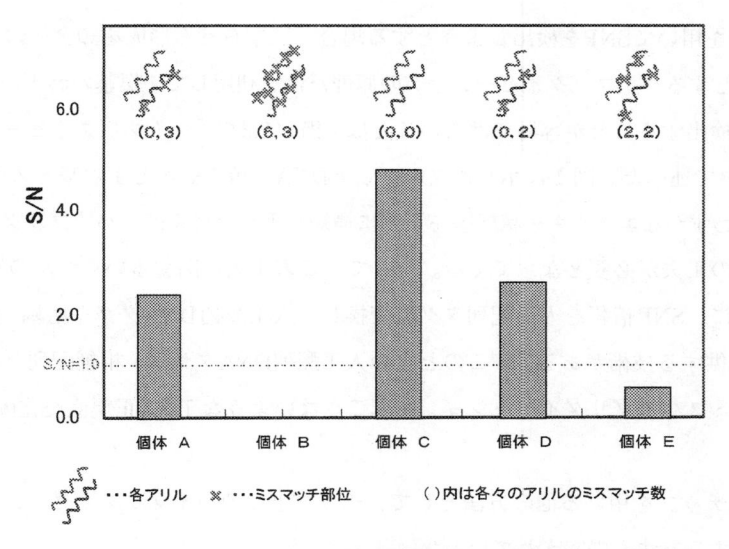

図13　ゲノム多型解析への応用例

7.5　ゲノム多型解析への応用

ヒトは両親由来の一対の対立遺伝子（アリル，allele）を持っているが，各々を構成する塩基対の間には，小さな差異が存在する．1個体について，2つのアリルの塩基配列多型を検出する必要がある．哺乳類（mammal）ゲノムの主要組織適合遺伝子複合体（major histocompatibility comple：MHC）中に存在する塩基配列の多型をジェノパール®を用いて検出した例を図13に示した．ジェノパール®のハイブリダイゼーション及び洗浄ともに，所要時間は各1時間である．各個体の2つのアリルのうちのいずれか一方にミスマッチ部位が存在しない場合にS/N比（signal noise ratio）1以上となる．臓器移植などにおいては，MHCの適合性が重要な因子となる．

8　一塩基多型検出法

1人1人の遺伝子の塩基配列を端から順番に調べていけば，一塩基多型（single nucleotide polymorphism：SNP）がわかるが，これでは膨大な時間と労力がかかる．そこで，SNP検出法としてこれまでに，2種類の蛍光色素の物理的距離が近い場合に蛍光強度が減少する原理（fluorescence resonance energy transfer：FRET）を用いたThird Wave社のInvader法やApplied Biosystems社のTaqMan PCR法（リアルタイムPCR法），変異構成部分の塩基をイオン化して荷電塩基分子の飛行時間差として質量差を検出するMALDI-TOF/MS（matrix assisted laser desorption ionization time of flight/mass spectrometry）法などが用いられている．

DNAチップを用いてSNPを検出しようとする場合，二重らせん形成を鎖全体のエネルギー差で見分けようとするハイブリダイゼーションの原理だけを利用して1塩基のわずかなエネルギー状態の違いを検出することが容易ではないことは，既に2.3の「ハイブリダイゼーションにおける諸問題」の中で述べた。図1に示したフルマッチDNA二重らせんと1塩基ミスマッチDNA二重らせん間のわずかなエネルギー状態差を正確に検知しようと思えば，ハイブリダイゼーション原理以外の他の工夫が必要となってくる。そこで，この工夫に関するいくつかの例を述べる。

そのひとつに，SNP情報を人工配列タグに変換し，人工配列DNAタグを増幅・蛍光標識してDNAチップに供する技術がある[25]。このときの人工配列DNAタグは，相補配列とのみ結合して他の配列とはミスハイブリダイゼーションを起こさないような工夫（正規直交化配列設計）がなされている。

また，DNAチップを用いる他の方法として，チップ上でのハイブリダイゼーション反応を電場により制御する方法も提案されている[26〜28]。

他方，一塩基多型（SNP）を正確に検出するためのDNAチップ以外の方法としては，前田らのアフィニティキャピラリー電気泳動（affinity capillary electrophoresis）法がある[29〜33, 37]。これは，検体DNAとキャピラリー中のプローブDNAとの間の弱い分子間親和力の差を利用して一塩基変異体と正常体を泳動時間差として明瞭に分離する方法である。

また，前田らは，DNA二重らせんの高分子電解質としての性質に着目してコロイド科学的な研究を進めた結果，DNA担持ナノ粒子の分散安定性に関する界面化学的性質の変化を利用したSNP検出方法も提唱している[34〜36]。

以上に述べた，人工配列DNAタグ法，電場制御法，アフィニティキャピラリー電気泳動法，DNA担持ナノ粒子法は，いずれもジェノパール®プラットフォームでの応用展開が可能である。

9　DNAチップの今後の課題

DNAチップを実用的に発展させ普及させるための今後の課題としては，以下のような事項があげられる。

① 検体ラベル化が不要となる新しいDNAチップ検出技術の開発
② 検体の品質チェックや試料調製からDNAチップの検出及び解析までのトータル自動化システムの開発
③ ユーザーでのデータ解析が不要となる目的別フォーカストアレイ毎の解析システムの開発，及び，データベースを持つDNAチップ集中解析ステーションと個別ユーザーとのオンライン化

第5章 繊維型DNAチップ

④ DNAチップによる解析結果とプロテオーム解析等別の観点からの結果との融合による総合的信頼性の向上

謝辞

本稿中，ハイブリダイゼーションの考え方及び一塩基多型検出の考え方に関しては，理化学研究所バイオ工学研究室，前田瑞夫主任研究員より懇切なるご指導を頂いた。また，RNA診断の考え方に関しては，大阪大学微生物病研究所感染症DNAチップ開発センター長，野島博教授よりご指導を頂いた。ジェノパール®の応用展開において，マイクロRNA解析への応用は，国立精神・神経センター神経研究所遺伝子工学研究部，北條浩彦室長との共同研究によるものである。腸内フローラ解析への応用は，平成14年度農林水産省総合食料局補助金「食品産業における技術開発支援事業」における㈱エヌシーアイエムビー・ジャパンの研究成果の一部である。化学物質バイオアッセイへの応用は，産業技術総合研究所ヒューマンストレスシグナル研究センター，岩橋均先生よりご指導を頂いた。環境ホルモン検査への応用は，㈱インフォジーンズとの共同開発によるものである。ゲノム多型解析への応用は，東海大学医学部，猪子英俊教授及び安藤麻子講師よりご指導を頂いた。以上，本紙面をお借りして深く感謝申し上げます。

文　献

1) V. Chan, D. J. Graves, S. E. McKenzie, *Biophysical Journal*, **69**, 2243 (1995)
2) A. Steel, M. Torres, J. Hartwell, Y. Y. Yu, N. Ting, G. Hoke, H. Yang, M. Schena (ed.), Microarray Biochip Technology, p.87, Eaton Publishing (2000)
3) 長岡智紀，佐藤卓朋，DNAチップとリアルタイムPCR (野島博編), p.117, 講談社 (2006)
4) 清尾康志，ゲノムケミストリー，関根光雄，齋藤烈編, p.106, 講談社 (2003)
5) N. Peyret. P. A. Seneviratne, H. T. Allawi, J. SantaLucia, Jr., *Biochemistry*, **38**, 3468 (1999)
6) A. Vainrub, B. M. Pettitt, *J. Am. Chem. Soc.*, **125**, 7798 (2003)
7) A. Vainrub, B. M. Pettitt, *Biopolymers*, **68**, 265 (2003)
8) 前田瑞夫，バイオ材料の基礎, p.121, 岩波書店 (2005)
9) 野島博，応用物理, **74**, 1371 (2005)
10) Mitsubishi Rayon, WO 2000/053736
11) Mitsubishi Rayon, WO 2001/029258
12) Mitsubishi Rayon, WO 2001/098781
13) Mitsubishi Rayon, WO 2002/062817

14) Mitsubishi Rayon, WO 2002/086160
15) Mitsubishi Rayon, WO 2003/012423
16) Mitsubishi Rayon, WO 2003/029820
17) Mitsubishi Rayon, WO 2003/083475
18) Mitsubishi Rayon, WO 2004/001411
19) Mitsubishi Rayon, WO 2004/101014
20) Mitsubishi Rayon, WO 2005/031335
21) 坂野邦彦, 永田祐一郎, DNAチップとリアルタイムPCR(野島博編), p.124, 講談社(2006)
22) 久田貴義, ジャパンフードサイエンス, **2003**, 25(2003)
23) 岩橋均, バイオサイエンスとインダストリー, **58**, 27(2000)
24) 永田祐一郎, 木山亮一, 丹治雅夫, 検査技術, **2005**, 8(2005)
25) N. Nishida, T. Tanabe, K. Hashido, K. Hirayasu, M. Takasu, A. Suyama, K. Tokunaga, *Analytical Biochemistry*, **346**, 281(2005)
26) R. G. Sosnowski, E. Tu, W. F. Butler, J. P. O'Connell, M. J. Heller, *Proc. Natl. Acad. Sci. USA*, **94**, 1119(1997)
27) M. J. Heller, *IEEE Engineering in Medicine and Biology*, **1996**, 100(1996)
28) C. F. Edman, D. E. Raymond, D. J. Wu, E. Tu, R. G. Sosnowski, W. F. Butler, M. Nerenberg, M. J. Heller, *Nucleic Acids Research*, **25**, 4907(1997)
29) Y. Ozaki, T. Ihara, Y. Katayama, M. Maeda, *Nucl. Acids symp. Ser.* **37**, 235(1997)
30) Y. Ozaki, Y. Katayama, T. Ihara, M. Maeda, *Analytical Science*, **15**, 389(1999)
31) Y. Katayama, T. Arisawa, Y. Ozaki, M. Maeda, *Chemistry Letters*, **2000**, 106(2000)
32) 穴田貴久, 前田瑞夫, バイオサイエンスとインダストリー, **59**, 23(2001)
33) M. Maeda, *et al*, *Electrophoresis*, **23**, 2267(2002)
34) 前田瑞夫, バイオマテリアル, **20**, 154(2002)
35) 宝田徹, 前田瑞夫, 現代化学, 2003年4月, 36(2003)
36) K. Sato, K. Hosokawa, M. Maeda, *J. Am. Chem. Soc.*, **125**, 8102(2003)
37) K. Sato, A. Inoue, K. Hosokawa, M. Maeda, *Electrophoresis*, **26**, 3076(2005)
38) 北條浩彦, 実験医学, **24**, No. 8増刊, 179(2006)
39) Mitsubishi Rayon, WO 2006/083040

Ⅱ編　チップの新しい実験法

第1章　バクテリアのタイリングアレイ解析

大島　拓*

1　はじめに

　バクテリアのゲノムは真核生物のそれに比べてきわめて小さく真核細胞におけるいわゆる核と呼ばれるものは存在しない。しかしながら，核様体と呼ばれる構造体を有し，複製あるいは細胞分裂に際する染色体の分配等に関しては，多くの共通の仕組みを有している。さらに転写あるいは翻訳といった細胞の生存基盤に関する仕組みに関しても，真核細胞とよく似ている。加えて，大腸菌等のモデル微生物と呼ばれるものは，きわめて古くからの解析の歴史を持ち，さらに近年のゲノム解析等における知識の集約により，複製，転写，翻訳といった，生命基盤を維持するために重要な仕組みに必要な因子に関する，きわめて詳細なモデルが提唱されている。これらの，バクテリアならではの利点をいかして，核様体を舞台とした生命基盤の維持に焦点をあてる解析として，我々はバクテリアのタイリングアレイ解析を行っている。

2　タイリングアレイ

　タイリングアレイは近年，真核生物（ヒト，マウス，酵母）で，染色体上の転写領域を詳細に同定する際[1,2]，あるいは転写因子，ヒストンなどの転写調節装置，染色体の複製あるいは分配に関する装置の染色体上における結合領域を決定する際[3,4]に用いられるようになった。原理はきわめて簡単で，染色体を等間隔でカバーするようなプローブを設定し，それを用いて，高密度のアレイを作成した後，cDNAプローブあるいは免疫沈降法によって得られたDNA断片を標識後，ハイブリダイゼーションする，というものである（図1）。一方で，単純ではあるが，きわめて高密度のプローブを基板上に固定しなければいけないため，技術的な困難もあり，現在利用できる市販フォーマットとしては，アフィメトリックス社のGenechipをベースにしたものか，アジレント社あるいはニンブル社の高密度マイクロアレイをベースにしたものに限られている。ヒト，酵母，アラビドプシス等は，これらの市販の（あるいはカスタムの）タイリングアレイを用いた解析がすでに数多く行われており，EST情報等との組み合わせにより，染色体上の転写

＊　Takumi Ohshima　奈良先端科学技術大学院大学　助手

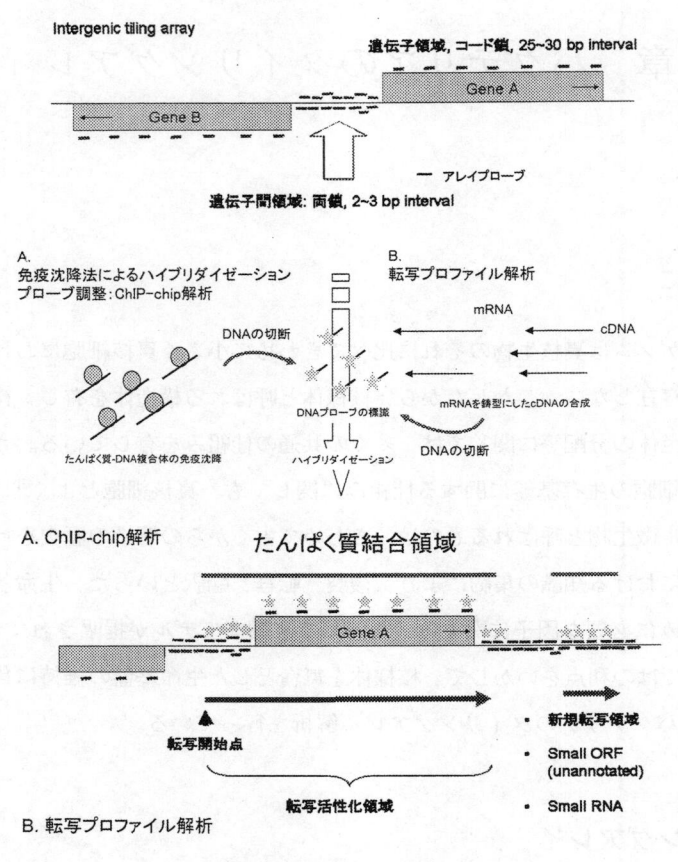

DNAチップ活用テクノロジーと応用

図1 Tiling array 解析

領域の決定や，転写開始部位の推測等に役立っている[1,2,5]。また，これらのタイリングアレイを用いて数多くの ChIP-chip 解析が行われている（ChIP-chip 解析に関しては後述）。不思議なことに，これだけ多くのタイリングアレイ解析が行われる中で，バクテリアのタイリングアレイ解析はほとんどなされておらず，特にGenechipをベースにしたタイリングアレイ解析はほとんど行われていないといってよい。数少ない例として，市販のアフィメトリックス社の大腸菌 Genechip をタイリングアレイとして転用し，ChIP-chip 解析を行った例が報告されている[6,7]。アジレント型あるいはニンブル型のタイリングアレイを利用した解析は，複数報告されている。しかしながら，Cy5 および Cy3 を用いたマイクロアレイタイプの解析のために，強度に関するデータが取れない点，あるいはプローブ密度が低いために転写解析に関して Genechip型では可能となる転写開始点あるいは転写領域の同定が不可能な点で，バクテリアの解析としては解像度に関して，不利な点を有している（図2）。本章では，それらの点を考慮して，我々が設計したタイリングアレイについて概説し，応用例として，大腸菌のタイリングアレイを用いた転写解析

第1章 バクテリアのタイリングアレイ解析

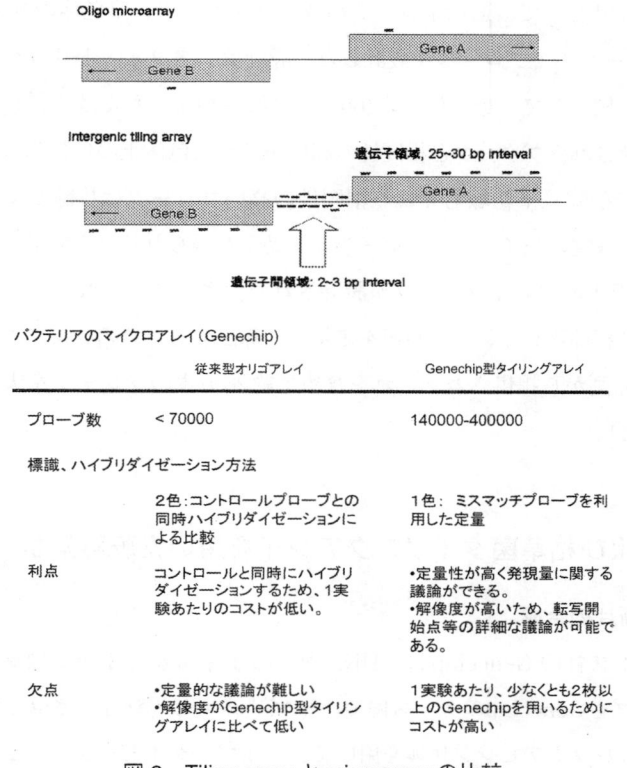

図2 Tiling array と microarray の比較

バクテリアのマイクロアレイ（Genechip）

	従来型オリゴアレイ	Genechip型タイリングアレイ
プローブ数	< 70000	140000-400000
標識、ハイブリダイゼーション方法	2色：コントロールプローブとの同時ハイブリダイゼーションによる比較	1色：ミスマッチプローブを利用した定量
利点	コントロールと同時にハイブリダイゼーションするため、1実験あたりのコストが低い。	・定量性が高く発現量に関する議論ができる。 ・解像度が高いため、転写開始点等の詳細な議論が可能である。
欠点	・定量的な議論が難しい ・解像度がGenechip型タイリングアレイに比べて低い	1実験あたり、少なくとも2枚以上のGenechipを用いるためにコストが高い

および核様体たんぱく質の結合様式の解析について述べるとともに，解析するべき問題点や，他のバクテリアに対して応用する際に留意する点について，順を追って概説していく．

3 大腸菌，枯草菌の遺伝子間高密度化タイリングアレイ（intergenic tiling array）

　バクテリアの転写解析に関して（特にマイクロアレイ解析等において），特に問題になる点は，転写開始点に関するデータが少ない（特にデータベースとしてまとめられているもの）ということがあげられる．なぜなら，真核生物であればEST等のプロジェクトにより網羅的に決定され，データベース化されているmRNAの5'端の情報が，バクテリアでは得られないためである．この情報を効率的に得ることを目標として，我々はintergenic tiling arrayを構築した（図1）．バクテリアの染色体は，高密度に遺伝子コード領域が存在し，その間にきわめて狭い領域としてインタージェニック領域が存在する．この領域には，多くの転写因子が結合し，さらに転写開始点や，低分子RNAがコードされる場合もある．そこで，我々は，特にインタージェニック領域の

63

情報を得るための設計として，遺伝子コード領域とは区別して，染色体の両方のDNA鎖に対して，2-3bpのインターバルでプローブを設計した．設計は，アフィメトリックス社に対して，インタージェニック領域として，染色体上の100アミノ酸を超えるたんぱく質をコードしていない領域を指定し，設計されたプローブと相同性の高い領域が染色体上の他の部分にないように設計してもらった．遺伝子コード領域もやはり相同性の高いプローブは排除して，25-30bpのインターバルの範囲で，一定のハイブリダイゼーション効率が得られるよう設計してもらった．その結果として，約13万本のアレイプローブが設計された．さらに，それらのクロスハイブリダイゼーションシグナルを排除し，シグナル値を定量的に算出するための，ミスマッチプローブがアフィメトリックス社側から提供され，これを含めて約26万本のプローブを大腸菌および枯草菌用に合成した（図1）．

4 大腸菌および枯草菌タイリングアレイを用いた転写解析

4.1 標識cDNA断片の合成

アフィメトリックス社のGenechipは，DNA断片の3'末端をビオチン標識したハイブリダイゼーションプローブをGenechipのケース内でハイブリダイゼーションさせた後，ストレプトアビジンおよび抗ストレプトアビジン抗体を用いて，ハイブリダイゼーションしたビオチン化DNA断片の量を検出できるようになっている（http://www.affymetrix.com/jp/index.affx 参照）．Genechipの特徴は，プローブがきわめて高密度に合成されている点である．我々の用いているGenechipの場合，約13万本の25merのプローブが染色体に対して設計されている．このような高密度化アレイを用いる場合，標識されたハイブリダイゼーションプローブの長さがアレイプローブに比べて長く，複数のアレイプローブにハイブリダイゼーションが可能であれば，アレイプローブ同士が標識プローブを競合して奪い合い，ハイブリダイゼーションするべきすべてのアレイプローブが標識プローブとハイブリダイゼーションできない状況が起こりうることが容易に想像できる．そこで，cDNAをある程度（50-200bp程度）の長さに切断し，標識しておく必要がある（図1；http://www.affymetrix.com/jp/index.affx）．そこで，細胞からtotal RNAを精製した後，ランダムプライマーを用いてcDNAを合成し，さらに，合成されたcDNAをDNaseIで短く切断した後，標識する（図1）．cDNAが十分短く切断されていることは，特にアレイプローブを密に設計し，転写開始点や転写活性化領域を解析する際に，解析可能なデータセットを得るためにきわめて重要である．すべての操作は，ニンブルエクスプレス購入時にアフィメトリックス社から得られるプロトコールにしたがって行えばまったく問題はないが，すべてのステップで，電気泳動あるいはDNA量の定量あるいは断片化の程度を判断し，すべての手順がうまくいって

第1章 バクテリアのタイリングアレイ解析

いるかどうかを確認しながら行うほうが，最終的によい結果につながる．

4.2 ハイブリダイゼーションシグナルの解析

　ハイブリダイゼーションした後，Chipを洗浄，染色して，スキャナでデータを取り込む．この部分に関しても，特にアフィメトリックス社のGenechipのプロトコールをそのまま用いている．原核生物用のハイブリダイゼーション，洗浄，染色のプロトコールを用いればよい．これに関しては大腸菌および枯草菌ともに適用可能であった．得られたデータを用いれば，一般的なGene chipと同様，アフィメトリックス社から提供されているGCOS上で画像を確認後，解析し，GCOSを用いた比較解析等ができる．一方，タイリングアレイに特化した解析にはCEL fileと呼ばれるファイルを用い，独自の解析を行わねばならない（アフィメトリックス社からは，原核生物に用いるタイリングアレイ用のソフトは特に提供されていない）．

　我々の研究室では，以下のようにして解析を行っている．

① アフィメトリックス社から提供されているGCOSマネージャーソフトを用いて，テキストファイルの形でCEL fileをセーブする．

② CEL fileは，それぞれのプローブのハイブリダイゼーション強度を示すので，染色体上の

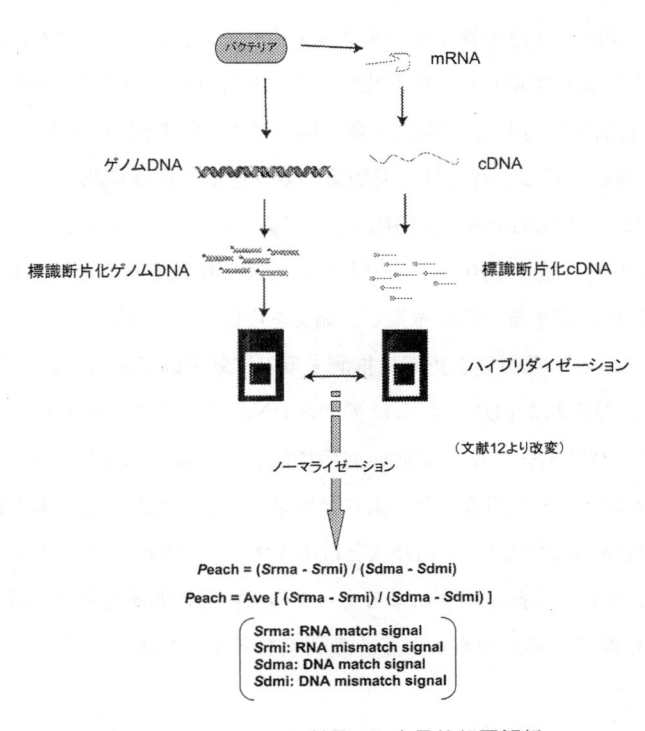

$$Peach = (Srma - Srmi) / (Sdma - Sdmi)$$
$$Peach = Ave\,[\,(Srma - Srmi) / (Sdma - Sdmi)\,]$$

Srma: RNA match signal
Srmi: RNA mismatch signal
Sdma: DNA match signal
Sdmi: DNA mismatch signal

図3　Tiling array を利用した定量的転写解析

特定の位置に対応する，1セットの完全マッチプローブおよびミスマッチプローブのデータを，それぞれの染色体上における情報として保存する。

③ それぞれのプローブに対するハイブリダイゼーション強度をマッチプローブからミスマッチプローブのシグナル強度を引いた値として示す（図3）。

残念ながら，13万本のプローブデータをエクセル上で処理することは不可能なので，情報処理技術を有する研究者が例えばUNIX上で処理する必要がある。また，現在ではインシリコクローニング社より，我々の用いたタイリングアレイを，テキストファイルの形のCEL fileを直接読み込むことで解析可能なソフトが販売されているので，個人のPC上でソフトウェアを用いて解析を行いたい場合は，それを購入すればよい。

4.3 発現量データの解析（ゲノムDNAハイブリダイゼーションデータによるcDNAハイブリダイゼーションデータの補正）

マイクロアレイの最大の欠点のひとつは，得られたハイブリダイゼーションシグナルの値が発現量を直接反映しないことにある。これは，アレイプローブ数が，1つの遺伝子に対して1～2本程度であり，10本程度のプローブデータがあれば可能となる，異なる遺伝子に対応するプローブ（郡）間でのハイブリダイゼーション効率の補正ができないためある。したがって，マイクロアレイのデータは，通常，2色の異なるハイブリダイゼーションプローブを同時にハイブリダイゼーションすることによって得られる相対比による，発現量比較の形でしかデータが提供されない。一方，1つの遺伝子に対して，複数（多い場合は10本以上）のアレイプローブを有するGenechipの場合，補正を正しく行えば，発現量の多少をある程度推測することができる。我々の研究室では独自に，2枚のGenechipを用いて，標識されたゲノムDNAをコントロールサンプルとして，cDNAプローブを実験サンプルとして，両者を比較することで，1コピーの遺伝子あたりの発現量を簡便に推測する方法を考案し，論文を投稿中である[8]。この方法と類似の方法は，すでに酵母でも用いられ，発現量を正確に推測するのに効果的であることが証明されている[2]。図2に示すように，得られたcDNAおよびゲノムDNAのハイブリダイゼーションデータはアフィメトリックス社のフォーマットに従い前節で解説したようにCEL fileを作成し，さらにcDNAデータをゲノムデータで割ることにより発現量を正確に推測する。本方法は，マイクロアレイにおいて，心配されていたゲノムDNAとcDNAプローブを同時にハイブリダイゼーションする場合に懸念されていた，競合阻害によるデータの欠損等の問題を完全に解決した上に，極めて正確に発現量を推測できる点からも，多くの利点を有する方法といえる。

第1章 バクテリアのタイリングアレイ解析

4.4 タイリングアレイによる転写データを用いた転写開始点の解析

マイクロアレイ解析では，転写開始点の推測はまったく不可能である．さらに，密度がそれほど高くないタイリングアレイや染色体の2本のDNA鎖それぞれに対応するためのプローブを有していないタイリングアレイでは，染色体上の遺伝子の密度が高く，時として複数の遺伝子が単独のmRNAにコードされていたり，転写領域が重なったりするバクテリアの染色体の転写開始点や転写活性化領域のゲノムワイドな解析は難しい．我々のGenechipはこの点を解決するためにインタージェニック領域を，2本のDNA鎖それぞれに対応し，かつ高密度のプローブでカバーしている．この利点を生かし，単純な方法で（時には目で見ることによって），転写開始点を網羅的に解析することが可能である．図4に典型的な例を示した．データは，染色体上の各アレイプローブに対応した，cDNAプローブのハイブリダイゼーションシグナル値をゲノムDNAプローブのハイブリダイゼーションによるシグナル値で割ったものを棒グラフとして表したものである．矢印で示す位置は，目視，あるいは情報工学的に推定された転写開始点であり，データベースに登録されている大腸菌および枯草菌の転写開始点のうち，約70%の転写開始点をかなり正確に推測することができた．転写量と転写開始点のデータを元にすれば，推測されたORFに関するさらに正確な評価ができるため，ゲノムプロジェクトが終了し，ゲノム配列が新たに決定された微生物に対して本法を行うことはきわめて生産性の高い解析であると思われる．

5 低分子RNAおよび低分子量たんぱく質をコードする遺伝子領域の推定

近年のシーケンス技術の進歩に伴い，バクテリアのゲノムプロジェクトにかかるコスト，ある

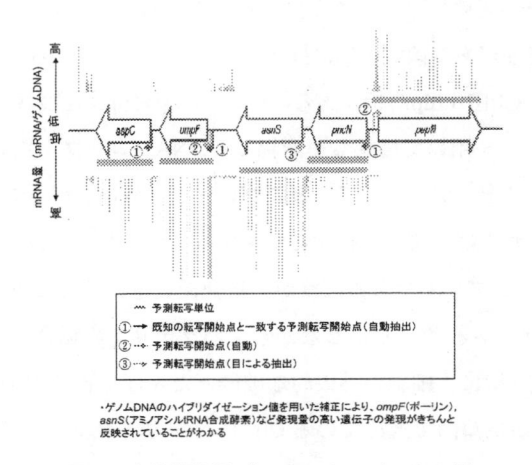

図4 定量的転写プロファイルデータの例

いは解析にかかる時間の低減は，数多くの新規のバクテリアゲノムの完全解読につながった．その一方で，得られたゲノム配列から，正確な転写領域を抽出し，そこから発現されるたんぱく質を推測することに関しては，シーケンス技術の進歩ほどではない．さらに，機能性RNAの推測に関しては，大腸菌あるいは枯草菌に関してGenechipを組み合わせた方法が報告されているのみである[9]．我々のタイリングアレイのデータは，これらの，これまで難しいとされてきた低分子のRNAあるいはたんぱく質のコード領域を推測するためにきわめて効果的である（図1参照）．さらに，この推測を効果的にする方法として，我々はRNA polymeraseのChIP-chip解析を組み合わせることを提案した．

5.1 ChIP-chip 解析

ChIP：クロマチン免疫沈降法は，真核細胞，特にヒトや酵母で多くのデータを得ている方法であり（[10]およびreference参照），近年は時折バクテリアの解析でも用いられるようになった[11]．原理はきわめて簡単で，ホルマリンで細胞を処理することにより，細胞内で結合している，たんぱく質とDNAを結合した状態で固定し，細胞をこの状態のまま，破砕する．破砕して得られた，たんぱく質-DNA複合体は通常，特定のたんぱく質に対する抗体により免疫沈降され，特定のたんぱく質と結合した，限られた種類のDNA断片のみが最終的に回収されることになる（図4）．この際，コントロールとして，破砕した細胞上清から熱処理して固定化されたたんぱく質-DNA複合体を分離し，免疫沈降に使用したDNAプールとして保存しておく．回収されたDNAはどのようなものであるかは，通常，興味を有する染色体上の特定の領域（例えば転写因子であれば制御していると推測される遺伝子のプロモーター）を増幅可能なプライマーを用いて増幅する．この際，コントロールのDNAプールを用いて同様にPCRをしておけば，そのプールのうちのどれだけのものが回収されたか正確に判断できる．しかしながら，この方法には大きな欠点がある．すなわち，結合する可能性がある領域を先に推測しておかなければならない点である．この点を克服できる方法として，ChIP-chip解析がある．ChIP-chip解析は免疫沈降して得られたDNA断片を，ランダムプライマーを用いて増幅し，増幅したDNAプローブを用いてGenechip上のアレイプローブとハイブリダイゼーションして，どのプローブと結合したかによって，染色体上のどの領域に抗体が認識するたんぱく質が結合するかを知るものである．この原理から言って，使用するGenechipはタイリングアレイであるほうが，結合領域を，できるだけ効果的に決定するためにも，都合がよいわけである[12]．しかしながら，バクテリアの場合，本法を使用するためには多くの困難が存在する（特に，細胞の効果的な破砕とたんぱく質-DNA複合体の効率的な可溶化）．そこで，現在我々が枯草菌で進めているChAP-chip法を紹介しよう．

第1章　バクテリアのタイリングアレイ解析

5.2 ChAP-chip 法

　ChAP-chipは，我々の研究室で独自に行っているChIP-chipの変法である[8]。これは破砕がうまくいかない多くのバクテリアに対しても応用可能な手段であると思われる。ChAP：クロマチンアフィニティー沈降法は読んで字のごとく，タグをつけたたんぱく質を固定化したDNAとともに精製し，免疫沈降の代わりをさせようというものである。ただし，ここで，ヒスチジンタグを用いることにより変性条件下でたんぱく質を精製することにより，非特異的なたんぱく質の結合を抑え，かつ，バクテリアを効果的に破壊することができるようになった。この方法で得られたDNA断片はChIPで得られたDNA断片とまったく同様に用いることができ，きわめて再現性が高い。我々は本法とChIP-chipを併用しながら，RNA polymeraseの染色体上での分布を大腸菌および枯草菌で調べた。

5.3 RNA polymerase の分布

　大腸菌における，RNA polymeraseの分布は，すでに2つの研究室から独立して報告されている。これらの報告から，大腸菌のRNA polymeraseがきわめて限られた領域に集中して結合していることが報告されている[13,14]。特に，高発現している遺伝子のプロモーターに対して，特異的に，かつ強固に結合しているRNA polymeraseが報告されていることから，もしこのデータを，転写プロファイルとあわせて解析することができれば，きわめて効果的に双方のデータを解釈できることは容易に推測できた。我々はChIP-chipあるいはChAP-chipで得られたRNA polymeraseの染色体上の分布と，転写領域および転写開始点の分布と重ねてみた（図5）[15]。興味深いことに，RNA polymeraseの分布と転写活性の関係は，様々な様相を呈していることがわかる。例えば，転写がきわめて強いのにRNA polymeraseの結合が見られない場合，逆に転写がきわめて弱くしか確認できないのに，RNA polymeraseがプロモーターの領域に結合している遺伝子，転写がきわめて強く，RNA polymeraseの結合も観察できる領域等，様々なパターンが存在した（図6）。これらの結果から，さらに，転写開始点と転写活性化領域，あるいは低分子RNAあるいはたんぱく質のコード領域の推測を，確実にすることができる。図6にその例を示した。RNA polymeraseのサブユニットであるsigma Dがプロモーターに結合しているシグナルがプロモーター領域に現れており，さらにβサブユニットが転写伸長反応中のRNA polymeraseの分布を示している。これから，転写領域と転写開始点が正確に対応づけられることがわかる。本方法を用いれば，多くのバクテリアで，基本的な転写プロファイルを，ゲノム配列データと対応させる形で，いち早く得ることができる。

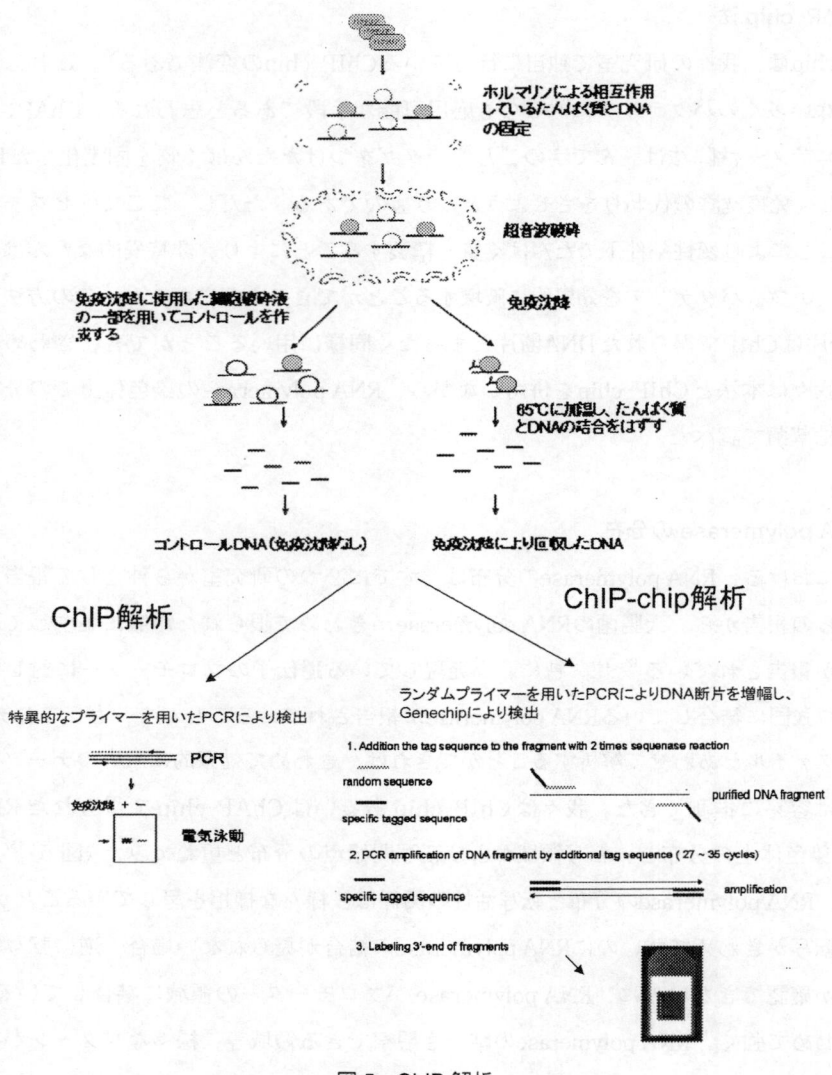

図5 ChIP 解析

6 おわりに

　我々の開発している，バクテリアのタイリングアレイ技術は，これまでのマイクロアレイ解析では見えなかった，詳細で，かつ，より定量性のあるデータを提供することが期待される。しかしながら，技術的にも，多くのステップで，いまだに不安定な部分も多く，各ステップごとのチェックが欠かせない。しかも，ステップが多いだけに失敗する部分も多く，より簡便で，より

第1章 バクテリアのタイリングアレイ解析

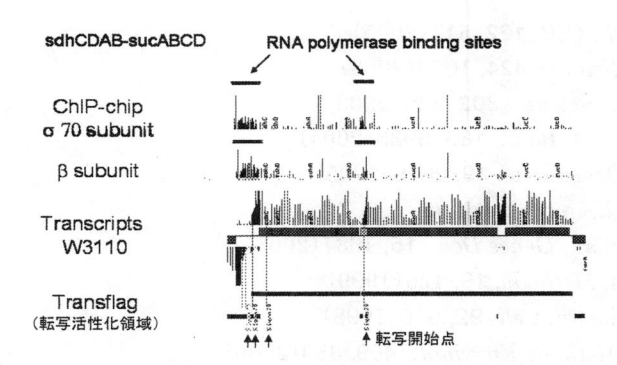

図6 Tiling array を利用した転写解析と ChIP-chip 解析による複合的な転写単位解析

転写開始点の近傍にRNA polymeraseが結合していることがわかる。また、転写開始点から転写が開始されていることも、転写解析で観察できる。重要な点は、転写解析の結果と、ChIP-chipの結果を比べれば、一目瞭然で転写開始点を確認できるところにある。

安定した方法の開発は，本方法を普及するためにも不可欠である．さらに，情報解析に関しては，世界的にも，いまだ手探りの状態である．本件急で開発した解析技術あるいは方法論は，確かに転用可能なものではあるが，それを実験科学者が簡便に使えるようにはなっていない．この点は大いに改善の余地があるものと思われる．

しかしながら，tiling array, ChIP-chip 法は，ゲノム情報を元に，さらに正確な情報を付加する最初の選択肢の一つになる可能性を有する重要な技術であることは間違いない．

謝辞

本研究は，筆者が所属する，奈良先端科学技術大学院大学，情報科学研究科の石川　周助手，黒川　顕助教授，小笠原　直毅教授との共同研究の結果である．Tiling arrayの解析にはAffymetrix Japanの加藤哲雄氏，笠井啓之氏のご助力を得た．Chip-chip解析には，Steve Busby博士，Dave Grainger博士(University of Birmingham)，および東京工業大学の白髭克彦博士のご助言を得た．また，本研究は文部科学省　特定領域研究により，サポートを受けて行われた．

文　献

1) Kampa *et al., Genome Res.*, **14**, 331 (2004)
2) David *et al., Proc. Natl. Acad. Sci. U S A.*, **103**, 5320 (2006)

3) Pokholok *et al.*, *Cell*, **122**, 517(2005)
4) Katou *et al.*, *Nature*, **424**, 1078(2003)
5) Yamada *et al.*, *Science*, **302**, 842(2003)
6) Grainger *et al.*, *J. Bact.*, **186**, 6938(2004)
7) Wade *et al.*, *Genes Dev.*, **19**, 2619(2005)
8) Ishikawa *et al.*, in preparation
9) Wassarman *et al.*, *Genes Dev.*, **15**, 1637(2001)
10) Kuo and Allis, *Methods*, **19**, 425(1999)
11) Lin and Grossman, *Cell*, **92**, 675(1998)
12) Katou *et al.*, *Methods Enzymol.*, **409**, 389(2006)
13) Herring *et al.*, *J. Bact.*, **187**, 6166(2005)
14) Grainger *et al.*, *Proc. Natl. Acad. Sci. U S A.*, **102**, 17693(2005)
15) Oshima *et al.*, in preparation

第2章　ChIP-on-chip法

白髭克彦[*]

1　はじめに

　転写，複製，分配，組換え，修復，といった染色体機能（すなわち，遺伝情報の制御）の実体はDNA-蛋白相互作用である。ChIP-chip法とはゲノムDNA上の蛋白の結合プロファイルを網羅的に検出する方法であり，この方法により，今まで生化学的あるいは遺伝学的方法を用いて，部分あるいは点としてしか捉えられなかった染色体DNA-蛋白相互作用を，全体として，かつダイナミックに捉えることが可能となった。つまり，ようやく我々は，染色体構造および染色体機能を多数のDNA-蛋白相互作用の集積物として丸ごととらえ，その実体に迫ることが可能な方法論を手にしたのである。本章ではChIP-chip法による染色体動態の解析法について概説する。

2　背景と操作の概略

　ChIP-chip法は，in vivoでのDNA-蛋白相互作用を網羅的に解析するために用いられる方法である[1, 2]。これはChIP法（Chromatin Immuno-precipitation法；染色体免疫沈降法）を応用した

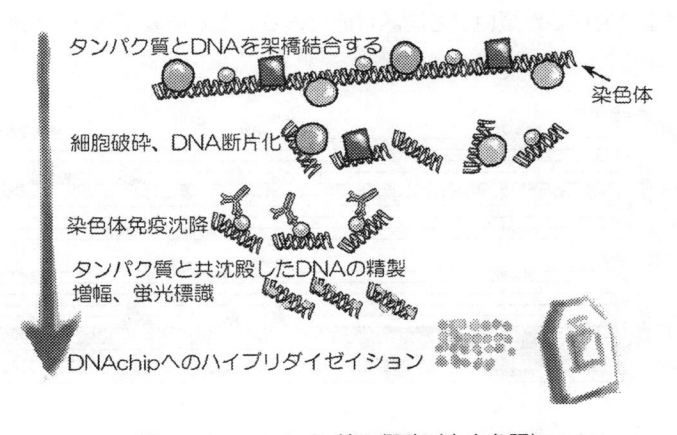

図1　ChIP-on-chip法の概略（本文参照）

[*]　Katsuhiko Shirahige　東京工業大学　バイオ研究基盤支援総合センター　助教授

ものもので（図1），ChIP法との違いは，検出に特異的PCRを用いる代わりにDNAchipを用いて網羅的に解析する点にある。図1にそって，手順の概略を述べる。ここではAffymetrix社のDNAchipを用いることを想定しているため，蛍光標識は一種類の色素でのみ行う。まず，細胞をホルマリン等の架橋剤で処理し，DNAとDNA結合蛋白を架橋する。細胞を破砕し，不溶画分に含まれる染色体を超音波によって寸断すること(平均長400-800bp)で可溶化する。可溶化分画に対して，目的の蛋白に対する抗体で免疫沈降を行う。免疫沈降分画に回収されたDNAを精製後，LM-PCR (Ligation Mediated PCR), IVT (In Vitro Transcription) 法あるいはその他の手段によって増幅，増幅産物をDNaseで消化する（100塩基対以下）。消化DNAの末端をターミナルトランスフェラーゼで蛍光ラベルし，染色体全領域を余すことなくカバーするDNAチップ（ゲノムタイリングチップ）にハイブリダイズする。免疫沈降後の上清に含まれるDNA分画も同様に処理し，沈降分画と上清分画を比較することで，DNAチップ上の各ターゲット配列の沈降分画での濃縮度を計算し，目的の蛋白の染色体結合プロファイルを得る（図2）（プロトコルの詳細は筆者等のホームページhttp://shirahigelab.bio.titech.ac.jpをはじめ，Young博士等のホームページhttp://web.wi.mit.edu/young/research/genome/protocols.htmlでも取得可能である）。

　この解析で一番肝心な材料は抗体とDNAチップである。まず，抗体が免疫沈降に適していることが肝心で，固定された蛋白でも効率よく免疫沈降できなければよい結果は得られない。我々が主として用いている酵母の場合，相同組換えを利用し目的蛋白に自由に様々なタグ配列（特異性の高い抗体によって認識される配列）を付加することが可能であり，比較的迅速に結果を得ることが出来る。しかし，高等真核生物を対象とした解析を行う場合は，タグを利用するには限界があり，この実験に適した抗体を手に入れることが肝心である。染色体免疫沈降に使用可能な抗体はホルマリンにより変成した蛋白でも認識可能であることが必要であり，免疫抗体染色に用い

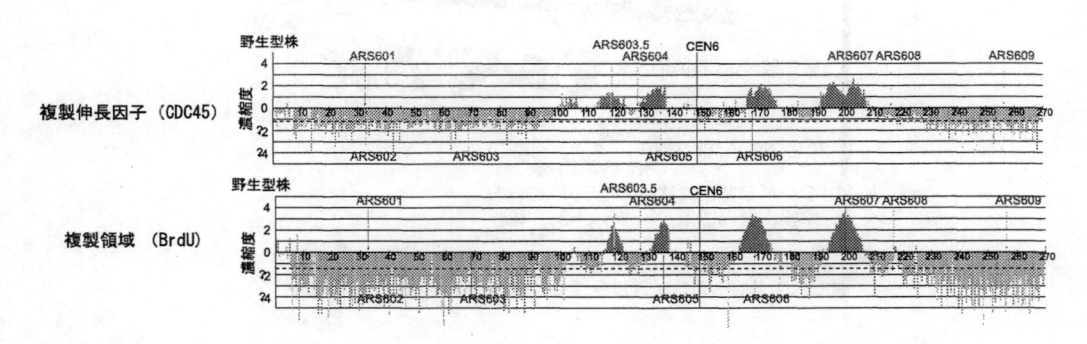

図2　野生型株の複製初期における複製伸長因子CDC45蛋白とBrdUの局在プロファイル
横軸は出芽酵母六番染色体の位置（kb），縦軸はそれぞれの位置の免疫沈降分画での濃縮度を表す（ただし，log表示）。薄い領域で複製開始点（ARS601-609），濃い領域でセントロメア（CEN）の位置を示している。一つの棒グラフの幅は約300塩基対である。

第2章　ChIP-on-chip法

うる抗体であるか否かが本方法の使用に耐えるものを探す上での良い指標となる。

　次にDNAチップであるが，ChIP-chip法に用いることが可能なチップは高密度ゲノムタイリングチップのみである。ゲノムタイリングチップとは，通常の遺伝子領域のみを解析することを目指したものではなく，ゲノム全体を余すところなく解析可能なように設計されたチップのことである。このチップは近年，DNA-蛋白相互作用の網羅的な検出のみならず，新規遺伝子産物の網羅的発見，SNPの発見等にも非常に有用な道具として用いられ出している。ここで解説するDNA-蛋白相互作用の網羅的検出に用いられるChIP-chip法は2000年ごろからいくつかの研究室で報告されている技法であるが，従来法では，チップ上のターゲットとしてPCR等で増幅した比較的長いDNA断片（500塩基対）を用いたことや，プロモータ（と推測される領域）部分のみターゲットとして検出に用いる場合もあり，網羅性においても疑問が残る上，重複配列によるノイズ等の問題もあり，データ解析や結果の評価に大いに疑問が残った。筆者らは，これらの問題を解決するため，ゲノムタイリングチップ（Affymetrix社により作成）をはじめて用いてChIP-chip解析を行った。先にも述べたとおりAffymetrixのチップ上には，全染色体が25塩基のターゲットオリゴDNAにより余すところなく網羅されている。25塩基長のターゲットオリゴは，細かい設計を可能にし，DNA配列中に散在するクロスハイブリダイゼーションの可能性のある領域（ノイズとなりやすい）を排除できるばかりでなく，高密度にターゲットオリゴを配置することにより，得られるデータの連続性が保証される。免疫沈降によって回収されるDNA断片は400-800塩基長である。つまり，この断片を元にハイブリダイゼーション用のプローブを作成した場合，蛋白結合領域は少なくとも800塩基以上（蛋白の結合位置を中心として±400塩基）の領域をカバーするターゲットオリゴの連続的かつ有意な変化として検出される。この点は非常に重要で，データの連続性をパラメータとして有意判定に加えることで，ほとんどのノイズを消し去ることができ，より精度の高い解析が可能になる。実際，出芽酵母の複製開始蛋白の配置を我々の作成したオリゴタイリングチップで解析した場合，既知の結合部位を全て同定できたのに対し，平均500塩基長のPCR断片をターゲットに用いた場合では8割にとどまっている[1,2]。

3　ChIP-chipによる染色体動態の解析

　出芽酵母第六染色体（270kb）のゲノムタイリングチップを用い，酵母での複製伸長蛋白CDC45（DNA巻き戻し蛋白複合体，ヘリカーゼのサブユニットと考えられている）の配置とBrdU（ブロモデオキシウリジン）の取り込みによって明らかとなった複製領域の配置を（CDC45に対する抗体とBrdUに対する抗体を用い）本方法により解析したプロファイルデータ（図2）を示す。ここで用いられている酵母チップは270kbの第六染色体の300塩基毎にターゲットオリ

ゴを16本配置し検出に用いるもので(オリゴ総数1万4000本以上)，少なくとも300塩基対の精度で蛋白結合プロファイルを解析可能である。

　出芽酵母の場合，既に複製開始点の配置は他の方法により明らかにされており(図中の薄い領域で示した部分)，解析結果を見ると複製伸長蛋白の間にはまり込むように複製領域が存在していることがわかる。当たり前のことのように感じられるかもしれないが，実は，実際の染色体上で複製蛋白と複製領域がこのようなプロファイルを示し互いに相関して存在すること—染色体複製の現場—はこの方法以前はあくまで想像の話に過ぎず，塩基配列に迫る高解像度で結合プロファイルを解析可能なChIP-chip法だからこそ，はじめて可能になったのである。酵母では，複製開始点のみならず，セントロメア，テロメア，転写ユニットといった，染色体を構成する基本的な構造がいずれの染色体についても同定されており，さらに蛋白同士の相互作用や，転写制御についても網羅的な知見が蓄積しつつある。従って，一つのプロファイルデータが与えてくれる情報は単なる配置データにとどまらず，既存のデータを通して多角的に捉えなおすことで，蛋白の新規機能の発見や，染色体構造の新しい概念の発見に結びつけることができている[1,3]。こういったことはゲノムの構造が比較的単純な酵母だからこそ(一瞥することでデータを捉えることが出来る)なせる技であり，数千もの結合位置が検出される一方，遺伝子構造すら明らかになっていないヒト染色体ではまだデータの解釈自体が困難な段階にある。ヒトの場合，こういった結合部位の機能的裏づけも含め，生物学的に意義ある発見に結び付けるにはかなり高いハードルがある。

4　おわりに

　今回紹介したタイリングチップを用いたChIP-chip法はダイナミックな染色体上での蛋白の動きをモニターすることが可能であり，染色体研究に新しい次元を与えてくれる手法である。単なる配置ではなく結合プロファイル(どこにどういう風に結合しているかという情報)を得ることができることがタイリングチップの強みであり，共通のプロファイルを示す蛋白同士は，当然，同じ機能に関わっていることが期待される。実際，我々は多数あるヒストン修飾因子から，複製開始点と特異的に結合するものを単離し，その因子が確かに染色体複製に関わることを明らかにしている。このようなゲノム学的方法論を生化学，遺伝学的手法と同様に使いこなすことが，今後の染色体研究に大きく求められるに違いない。

第2章 ChIP-on-chip法

文 献

1) Ren, B. *et al., Science*, **290**, 2306-2309(2000)
2) Katou, Y. *et al., Nature*, **424**, 1078-1083(2003)
3) Lengronne, A. *et al., Nature*, **430**, 573-578(2004)

第3章 チップを使ったSNP解析

百瀬義雄[*1], 中原康雄[*2], 辻　省次[*3]

1　SNPとは

2003年4月14日, ついにヒトゲノム解読完了宣言が出され[1], ヒトゲノムは約30億塩基(対)(解析対象となった真正クロマチン領域は約29億塩基対)からなり, その中に約2万2000個の遺伝子が存在することが判明した。ヒト遺伝子の数は一時期, 約10万個と推定されており, 2001年のヒトゲノムドラフトシークエンス公表の頃には約3億1000万と見積もられていたことを考えると, ずいぶん少ないことが明らかになった。

ヒトゲノム配列が同定されていく過程の中で, 多型(一塩基多型, マイクロサテライト多型, コピー数多型など)に関する情報も収集, 整理されてきた。多型により生じるヒト個人間の遺伝学的な差異は約0.1%と言われており, 疾患発症, その重症度や薬剤効果の個人差に影響を与えている[2]。

多型の中でも代表的なものが, 一塩基多型, すなわちSNP (single nucleotide polymorphism)である。SNPは個人間のゲノム上の一塩基の違いで, 集団内に1%以上の頻度で存在する。ヒトゲノム上には数百ベースに1個の割合で存在すると推測されており, dbSNP (http://www.ncbi.nlm.nih.gov/SNP/)の2006年5月にリリースされたデータベース(NCBI Human Genome Build 126 Ver. 1)には1000万近くのSNPが登録されている。

SNPは民族により, 固有のものが存在する他, 集団間での頻度が異なるものもある。日本人集団のSNPデータベースとしてはJSNP (http://snp.ims.u-tokyo.ac.jp/index_ja.html)があり, 2006年5月の第28回公開データには19万7157個のSNPが含まれている。

SNPの多くは, 世代を経る際に突然変異で生じたものが, 淘汰されることなく集団に固定していったものである。一言にSNPと言っても, その意義は存在する場所により大きく異なる。SNPの種類を図1に示す。多くは遺伝子の機能とは無関係な遺伝子間(gSNP)やintronに存在する

[*1]　Yoshio Momose　東京大学大学院　医学系研究科クリニカルバイオインフォマティクス研究ユニット

[*2]　Yasuo Nakahara　東京大学大学院　医学系研究科神経内科

[*3]　Shoji Tsuji　東京大学医学部付属病院　神経内科　科長

第 3 章　チップを使った SNP 解析

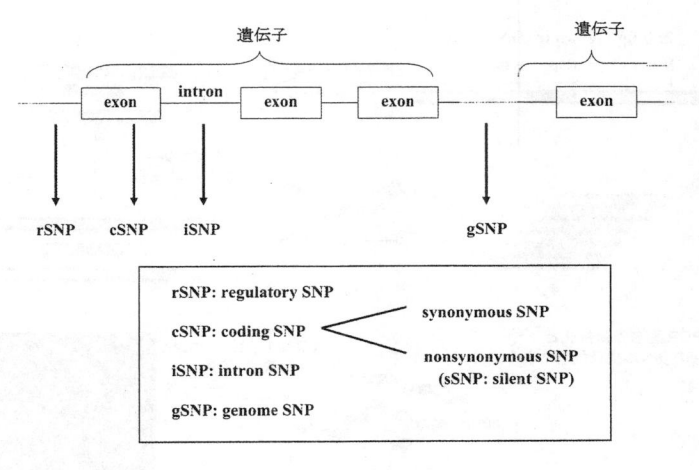

```
                    遺伝子                              遺伝子
        ┌─────────────────────────┐              ┌──────────┐
────────┤exon├─intron─┤exon├──┤exon├─────────────┤exon├──────
        └──┬─┘   │    └────┘    └────┘              └──────┘
           │     │                                    │
           ▼     ▼                                    ▼
          rSNP  cSNP  iSNP                           gSNP

        ┌─────────────────────────────────────────────────┐
        │ rSNP: regulatory SNP                            │
        │                        ─── synonymous SNP       │
        │ cSNP: coding SNP  ────<                         │
        │                        ─── nonsynonymous SNP    │
        │ iSNP: intron SNP            (sSNP: silent SNP)  │
        │ gSNP: genome SNP                                │
        └─────────────────────────────────────────────────┘
```

図 1　SNP の種類

もの（iSNP）であるが，調節領域に存在し，発現に影響を及ぼす SNP（rSNP）や遺伝子上に存在する SNP（cSNP）もある．特にアミノ酸の置換を伴うようなものは nonsynonymous SNP と称し蛋白の構造や機能に影響を与える可能性が高い[3]．SNP はマイクロサテライトと同様，遺伝子のマーカーとして形質マッピングには欠かせないツールである[4]．

近年，ゲノム上には減数分裂時に組み換えの生じる hotspot が存在し，世代を経ても比較的，連鎖不平衡が保たれる block（haplotype block）が形成されていることが判って来た[5]．これらを効率良く利用すれば，ゲノム上の広い範囲で関連解析（ある疾患の罹患者と非罹患者の多型頻度の差を，統計学的に検定する解析方法）を行う際にゲノム上で等間隔に配置した SNP を検討するのではなく，block に存在する代表的な SNP（tag SNP）と形質の関連解析を行えばよいことになる[6]．現在ゲノムの block 構造解明を目指して HapMap project が国際的に進められている[7]．

2　チップによる SNP タイピング

DNA チップは開発当初，主に遺伝子発現解析に用いられることが多かったが，徐々に DNA のリシークエンシングに用いられるようになってきた．Affymetrix 社からスピンアウトした Perlegen 社では 1 枚のウェハースでヒト一個体分のゲノム配列すべてを読むという試みもしている．リシークエンシングと同様な方法で SNP のタイピングも可能である．

大規模な SNP タイピングには，インベーダー法[8] や TaqMan 法[9]，MALDI-TOF 法[10] などが用いられてきたが，より少ない DNA 量でより速く，より多く，そしてより正確なタイピング方

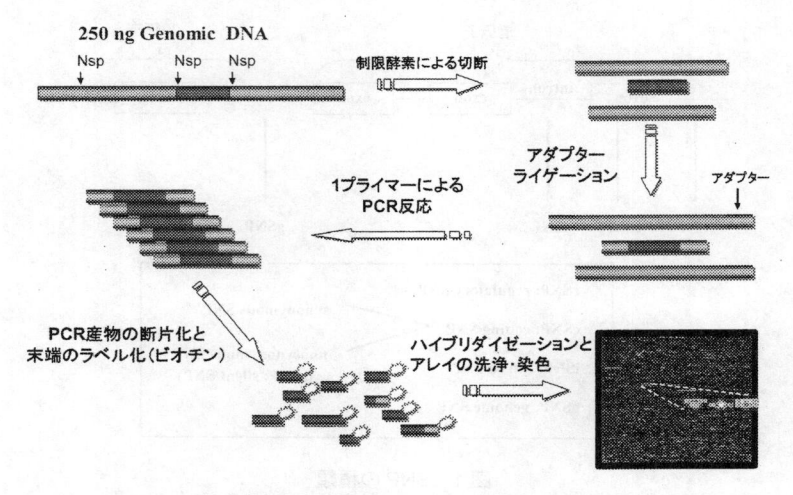

図2 Gene Chip® Mapping Assay（Affymetrix社）の概要
（Affymetrix社のホームページの図を一部改変）

法，すなわちハイスループットな方法が常に追求されてきた。DNAチップによるSNPタイピングは，多くの研究室で頻繁に使用されるようになってきている。現時点での究極に当たる方法と言える。

チップによるSNPタイピングは，各企業がそれぞれ趣向を凝らした方法を開発し，しのぎを削っているが，全ゲノムを対象としたSNP解析にはAffymetrix社[11]とIllumina社[12]のシステムが利用されることが多い。

ヒト全ゲノムを解析対象とするAffymetrix社のGeneChip Human Mapping 10K array setを共同開発者のみが使用できるようになったのは2002年末のことで，一般に販売されるようになったのは，2004年のことであった[13]。その後改善が加えられ，選択されたSNPアノテーションデータの正確性，1枚のチップへの搭載量，解析アルゴリズムが驚くべきスピードで進歩した。10Kからグレードアップした100K array set[14]が市場に出て，それほど間が経たないうちに，2005年にはついに500K[15]のアレイ（チップ2枚組みのセット）が使用可能となった。これは全ゲノムに単純計算では約6kbに1個の割合でSNPが配置されたことになる。必要なゲノムDNAは250ng×2＝500ngと非常に少量である。

解析の流れを図2に示す。500K array setの場合は，まずゲノムDNA250ngを制限酵素NspまたはStyで切断する。制限酵素処理により生じたフラグメントには4塩基の特異的突出部位が存在し，ここにアダプターをライゲーションする。アダプター配列を認識する1種類のプライマーを用いてPCR反応をかけ，アダプターの付加したDNAフラグメントを増幅する。PCR条件はこの時，250〜2000bpサイズのフラグメントを優先的に増幅されるように最適化されている。さ

第3章 チップを使ったSNP解析

らにフラグメンテーションを行った後にビオチンによりラベル化し，光リソグラフィー技術により作成されたGenechipにハイブリダイゼーションさせ，洗浄および染色の後，専用のスキャナーで解析し，タイピングを行う。プローブは25merから成るが，1SNPの判定には24～40種類のプローブを用い，プローブどうしではSNP部位の塩基が異なり，アリルAとBのそれぞれに対するパーフェクトマッチとミスマッチのプローブ，さらに25mer中のSNP部位をずらしたものもプローブとして用いている。ミスマッチのプローブにもある程度はハイブリダイズするため，発光を読み取って判定するアルゴリズムが必要になる。現在はBRLMMが利用可能となっているほか[16]，サードパーティからもアルゴリズムが報告されている[17]。しかし，一人の判定につき1セットのchipが必要になるため，集団内のSNP頻度の解析にはpooled DNA法を用いる手法も報告されている[18,19]。

　Illumina社はbeadarray技術によりタイピングを行うが，HapMapプロジェクトにより得られたhaplotypeブロックの情報をもとに解析するSNPを選定している。全ゲノムスキャンに用いるSNPの数自体は多くはなく，最新バージョンのPanel IVでも5861個である。

3 チップを使ったSNP解析の実際

3.1 メンデル遺伝性疾患への応用

　メンデル遺伝性疾患の原因遺伝子マッピングには，主にマイクロサテライトマーカーが用いられてきた。SNPは2 alleleであるので，information contentは少ないが，ゲノム上に数多く存在するため密に解析することができ，多点連鎖解析を行うことにより，マイクロサテライト多型を用いた連鎖解析に引けを取らない解析ができると期待されている。従来の連鎖解析では，通常約400～800個のマイクロサテライトマーカーセットが用いられてきたが，DNAチップの登場により，多数のSNPが網羅的に解析可能となり，連鎖解析にも応用されるようになっている。Affymetrix社の10KアレイSNP解析システムを用いて，2003年には，劣性遺伝性致死性新生児糖尿病の家系において，原因遺伝子同定に成功している[20]。その後もAffymetrix社10Kアレイにより，merosin-positive congenital muscular dystrophy[21]，familial benign recurrent vertigo[22]，前頭側頭型痴呆を伴う家族性筋萎縮性側索硬化症[23]，Kartagener症候群[24]といった疾患で連鎖領域の報告がなされ，さらに連鎖領域からの絞込みに成功し，sudden infant death with dysgenesis of the testes syndrome[25]，congenital vertical talus with Charcot-Marie-Tooth disease[26]，Pelizeus-Mertzbacher-like disease[27]，遺伝性混合型ポリポージス症候群[28]といった疾患では，原因遺伝子までもが同定されている。

　さらに100Kアレイを用いてBardet-Biedl症候群（BBS11）の連鎖領域を見出し，原因遺伝子

まで同定している[29]。

重要なのはこれらのDNAチップにより見出された連鎖領域の中に，従来のマイクロサテライトマーカーによる全ゲノム解析では見出し得なかったものが多数含まれている点である．今まではマッピングに用いていたマイクロサテライトマーカーの間隔が粗であったために捕獲し得なかった連鎖領域が見つかる可能性がある．

メンデル遺伝性疾患は1990年代に数多くの疾患において原因遺伝子が同定され，現在はいわば落穂拾い的な状況となりつつあるが，従来の方法では見つからなかった原因遺伝子が今後，DNAチップを用いたSNP解析により発見されるかもしれない．

3.2　多因子疾患への応用

環境因子と遺伝因子によって発症する多因子疾患には糖尿病，高血圧，高脂血症，喘息やアレルギー疾患，心筋梗塞，脳血管障害，Alzheimer病などが含まれる[30]。なお，このような多型の存在する遺伝子を疾患感受性遺伝子（susceptibility gene）と呼び，その同定は新たな発症機序解明や個別化医療（オーダーメイド医療）確立に貢献すると考えられている．現在までに同定された多因子疾患（疾患感受性遺伝子）としては，Ⅰ型糖尿病（HLA[31]，インスリン[32]，CTLA4[33]），アルツハイマー病（APOE[34]），深部静脈血栓症（第Ⅴ因子［Leiden多型］[35]），Crohn病（NOD2[36,37]），Ⅱ型糖尿病（PPARG[38,39]），統合失調症（ニューレグリン1[40]），喘息（ADAM33[41]），脳梗塞（PDE4D[42]，ALOX5AP[43]），心筋梗塞（LTA[44]）などがある．

その他にも多くの疾患感受性遺伝子に関する研究はあるが，疾患発症と有意な関連があると報告された解析結果は追試により覆されることも多く，関連解析は最初の研究デザインの時点での慎重な吟味（サンプル数，診断基準，コントロールの条件設定など）が重要であることが主張されている[45]。ヒトゲノム計画が進むにつれ，common disease-common variant（CD-CV）説が唱えられ[46]，多因子疾患の病態解明が期待されたが，現実には結果の再現性が得られない研究も多かった．ある一つの疾患発症に関与する遺伝子が何個存在するか，環境因子とはどのように相互作用しあって発症に関わっているのかは疾患ごとに異なり，未知な部分があまりにも多いようである．

Affymetrix社の10Kアレイを用いた解析では，関節リウマチ[47]，うつ病[48,49]，食道癌[50]，前立腺癌[51]，乳癌[52]といった多因子疾患で連鎖領域が見出されている．現在まで追試の報告はないが，2005年には，パーキンソン病の疾患感受性遺伝子としてSEMA5A遺伝子が10Kアレイを用いて同定された，と報告されている[53]。しかし，その後の他施設からの報告では否定的な結果も発表されており[54,55]，今後のメタ解析の結果を待つ必要がある．

一方，2005年には多因子疾患である加齢黄斑変性症（AMD）の疾患感受性遺伝子が，補体因

第 3 章　チップを使った SNP 解析

子 H 遺伝子（complement factor H）であり，Y402H（1277T→C）の SNP を有すると罹患しやすくなることが 3 つの研究グループから Science 誌に同時に報告された[56〜58]。このうち 2 つのグループは以前から判明していた連鎖領域で TaqMan 法などにより SNP 解析を行い，疾患アリルに到達しているが，1 つの研究グループは Affymetrix 社の 100K アレイによる全ゲノムスキャンにより解析に成功している[56]。AMD は網膜の中心部である黄斑の変性により生じる視覚障害で，日本には約 30,000 人の患者がいると想定されている。60 歳以上で発症することが多く，男性は女性の 3 倍の罹患頻度と，性差が認められている疾患である。明らかな原因は不明であったが，疫学的研究により喫煙や高血圧，加齢などが危険因子として知られており，さらに家族歴の調査や双子研究，分離比分析により，遺伝因子の存在も指摘されていた。

このように AMD は典型的な多因子疾患であるが，その後の大規模な追試研究でも有意差が確認されており，CFH 遺伝子はほぼ確実な AMD の疾患感受性遺伝子であることが判明した[59]。疾患アリルをホモ接合体で有する場合，罹患危険率が 7.4 倍上昇すると言われている。今後この新知見から，新しい治療法が開発されることが期待される。

Illumina 社も約 6,000 個の SNP を用いた全ゲノムスキャンが可能となっており，これらを利用した関節リウマチ[58]や統合失調症[61]の連鎖領域が報告されている。さらに同社の製品では，全ゲノムスキャン用に SNP 数が 109K, 317K, 550K とパワーアップしたものが入手可能となっている。今後は本システムを用いた SNP 解析の報告が増えることが予想される。

有名なアルツハイマー病の APOE 遺伝子の E4 多型を生じる SNP 周辺の連鎖不平衡の検討では，40kb 程度との報告があった[62]。疾患アリルの原因となる SNP を含むハプロタイプブロックの大きさはまちまちであり，解析に用いる SNP 間の間隔が疎の場合には，SNP の選択時の運に左右されてしまう恐れがあった。今後は 500K 以上のチップを用いた解析結果も得られるようになってくることが予測され，今まで見落とされていた新たな疾患感受性遺伝子が同定されることが期待される。

しかし，一挙に解析できる SNP の数は急速に増加するが，ゲノムスキャンによって得られる情報量は当然のことながら極めて大量になる。これらの情報処理をいかに適切に遂行していくかが，今後の課題になっていくであろう。

3.3　その他

DNA チップは原因遺伝子や疾患感受性遺伝子の同定以外にも，実際の医療現場において，各疾患（C 型肝炎，関節リウマチなど）における治療法選択のための基礎情報を得るための臨床検査として使用可能となる見込みである。また，医療分野以外では人類遺伝学や法医学への応用が

期待されている[63]。

文　献

1) F. S. Collins et al., Nature, **422**, 835(2003)
2) B. S. Shastry., J. Hum. Genet, **47**, 561(2002)
3) N. J. Risch., Nature, **405**, 847(2000)
4) A. J. Brooks., Gene, **234**, 177(1999)
5) S.B. Gabriel. et al., Science, **296**, 2225(2002)
6) L. R. Cardon. et al., Trends Genet, **19**, 135(2003)
7) The International Hapmap Project., Nature, **426**, 789(2003)
8) V. Lyamichev. et al., Nat. Biotechnol., **17**, 292(1999)
9) K. J. Livak., Biomolecular Engineering, 141(1999)
10) G Amexis., Proc. Natl. Acad. Sci. USA, , **98**, 12097(2001)
11) http://www.affymetrix.com/index.affx
12) http://www.illumina.com/
13) E. Gentalen. et al., Nucleic Acids Res., **27**, 1485(1999)
14) X. Di. et al., Bioinformatics., **21**, 1958(2005)
15) J. L. Seal. et al., J. Med. Genet., [Epub ahead of print](2006)
16) N. Rabbee. et al., Bioinformatics., **22**, 7(2006)
17) M. J. Matthew. et al, BMC Genomics., **6**, 149(2005)
18) J. Brohede. et al., Nucleic Acids Res., **33**, e142(2005)
19) G. Kirov. et al., BMC Genomics., **7**, 27(2006)
20) G. S. Sellick. et al., Diabetes., **52**, 2636(2003)
21) G. S. Sellick. et al., Hum Genet., **117**, 207(2005)
22) H. Lee. et al., Hum. Molec. Genet., **15**, 251(2006)
23) C. Vance. et al., Brain., **129**, 868(2006)
24) I. Gutierrez-Roelens. et al., Eur. J. Hum. Genet., **14**, 809(2006)
25) E. G. Puffenberger. et al., Proc. Natl. Acad. Sci. USA, , **101**, 11689(2004)
26) A. E. Shrimpton. et al., Am. J. Hum. Genet., **75**, 92(2004)
27) B. Uhlenberg. et al., Am. J. Hum. Genet., **75**, 251(2004)
28) X. Cao. et al., J. Med. Genet., **43**, e13(2006)
29) A. P. Chiang. et al., Proc. Natl. Acad. Sci. USA, **103**, 6287(2006)
30) D. Botstein. et al., Nat. Genet., **33** Suppl, 228(2003)
31) J. S. Dorman. et al., Proc. Natl. Acad. Sci. USA, **87**, 7370(1990)
32) G. L. Bell. et al., Diabetes., **33**, 176(1984)
33) L. Nistico. et al., Hum. Molec. Genet., **5**, 1075(1996)

34) W. J. Strittmatter. et al., Annu. Rev. Neurosci., **19**, 53(1996)
35) B. Dahlback. et al., Thromb. Haemost., **78**, 483(1997)
36) J. P. Hugot. et al., Nature., **411**, 599(2001)
37) Y. Ogura. et al., Nature., **411**, 603(2001)
38) S. S. Deeb. et al., Nat. Genet., **20**, 284(1998)
39) D. Altshuler. et al., Nat. Genet., **26**, 76(2001)
40) H. Stefansson. et al., Am. J. Hum. Genet., **71**, 877(2002)
41) P. Van Erdewegh. et al., Nature., **418**, 426(2002)
42) S. Gretarsdottir. et al., Nat. Genet., **35**, 131(2003)
43) A. Helgadottir. et al., Nat. Genet., **36**, 233(2004)
44) K. Ozaki. et al., Nat. Genet., **32**, 650(2002)
45) L. R. Cardon. et al., Nat. Rev. Genet., **2**, 91(2001)
46) E. S. Lander. et al., Science., **274**, 536(1996)
47) S. John. et al., Am. J. Hum. Genet., **75**, 54(2004)
48) F. A. Middleton. et al., Am. J. Hum. Genet., **74**, 886(2004)
49) H. Ewald. et al., Am. J. Med. Genet., **133B**, 25(2005)
50) N. Hu. et al., Cancer Res., **65**, 2542(2005)
51) D. J. Schaid. et al., Am. J. Hum. Genet., **75**, 948(2004)
52) N. A. Ellis. et al., Genet. Epidemiology, **30**, 48(2006)
53) D. M. Maraganore. et al., Am. J. Hum. Genet., **77**, 685(2005)
54) M. Bialecka. et al., Neurosci. Lett., **399**, 121(2006)
55) J. Clarimon. et al., Am. J. Hum. Genet., **78**, 1082(2006)
56) R. J. Klein. et al., Science., **308**, 385(2005)
57) J. L. Haines. et al., Science., **308**, 419(2005)
58) A. O. Edwards. et al., Science., **308**, 421(2005)
59) D. D. Despriet. et al., JAMA., **296**, 301(2005)
60) C. I. Amos. et al., Genes Immun., **7**, 277(2006)
61) T. Arinami. et al., Am. J. Hum. Genet., **77**, 937(2005)
62) E. R. Martin. et al., Am. J. Hum. Genet., **67**, 383(2000)
63) O. Lao. et al., Am. J. Hum. Genet., **78**, 680(2006)

Ⅲ編　発現解析と機能解析

第1章 モデル動物

1 細胞性粘菌トランスクリプトームのアレイ解析

漆原秀子[*]

1.1 細胞性粘菌のゲノミクス

1.1.1 細胞性粘菌とその生活環

　細胞性粘菌は森林などの湿潤な土壌中に棲息し，バクテリアを餌として分裂増殖する真核微生物である。バクテリアを食べつくして飢餓状態になると集合し，多細胞化して胞子塊とそれを持ち上げる柄からなる子実体を形成する。柄細胞に分化するアメーバは集団全体の生き残りのために自己を犠牲にするわけで，このような協調性のある振る舞いから「社会性アメーバ」のニックネームで呼ばれている。また，過剰な水分と暗条件で性的に成熟し，付近に適当な相手が存在すれば交配してマクロシストと呼ばれる休眠構造を形成する。図1に示すように，環境に応じて分裂増殖，無性発生（子実体形成），有性生殖（マクロシスト形成）の3種類の生活環を使い分けているしたたかな生物である[1, 2]。動物的性質と植物的性質を併せ持つが，真核生物の系統進化

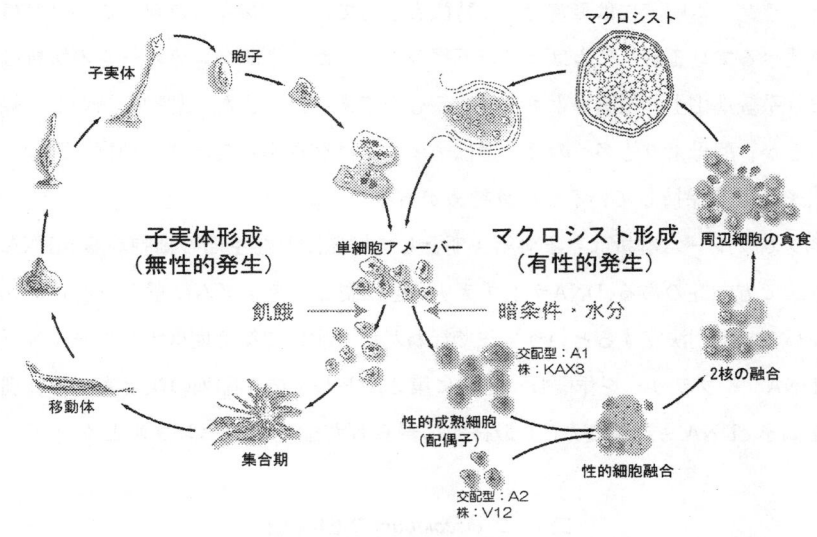

図1　細胞性粘菌の生活環
分裂増殖するアメーバは環境条件に応じて無性的発生（左の環）
または有性的発生（右の環）で多細胞化する。

---

[*] Hideko Urushihara 筑波大学　大学院生命環境科学研究科　教授

において，植物が分岐した後，菌類が分岐する前に分岐したと推測されている[3]。子実体の最終形態や形成過程には多くのバリエーションがあるものの，解析的研究に使用される種は限られている。本稿では，長く標準株として使用され，最初のゲノム解読の材料ともなった*Dictyostelium discoideum*（和名キイロタマホコリカビ）での研究について述べる。

*D. discoideum*は培養が容易で細胞の大量調製や発生の人為的誘導が可能な上，形質転換をはじめとするほとんどの分子生物学的手法が適用できる優れた研究材料である。細胞運動，シグナル伝達，発生・分化のメカニズムを解析するためのモデル系としてのみならず，薬剤効果やバクテリアとの相互作用等を解析するための医科学研究のモデル系としても貢献している[2]。

1.1.2 細胞性粘菌のゲノム解析

ゲノム解析については，まず日本で1995年からcDNAの大規模解析が始められ[4,5]，続いて独・米・英のコンソーシアムによってゲノム解読が行われた。ゲノム解読は2005年5月の発表[3]で完了し，cDNA解析の方は2005年3月末をもってひとまず終了としている[6]。

*D. discoideum*のゲノムは6本の染色体に分かれた約34 MbpのDNAで構成されており，遺伝子数は約12,500個と予測されている（表1）。イントロンは遺伝子あたり平均1.2個で100–300ヌクレオチド前後と，少なく，短い。総じてコンパクトなゲノムである。しかし，（A＋T）含率が約80％とマラリア原虫に次いで高い，1–3ヌクレオチドの短いリピートや多重遺伝子が非常に多い，というゲノム解読には障害となる特徴ももっている。後者の有難くない性質は，当然ながらここで述べるアレイ解析にもはなはだ不都合であった。予測プロテオームの解析は，2.1.1で述べたとおり系統進化上の位置をよく支持するものであった。また，動物の枝からは隔たっているはずであるが，酵母よりも多くのヒト遺伝子オルソログをもっており，植物，菌類，動物の祖先型の遺伝子をよく保持しているという特徴がある。

トランスクリプトーム解析は，まず第1期として増殖期と発生期の細胞からmRNAを調製して通常の方法で方向性のあるcDNAライブラリーを作製し，ランダムに選んだクローンの両端からシングルパスで配列決定するという方法で行われた。次いで第2期はオリゴキャップ法によって完全長cDNAライブラリーを作製し，さらに第3期として内部配列の決定も試み，別途解析されていた配偶子cDNAも追加した[6]。最終的に得られた配列のアセンブルとクラスタリングに

表1 *D. discoideum*の遺伝情報

ゲノム	染色体数	6
	ゲノムサイズ（bp）	33,817,471
	コンティグ	309
トランスクリプトーム	予測遺伝子数	12,500
	cDNA解析から得たユニジーン	6,790

第1章　モデル動物

よって，現時点で6,790のユニジーンが得られている。これは予測遺伝子の約54%と半分をわずかに上回る程度であるが，現在進行中のゲノムとのアラインメントを考慮しつつ詳細に検討する作業によって，1つのユニジーンとされていた*ras*遺伝子が5個の多重遺伝子を含んでいる例などが判明し，クラスタリングが過剰であること，またゲノムからの遺伝子数予測は過大に評価されていることなどがわかり，予測遺伝子数とユニジーン数は相互に接近すると考えられている。有性的発生過程やストレス状態などで発現する遺伝子のcDNAは単離されていないことを考えると，増殖と子実体形成に関わる遺伝子の大方は保有しているとみなすことができるであろう。

　アレイの作製に使用されたcDNAプールは第1期のものである。5,459の代表クローンが選ばれたが，一部重複があり，ユニジーンとしては5,381ということになっている。これは予測遺伝子の約43%に相当する。

1.1.3　細胞性粘菌でのアレイ解析

　cDNA解析チームによる細胞性粘菌のマイクロアレイ解析は，少なくとも日本における世の中での動きに対して比較的早くから取り組まれた。そのこと自体は方向性としては誤りではなかったはずであるが，アレイの作製，ハイブリダイゼーション，解析等のいろいろな局面で，システムが普及・定着してから始めれば遭遇しなかったであろう困難に数多く悩まされることになってしまった。新しい手法を取り入れる場合には，得られる成果と広い意味でのコストとのバランスを考えてタイミングを見極めることが肝要との教訓にもなった。細胞性粘菌のアレイは，日本のcDNAソースをスポットしたものとゲノム配列から予測した遺伝子のオリゴDNAをスポットしたものの2種類がこれまでに使用されているので，順次それらについて概説する。

1.2　cDNAアレイとその利用

　アレイ解析の初期段階では日本でアレイを作製する試みが順調に進まなかった。そこで，細胞性粘菌研究者の国際コミュニティの中でもいち早くアレイ解析システムを導入した，ベイラー医科大学（BCM）（テキサス州ヒューストン）のGadi Shaulskyと共同研究を行うことにした。日本からユニジーンセットのPCR産物を送付したものをBCMでスライドグラスにスポットした。RNAも日本から送付し，続いて日本のチームメンバーが実際にハイブリダイゼーションを現地で行うという，大変な作業であった。解析はBCMのグループに加わった統計学者が主に担当した。その結果を2.2.1と2.2.2で紹介する。そのほかにもアレイ解析のためにユニジーンセットを使用したいという申し込みが続いたので，これらに関しては，日本はPCR産物を提供し，それぞれの研究室でアレイ作製と解析を行う共同研究とした。現在までに7研究室で9テーマの共同研究が行われている。2.2.3で紹介するのはこのうちの一つである。いずれの場合も，使用されたのは，先に述べた通り5,381遺伝子に由来するクローンである。

1.2.1 発生過程でのトランスクリプトーム解析[7]

　細胞性粘菌の発生は飢餓が始まってから約24時間で子実体が形成される。この間，2時間おきにサンプリングしてRNAを調製し，ハイブリダイゼーションに使用した。この解析は遺伝子ごとに子実体形成過程での発現タイムコースを得る「基礎データ」の取得と，全体的なトランスクリプトーム推移の把握を目的とした。タイムコースというと0時間を1として相対的な発現量をプロットしたグラフが頭に浮かぶが，レファランスとして0時間の細胞から調製したRNAを使用した場合，発生期に入ってから発現が始まる遺伝子についてはサンプルRNAの量を数値化できなくなるため，各タイムポイントでのRNAをプールしてレファランスとして使用することにした。いずれのRNAもオリゴd(T)で逆転写する際に，末端をCy3またはCy5で標識した。

　各遺伝子はそれぞれに特有な発現変化を示すが，おのおののタイムポイントでの遺伝子発現パターンをクラスター解析して表示した結果を図2に示す[7]。ここでは発現が2倍以上に変動する約2,000個の遺伝子が表示されている。一見して明らかなように，6時間と8時間の間でトランスクリプトームが際立って変化しており，多くの遺伝子が発現レベルを変化させている。8時間というのは細胞集合体が形成されている時期である。つまり，多細胞化に伴って発現する遺伝子の大規模なシャッフリングがおきるということが明瞭に示されている。cDNA解析の第Ⅱ期には，発生後0，8，12，16時間の細胞から完全長cDNAライブラリーを作製して解析するのであるが，それらのライブラリーのうち，8時間以後の3つのライブラリーでは比較的似かよった遺伝子構成であったのに対し，0時間と8時間は大きく異なっているという結果が得られ，アレイ解析の結果とよく符合した。

1.2.2 脱分化過程の解析

　*D. discoideum*では，すでにナメクジ形の移動体の時期に前側約20%に予定柄細胞が，後ろ側

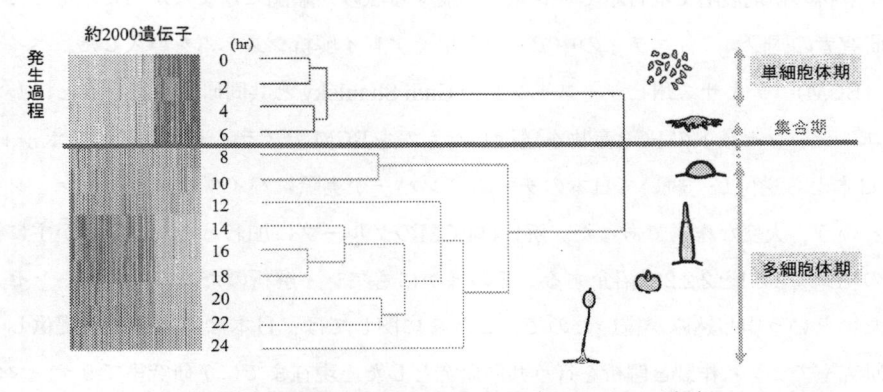

図2　発生過程における遺伝子発現プロファイルの解析
発現変化が著しい約2000の遺伝子について，発生過程の平均に対して1/2以下の場合は濃色で，2倍以上の場合は淡色で表示されている。文献7）から改変。

第 1 章　モデル動物

約 80％に予定胞子細胞が位置した細胞分化とパターン形成が見られる。このような移動体を前後真っ二つに切断してしまうと，前側からは柄は立派だが小さな胞子塊をもつ子実体が，後ろ側からは柄のない胞子の塊ができそうである。しかし，実際には予期に反してどちらの断片からも小さいながら正常なプロポーションの子実体ができることが知られている。これは，移動体内では予定柄細胞と予定胞子細胞の比率が監視されていて，常に正常な割合になるよう調整されることを意味している（監視の実体は，DIF：Differentiation inducing factor というモルフォゲン分子である）。個々の細胞について考えると，予定柄細胞または予定胞子細胞に分化した形質を失って別の性質へと分化しなおす，脱分化と再分化，すなわち分化の転換が行われているわけで，複雑な生物での臓器再生のモデルともなるものである。細胞性粘菌と言えども分化転換過程にある細胞を大量に純化することは困難なので，ひとまず脱分化過程について解析した。発生過程にある細胞を機械的にばらばらにして栄養培地に移すと分化形質を失って増殖を復活する"erasure"と呼ばれている現象である。

　集合期，移動体期，形態形成期にある細胞性粘菌のerasureに伴う遺伝子発現変化をアレイ解析した結果を図3に示す[8]。この解析によってわかったことは，どの時期からの脱分化であっても，①もとの分化形質を維持している時期，②遺伝子発現がシャッフルされる時期，③増殖期の遺伝子発現に戻る時期，の3つの時期を経過し，発生が進んでいるほど②の時期が長いというこ

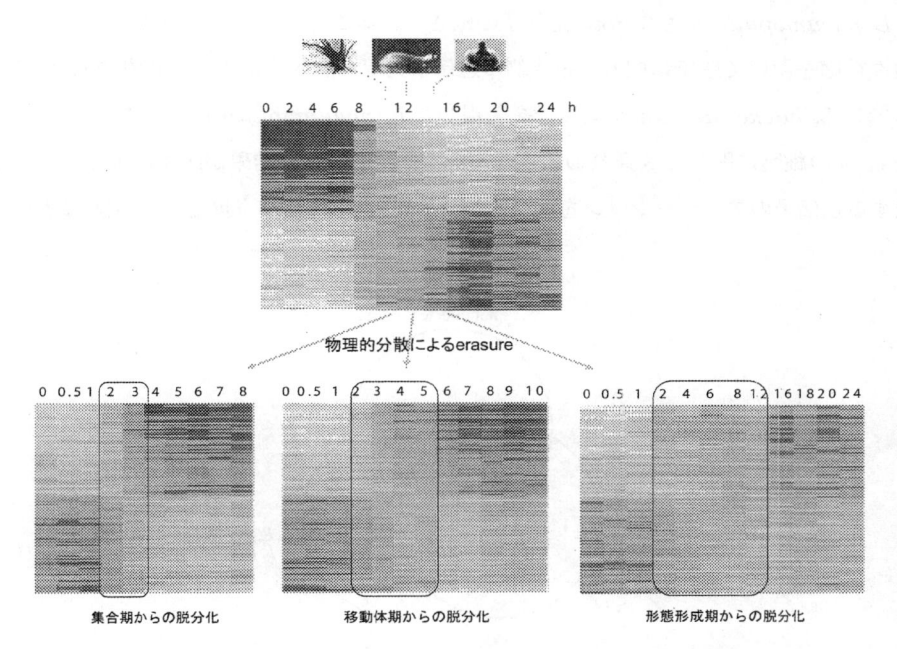

図3　erasure過程における遺伝子発現プロファイルの解析
　集合期，移動体期，形態形成期から増殖復活までの遺伝子発現変化を解析し，図2と同様に示してある。文献8）から改変。

とである。②の時期にはタンパク質分解系の遺伝子，転写因子などが新たに転写されるが，この時期に特異的に発現する遺伝子も見出されている。そのような遺伝子の一つに 2 成分制御系のヒスチジンキナーゼ（*dhk*）が見出され，*dhk* を欠損した変異株では，erasure の進行が著しく阻害されていることが判明した。このような結果から，脱分化が単なるカオスではなく，遺伝的に制御された過程であると結論される。野外で生育する細胞性粘菌にとって，発生期に入ってからでも餌に遭遇すれば増殖を再開する方が得策である。また，移動体の後部からは接着が解消された細胞が取り残されるのはよく見受けられる現象であり，脱分化の遺伝的制御プログラムがあることは十分期待される。

1.2.3 その他の解析

その他にも cDNA アレイを用いた研究が行われているが，ここでは最近発表されたレジオネラ菌感染過程の解析を紹介する[9]。冒頭で細胞性粘菌は医科学研究のモデル生物としても利用されていると述べたが，その 1 例である。*Legionella pneumophila* はヒトに感染して肺炎を引き起こす病原菌である。マクロファージを用いた研究によると，*L. pneumophila* はファゴサイトーシスで取り込まれた後，通常であればリソゾームと融合して内容物が分解されるはずであるが，その過程がブロックされ，ファゴソーム内で菌が増殖して細胞を死にいたらしめるという経過をたどる。感染が成立するためにクリティカルとなるファゴソームとリソゾームの融合阻害に関しては，*L. pneumophila* がもつ *dotA* 遺伝子の働きによることがわかっている。

細胞性粘菌を用いて感染に関わる宿主側の遺伝子発現を調べるために，非感染細胞に加えて，毒性の弱い *L. hackeliae*，*dotA* 遺伝子を欠損した *L. pneumophila* とインキュベートした *D. discoideum* の細胞に関して 3 通りの組み合わせで比較解析した結果が図 4 に示されている。発現変化する遺伝子のアノテーションを調べると，予想通りベシクル間の融合に関わる遺伝子の発

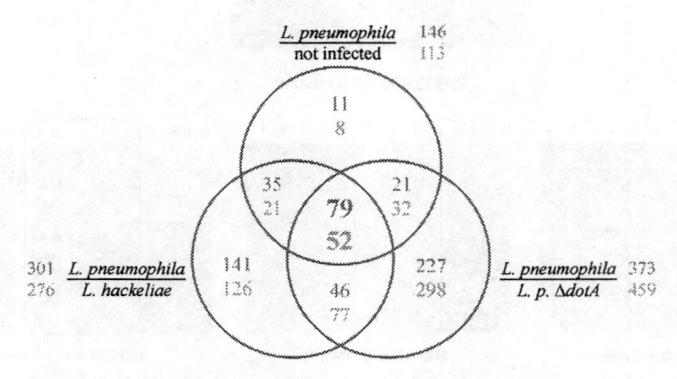

図 4　レジオネラ菌感染に伴って発現が変化した遺伝子数の比較[9]
　L. pneumophila，*L. hackeliae*，*L. p.* Δ*dotA* はそれぞれ強毒性菌，弱毒性菌，*dotA* を欠損した強毒性菌。数字は発現が誘導される遺伝子（上）と抑制される遺伝子（下）の数。

現が抑制されることに加えて，宿主の代謝系が大きく変化していることがわかった。それらの変化している遺伝子のリストは，今後感染成立のメカニズムを解析する上で大いに役立つと期待される。

国内での解析は，九州大学久原研究室の協力によって作製したアレイを用いてやっと可能になった。細胞周期で変化する遺伝子群の解析，転写因子を始めとするさまざまな遺伝子の破壊株を用いて，下流遺伝子の同定などが行われている。

1.3 オリゴアレイを用いた解析

cDNAアレイには2つの難点がある。第1に，細胞性粘菌で期待される遺伝子レパートリーの半数程度の遺伝子しかスポットされていないことである。増殖期と発生期の遺伝子に関しては発現レベルが相当低いものを除いては網羅されていると考えられるので，ハイブリダイゼーション感度の限界を考えるとこれで十分かもしれない。しかし，その他の生理的状態にある細胞を扱うためには不足となる。第2に，cDNAクローンのインサートがそのままスポットされている点である。可能な限りDNA長を揃えることを念頭に置き，cDNAクローンはインサート長が1-2kbpの範囲に収まるように選抜したが，それでも長さがまちまちである。また，インサート全長では長すぎる。繰り返し配列や多重遺伝子が多い*D. discoideum*ゲノムの性質を考えると，長ければ長いだけ非特異的なハイブリダイゼーションによるバックグラウンドが高くなってしまう。

これら2つの問題点を克服するために，ゲノム解析拠点の一つであり，最終的なアセンブルの中心となったサンガーセンターではゲノム中の全予測遺伝子に対して特異的プライマーセットを合成し，オリゴDNAをPCR増幅してアレイを作製した。この「全遺伝子アレイ」ではバックグラウンドは非常に低く抑えられ，効率的な解析ができるとされている。サンガーセンターは細胞性粘菌研究者から共同研究の提案を受け付けて，希望によりハイブリダイゼーションから解析までを実施するサービスを行った。今後全遺伝子アレイを使用した結果が次々と報告されることであろう。ただ，残念なことに，予算の都合で以後の共同研究は保留ということになっている。

しかし，全遺伝子オリゴアレイにもそれなりの難点があるようだ。筆者自身も有性生殖期での遺伝子発現解析を提案して採択され，RNAを送付した。日本のcDNA解析では配偶子期cDNAが2,000クローン程度解析されているのみで，有性生殖期に発現する遺伝子の大半は保有されていないと思われるからである。その解析結果が最近送られてきた。ひとまず全体を見て発現が変化する遺伝子の情報が得られるようだということを確認したが，一方で，サブトラクションライブラリーを作製して抽出していた配偶子特異的遺伝子について調べたところ，ほとんど結果が得られていなかった。信頼性が低いものが多く，さらにはいくつかの遺伝子について"Not on the array"となっていたのである。前者は発現レベルが低いことに起因していると考えられる。タ

イムコースではなくても全サンプルのRNAをプールすべきであったようだ。しかし，後者については全く予想外であった。遺伝子予測が上手くできなかったのかプライマーの作製が困難だったのかは正していないが（カバー率を確認していなかったのはなんとも呑気だったが），配偶子特異的遺伝子にそれが集中しているのは不思議である。

1.4 おわりに

最後に，細胞性粘菌のアレイ解析に関わった感想を述べておきたい。まず，完璧なアレイの作製は困難だということである。cDNAをスポットしたアレイ，全遺伝オリゴアレイともにそれなりの難点がある。比較検討はできていないが，オリゴアレイはスライド上で合成する正式なDNAチップと比較するとどの程度遜色がないのであろうか。アレイ解析は「見えるものだけ見ている」ということを認識すべきだということを強く思った。見えるものだけで十分な実験計画にするか，さもなければ他の方法での補完が必要である。

しかし，*D. discoideum*での最大の困難は遺伝子ファミリーの存在である。たとえば，メンバーが多数存在するアクチンは，たいていのアレイ解析で変化する遺伝子の上位に登場するが，どのファミリーメンバーが変化しているのかは釈然としない。また，*ras*遺伝子のように全長が500〜600 bpと短く，メンバー間で配列が酷似している遺伝子ファミリーについては，特異的プローブの作製など所詮無理である。今後アレイ技術はさらに進むことと期待しているが，使用するものの態度としてはそのあたりを十分わきまえておく必要があるだろう。

文　献

1) R. H. Kessin, *"Dictyostelium*：Evolutional Cell Biology, and the Development of Multicellularity", Cambridge University Press, New York (2001)
2) 前田靖男編, モデル生物：細胞性粘菌, アイピーシー (2000)
3) E. Ludwig, *et al.*, *Nature*, **435**, 43 (2005)
4) T. Morio, *et al.*, *DNA Res.*, **5**, 335 (1998)
5) H. Urushihara, *et al.*, *Nucleic Acids Res.*, **32**, 1647 (2004)
6) H. Urushihara, *et al.*, *Met. Mol. Biol.*, **346**, 31 (2006)
7) N. Van Driessche, *et al.*, *Development*, **129**, 1543 (2002)
8) M. Katoh, *et al.*, *Proc. Natl. Acad. Sci. USA*, **101**, 7005 (2004)
9) F. Patrick, *et al.*, *Cell. Microbiol.*, **8**, 438 (2006)

2 酵母 環境化学物質影響評価への発現解析の利用

岩橋 均*

2.1 DNAマイクロアレイを用いた化学物質の毒性評価

　化学物質のデータベース Chemical abstract には，約2200万件の化学物質が登録されており，その数は日々増えている。合成化学物質は医薬品等への利用に始まり様々な分野で人々の生活に利用されている。現在の生活水準の維持向上を前提にすれば，その利用を避けることはできない。また，人類はその歴史の中で有害無害を問わず多くの天然化学物質にさらされてきた。例えば，機器分析の発展により，多くのカビ毒が発見されてきており，その事実がますます明らかとなってきている。さらに，最近ではこれまでの化学物質とは全く異なる生理活性が期待されるナノ材料が登場してきた。その期待とは裏腹に，不安も広がりつつある。ナノ材料を含めた化学物質には，その起源に関わらず，直接または環境中で形を変えた後に生態系や人体に悪影響を与える物質が含まれている可能性を否定はできない。これらの物質を機器分析で管理，監視することは重要であるが，さらにこれらの物質の生理活性を適確に評価しておく必要がある。また，実際の環境に広まった毒性を総合的に評価する必要がある。

　一方，我が国では，化学物質の審査及び製造等の規制に関する法律（化審法）に基づいて合成化学物質は管理されている。しかしながら，毒性試験には長期間を要するものもあり，そのコストは多大である。最近では，倫理的観点から動物試験に対する規制が厳しくなってきており，毒性試験の遂行すら先行きが危ぶまれているのが現状である。また，化審法では対象とはならない既に環境に放出された化学物質とその変換物質，天然化学物質，さらには複合的な影響についてはその評価が行き届いていないのが現状である。

　このような状況の下，DNAマイクロアレイという技術が前世紀末に開発され，化学物質を製造する側，規制する側，に関わらず，影響評価への利用が期待されている。

2.2 酵母の利点と欠点

　酵母はアルコールの生産に欠かせないなじみのある微生物であるが，環境中にも普遍的に存在する微生物であることは意外と知られていない。環境科学者ですら，酵母はお酒の中にしか存在しないと考えている人がいるほどである。酵母は土壌，河川，果実，葉等の環境試料をグルコースの入った天然培地に適当な抗生物質を加えて嫌気的な環境におくと分離することが可能である。酵母は真核微生物であることから，環境中に最も数の多い真核生物の一つであるとも言え，環境

---

　*　Hitoshi Iwahashi　㈱産業技術総合研究所　ヒューマンストレスシグナル研究センター
　　　　副研究センター長

を代表する真核生物である。一方，酵母はその人類との長い付き合いの歴史を反映してか，最も詳しく研究されている生物種でもある。真核生物の中では最も早くその遺伝子一次構造が解析された[1]。我が国で最も早く市販された真核生物のDNAマイクロアレイも酵母である。この他，現在では，ほぼすべての遺伝子を対象とした，遺伝子破壊株[2]，GFP融合株[3]等，網羅的な解析手法が確立している生物種であり，結果として遺伝子の機能についても詳しく解析されている。当研究室では，これまで酵母を中心に，大腸菌，藻類，稲，アラビドプシス，メダカ，マウス，ラット，ヒト細胞等について発現解析を行ってきた[4~7]が，DNAマイクロアレイを用いた発現解析では，群を抜いて情報量が豊富な生物種であるといえる。酵母は微生物であることから，その生育速度が早く，倍加時間が約2時間であり，毒性試験を行うのが容易である。さらに，DNAマイクロアレイを用いた発現解析を目的とした場合，数ミリリットル程度の培養で発現解析が可能であり，試験対象物質の節約につながる。特に毒性が疑われる天然化学物質は，元来合成された化学物質とは異なり，抽出によりその純品を得る必要がある場合がある。物質によってはDNAマイクロアレイよりも高価な場合があり，先ずは酵母を指標として毒性の理解を行うという選択肢は，間違いではないと考える。

一方，酵母は真核生物であるとはいえ，単細胞であり，所詮微生物である。細胞に対する毒性を評価し，他の生物種への外挿として利用することは可能であるが，推定の域を出ない。当然臓器特異的な毒性を評価することは不可能である。さらに，もちろん化学物質にもよるが，一般的に化学物質に対する感受性が低い。酵母に対する影響濃度を他の生物種や人に直接当てはめることには無理がある。このようなことを理解した上で，我々の研究室では「たとえ酵母を指標としても，何も結果を出さないよりは，ずっと有益であろう」「酵母でできないことは，他の高等生物にはできないであろう」「簡便な方法を必要とするときは，その期待に応え得るであろう」と考えて，研究を行っている。

2.3 暴露実験条件の設定

図1に，酵母に対するメチル水銀の生育阻害曲線を示した。化学物質が生理的影響を及ぼす条件でなければ，遺伝子発現解析は不可能である。生育阻害は明らかに生理的影響を及ぼした結果であるから，生育阻害の認められる条件では発現解析は可能であろうと推定できる。それでは，どの阻害条件を用いれば毒性の評価を適確にできるか，という問題がある。もちろん，可能な限り多くの条件で発現解析を行うというのが正しい方向である。しかしながら，研究資源は限られており，より多くの化学物質について毒性評価を行いたい場合は，処理条件を少なくしたいというのが本音である。例えば，10%阻害を用いてこれに統一すれば，明らかに生育阻害が認められる条件で発現解析を行うことが可能であり，種々の化学物質とその影響を比較することができる。

しかしながら，実際に実験を行った方なら理解してもらえるが，10%阻害の条件を再現性よく実現することは難しい。10%程度の低い阻害では同じ条件を設定したつもりでも，対照実験と生育速度がほとんど変わらないことはよくあることである。そこで，我々の研究室では，可能な限り50%阻害以上の，影響の強い条件を用いることにしている。溶解度の低い物質であれば，その最大濃度または多少の沈殿が生じる条件を用いることにしている。実際には，予備実験で生育阻害直線を作成し，50%阻害濃度を求める。その濃度を基準として，濃度を変えて数種類の条件の細胞を調製している。この時，生菌数を測定し，50%阻害以上の影響の強い条件をDNAマイクロアレイ解析用試料としている。50%阻害という条件を用いれば，実験の再現性が悪く生菌数の測定そのものが信頼できないとしても，少なくとも生育阻害は起こっているであろう，

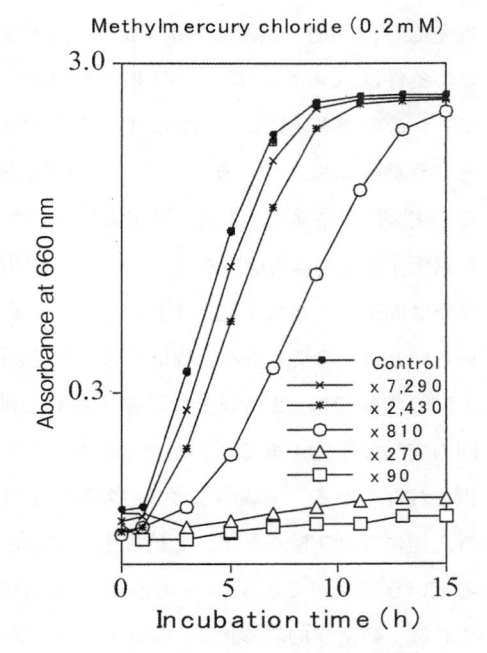

図1　メチル水銀の増殖阻害直線
0.2mMのメチル水銀を用いて，図に示した希釈倍率で添加した。

という考えに基づいている[4~6]。ある化学物質の暴露指標となる遺伝子をスクリーニングする際には，より低濃度を用いるという選択肢は考えられる。この場合，目的は毒性のメカニズム解析でになく，指標選択にすぎないからである。

2.4　誘導・抑制遺伝子の選択

　化学物質が生育阻害を伴う生理的影響を及ぼす条件下では，化学物質によって引き起こされる傷害の修復，化学物質の解毒，二次的な傷害の修復などの応答が起こっているものと考えることができる。この応答が遺伝子発現の上昇または下降を伴っていれば，誘導・抑制遺伝子の選択・解析を行うことで，毒性のメカニズムを評価することが可能となるであろうというのが，DNAマイクロアレイを用いた毒性評価の考え方である。従って，誘導・抑制遺伝子の選択が，評価の正否を大きく左右する。

　先ず，重要な点は，化学物質の暴露前の細胞（未処理細胞）に再現性があるか否かを確認することと考えている。論文ではあまり記述されていないが，重要な点である。細胞によっては，未処理の細胞で再現性が得られない場合が意外と多い。この場合は，化学物質暴露をしたところで再現性の良い結果は期待できない。酵母では，対数増殖期（YPD培地を用いた場合，660nmの

吸光度が1.0付近)の細胞を用いると，再現性がある程度認められる条件を設定できる。ただし，この条件は，メダカ[7]など他の生物種の個体と比べると再現性は明らかに劣る。どの生物種にしても，この点を確認しておかなければ，「DNAマイクロアレイはあてにならない。再現性がない」という結論になってしまう。次に，暴露試験を行い，DNAマイクロアレイ解析結果の処理になる。実験回数を多くすれば，統計処理を行うことで，誘導遺伝子や抑制遺伝子の信頼できる情報を選択することは可能である。ただし，数回程度では，統計処理はできても，多くの情報を失う，または間違った情報を選択する可能性がある。他方，できるだけ少ない回数で遺伝子の選択を行いたいという事情もある。酵母では，上記条件で，未処理同士の細胞について発現解析をすると，1回の実験では，2倍以上に誘導されると判定される遺伝子が数百認められることがある[8]。2回の実験で平均を取ると，かなり減少し，3回では，2倍以上に誘導された遺伝子がほとんど選択されなくなる。実験的には3回の結果を待たなければ，信頼できる結果が得られないことになる。逆に3回実験をして，2倍以上に誘導されている場合は，かなりの確率で，誘導遺伝子であるという判断ができる[9]。もちろん単純に統計的に処理をして，優位差のある遺伝子だけを選択すれば，統計学的には正しいであろうと判断される[10]。注意しなければならない点は，化学物質の影響は多様であるという点である。単にメカニズムが異なるという点だけではなく，実験の再現性も様々である。化学物質毎に実験回数を変えていかなければならないという注意点もある。

2.5 誘導・抑制遺伝子の機能分類

表1には，メチル水銀で強く誘導される遺伝子を，誘導倍率順で示した。実験は，メチル水銀 $0.3\mu M$，YPD培地で2時間処理を行っている。この実験では，5764種の遺伝子で有効な結果が得られ328種の遺伝子が2倍以上に誘導されており，533種の遺伝子が0.5倍以下に抑制されていた。このリストを上位から，遺伝子の機能を理解した上で，メチル水銀がどのような影響を酵母細胞に与えているかを推定することは，不可能なことではない。しかしながら，酵母には6000種以上の遺伝子があり，これらの情報すべてをある程度でも理解できている人は皆無に近いと考える。遺伝子それぞれを順番に調べていくと，多大な量力と時間を費やすことになる。もちろん，発現解析に慣れてくると，誘導される遺伝子のリストから，どの化合物の発現解析に近いかを理解できることがある。しかし，多くの場合，発現解析は，ある実験の過程で必要に応じて行うだけで，発現解析ばかりしている研究者は稀である。また，ある一つの遺伝子が誘導されているからと言って，それだけで影響を結論づけるのは危険で，その機能に関連する遺伝子の誘導確認等も必要である。そこで，我々は，誘導された遺伝子の機能分類を行い，この結果で議論するようにしている。機能分類は，MIPS (http://mips.gsf.de/, Munich Information Center for Protein Sequences)というデータベースを利用している。MIPSでは，約20種類の機能カテゴリーに遺

第1章 モデル動物

表1 メチル水銀で強く誘導される遺伝子

遺伝子記号	遺伝子名	蛍光強度 処理	蛍光強度 未処理	誘導率（倍）	遺伝子機能（MIPS）
YLR404w		1029	10	102.9	integral membrane protein
YNR014w		1691	49	34.8	protein of unknown function localised to cytoplasm
YMR287c	MSU1	526	17	31.2	exonuclease for RNA 3^ ss-tail, mitochondrial
YMR322c	SNO4	141	10	14.1	possible chaperone and cysteine protease
YDR366c		606	44	13.9	similarity to YOL106w and YER181c
YGL184c	STR3	89	10	8.9	cystathionine beta-lyase
YGR292w	MAL12	204	24	8.6	alpha-glucosidase of the MAL1 locus
YGR249w	MGA1	2250	281	8.0	regulator of pseudohyphal differentiation
YGL192w	IME4	80	10	8.0	positive transcription factor for IME2
YJL202c		80	10	8.0	questionable protein
YGL217c		202	27	7.5	questionable protein
YEL011w	GLC3	2657	424	6.3	1,4-glucan branching enzyme
YOR289w		2441	404	6.0	unknown function localised to cytoplasm and nucleus
YDR358w	GGA1	1304	217	6.0	arf-binding protein; involved in trafficking of proteins
YBR203w	COS111	526	88	6.0	involved in signal transduction
YDL048c	STP4	4522	765	5.9	pre-tRNA splicing and uptake of amino acids
YDR277c	MTH1	2402	423	5.7	repressor of hexose transport genes
YJR008w		1114	196	5.7	unknown function localised to cytoplasm and nucleus
YMR316w	DIA1	3721	660	5.6	protein involved in invasive and pseudohyphal growth
YBR005w	RCR1	2731	487	5.6	endoplasmic reticulum membrane protein

伝子を分類しており，カテゴリー内ではサブカテゴリーを設定して細分化している。

表2には，誘導された遺伝子の機能分類を示した。カテゴリーは大文字，サブカテゴリーは小文字で示している。「METABOLISM」の機能カテゴリーだけは，元々分類遺伝子数が多く，当該カテゴリーの遺伝子は必ず誘導されるので，サブカテゴリーで示している。この表は，エクセル等の表計算ソフトにあらかじめ遺伝子を登録しておき，誘導遺伝子リストをペーストするだけで，表が作成されるように設定しておけば便利である。ただ，MIPSの機能分類は，随時変更されるので，注意が必要である。本表の作成は，2005年3月の機能分類をもとに行っている。表2で示す，「総数」とは当該カテゴリーに含まれる遺伝子の総数を示している。「誘導数」は，カテゴリー内の誘導された遺伝子数，「誘導率」は，誘導遺伝子数のカテゴリー内割合を％で示したもの，「優先率」は，誘導遺伝子数（メチル水銀では328種）に占める，各カテゴリーの誘導遺伝子数の割合を％で示したものである。「誘導率」をみると，遺伝子数の少ないカテゴリーを除けば，まんべんなく誘導されている。「METABOLISM」内のサブカテゴリーで，「phosphate metabolism」「C-compound and carbohydrate metabolism」のサブカテゴリーが顕著な点を除けば，特徴を見いだすのが困難な化学物質ということになる。この場合，他の化学物質の機能分類と比較することも可能である。例えば，無機水銀では「amino acid metabolism」が特徴的に誘

表2 メチル水銀で誘導される遺伝子の機能分類

カテゴリー　サブカテゴリー	総数	誘導数	誘導率	優先率
METABOLISM				
amino acid metabolism	243	0	0.0	0.0
nitrogen and sulfur metabolism	96	4	4.2	1.2
nucleotide metabolism	227	4	1.8	1.2
phosphate metabolism	414	23	5.6	6.7
C—compound and carbohydrate metabolism	504	30	6.0	8.7
lipid, fatty acid and isoprenoid metabolism	272	5	1.8	1.4
metabolism of vitamins, cofactors, and prosthetic groups	163	4	2.5	1.2
secondary metabolism	77	4	5.2	1.2
ENERGY	365	22	6.0	6.4
CELL CYCLE AND DNA PROCESSING	1001	53	5.3	15.4
TRANSCRIPTION	1063	56	5.3	16.2
PROTEIN SYNTHESIS	476	9	1.9	2.6
PROTEIN FATE (folding, modification, destination)	1137	58	5.1	16.8
PROTEIN WITH BINDING FUNCTION OR COFACTOR REQUIREMENT	1034	46	4.4	13.3
PROTEIN ACTIVITY REGULATION	238	17	7.1	4.9
CELLULAR TRANSPORT	1031	59	5.7	17.1
CELLULAR COMMUNICATION/SIGNAL TRANSDUCTION MECHANISM	234	15	6.4	4.3
CELL RESCUE, DEFENSE AND VIRULENCE	548	33	6.0	9.6
INTERACTION WITH THE CELLULAR ENVIRONMENT	458	26	5.7	7.5
INTERACTION WITH THE ENVIRONMENT	5	1	20.0	0.3
TRANSPOSABLE ELEMENTS, VIRAL AND PLASMID PROTEINS	124	2	1.6	0.6
DEVELOPMENT	70	8	11.4	2.3
BIOGENESIS OF CELLULAR COMPONENTS	854	35	4.1	10.1
CELL TYPE DIFFERENTIATION	449	28	6.2	8.1
UNCLASSIFIED PROTEINS	2038	115	5.6	33.3

導されることが認められており[11]，この点は，メチル水銀と無機水銀の違いであると判断される。

　機能別カテゴリーで注目すべきカテゴリーが見つかった場合は，さらに詳細に解析するためにサブカテゴリーの機能分類を行うことも可能である。表3には，「PROTEIN FATE」に分類されているサブカテゴリーの機能解析結果を示している。「protein targeting, sorting and translocation」で，誘導数の多いことがうかがえる。メチル水銀が，タンパク質の局在化に何らかの影響を与えている可能性を示している。結果を示さないが，「PROTEIN WITH BINDING FUNCTION OR COFACTOR REQUIREMENT」のカテゴリーにおいて，「protein binding」に比較的誘導遺伝子が多いことは，これを支持している。

　この他，誘導遺伝子産物の局在性分類は，機能分類と同様に重要な情報を提供してくれる。MIPSには，遺伝子産物の局在性についても分類されており，これを利用することで，どの細胞

第1章 モデル動物

表3 メチル水銀で誘導される遺伝子の「PROTEIN FATE」カテゴリーにおけるサブカテゴリー分類

サブカテゴリー	総数	誘導数	誘導率	優先率
protein folding and stabilization	91	2	2.2	0.6
protein targeting, sorting and translocation	277	20	7.2	6.1
protein modification	606	29	4.8	8.9
modification with fatty acids (e.g. myristylation, palmitylation, farnesylation)	30	0	0.0	0.0
modification with sugar residues (e.g. glycosylation)	68	0	0.0	0.0
modification by phosphorylation, dephosphorylation, autophosphorylation	186	12	6.5	3.7
modification by acetylation, deacetylation	69	3	4.3	0.9
modification by ubiquitination, deubiquitination	77	3	3.9	0.9
modification by ubiquitin-related proteins	20	4	20.0	1.2
posttranslational modification of amino acids (e.g. hydroxylation, methylation)	24	0	0.0	0.0
protein processing (proteolytic)	88	7	8.0	2.1
assembly of protein complexes	196	9	4.6	2.8
protein degradation	250	12	4.8	3.7
cytoplasmic and nuclear protein degradation	186	7	3.8	2.1
lysosomal and vacuolar protein degradation	23	3	13.0	0.9

表4 メチル水銀で誘導される遺伝子産物の局在性

局在性	総数	誘導数	誘導率	優先率
extracellular	54	0	0.0	0.0
bud	149	5	3.4	1.5
cell wall	42	0	0.0	0.0
cell periphery	216	7	3.2	2.1
plasma membrane	186	12	6.5	3.7
integral membrane / endomembranes	176	7	4.0	2.1
cytoplasm	2906	146	5.0	44.8
cytoskeleton	204	14	6.9	4.3
ER	557	9	1.6	2.8
golgi	132	2	1.5	0.6
transport vesicles	139	4	2.9	1.2
nucleus	2157	98	4.5	30.1
mitochondria	1056	55	5.2	16.9
peroxisome	52	2	3.8	0.6
endosome	57	10	17.5	3.1
vacuole	280	16	5.7	4.9
microsomes	5	0	0.0	0.0
lipid particles	27	1	3.7	0.3
punctate composite	141	11	7.8	3.4
ambiguous	237	14	5.9	4.3
KNOWN SUBCELLULAR LOCALIZATION	5209	255	4.9	78.2
UNKNOWN SUBCELLULAR LOCALIZATION	1516	67	4.4	20.6

オルガネラに特異的な影響を与えているかを推定することが可能である。表4には，メチル水銀で誘導される遺伝子産物の局在性を示した。元々，局在遺伝子産物数が少ないため明確な結論は難しいが「endosome」に，多少の影響が認められていそうである。

　抑制遺伝子については，その機能分類を示さないが，一般的に毒性評価には利用できない。これは，生育阻害を伴う条件を評価に利用していることから，タンパク質やDNA等の生体高分子合成能の低下が顕著になり，詳細な解析を妨げるためである。

2.6　誘導・抑制遺伝子の詳細解析

　誘導遺伝子の機能分類である程度影響が理解できてくれば，注目すべき機能分類に属する誘導遺伝子についての解析も必要になる。当該遺伝子に関する論文を調査することで解決できると期待できるが，論文に記載されている機能は必ずしも確実なものではない。実際にその機能が証明されているか否かは，論文を詳細に検討する必要がある。その際はSGD（http://www.yeastgenome.org/, Saccharomyces Genome Database）を利用している。SGDには各遺伝子に関する情報や参考文献が整理されている。特にハイスループットのデータが整理されていることから，機能未知の遺伝子であっても何らかの手がかりが得られる場合がある。各遺伝子を調査していて重要な情報を得られた場合は，その誘導を再確認する必要はある。筆者も苦い経験があるが，個々の遺伝子レベルで議論する場合は，RT-PCR程度の実験をしておかなければ，間違った解釈をすることになる。前述のように，酵母はすべての遺伝子破壊株を入手することが可能で，これも発現解析を助けてくれる。あるストレスについて，重要な機能が誘導されていれば遺伝子破壊株で確認できる場合もある[12]。化学物質等の処理によって，代謝系の遺伝子発現量変化は必ず起こる。この変化が重要な場合は，メタボロミクス技術を利用するとその物質の代謝を観察でき，有益な情報が得られる[13]。まだ実験方法は必ずしも確立していないが，ジェノミクスとメタボロミクスを関連させて，影響評価を行う手法が今後の主流になってくると考えている。

2.7　クラスター解析

　DNAマイクロアレイ解析を用いた発現解析において，単に誘導・抑制された遺伝子を評価するだけでは，情報を充分に利用しているとは言えない。我々は，特定の化学物質や環境サンプルの影響評価を行う際には，他の化学物質の発現プロファイルとの比較を行い，おおざっぱな影響評価を行っている。図2には，GeneSpringを用いたクラスター解析を例として示している。ユーグリッド距離やピアソン相関係数を用いて，類似の発現プロファイルを集めてグループ（クラスター）を作成していく手法である。生物種の系統樹のようなものと理解してほしい。クラスター解析では，先ず，ユーグリッド距離やピアソン相関係数等に基づいて，最も類似した発現プロ

第1章 モデル動物

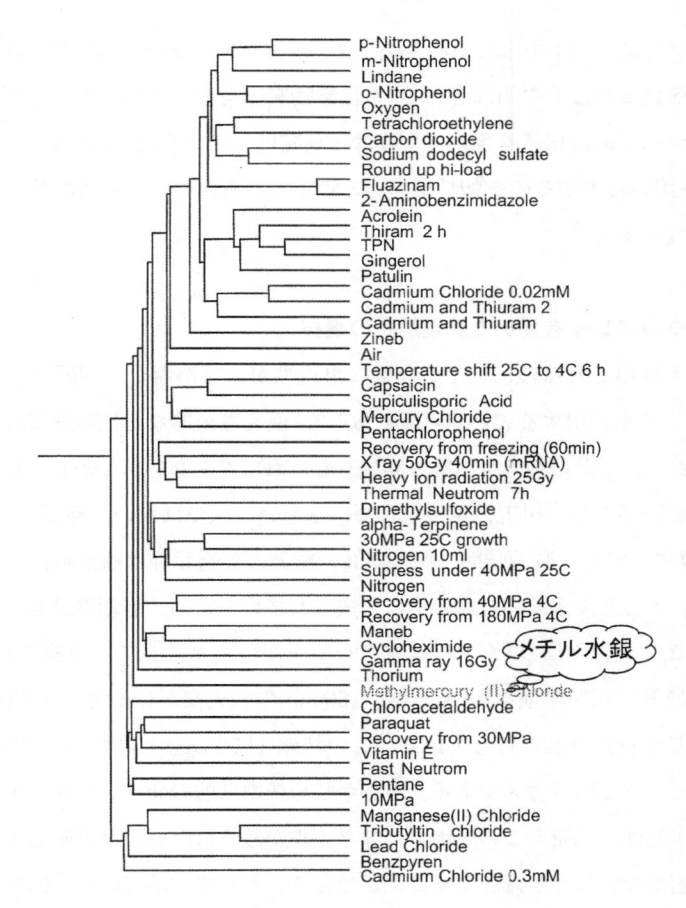

図2 発現プロファイルのクラスター解析
Peason 相関係数，約4000種の遺伝子を用いて計算。実験条件は文献5) 参照。

ファイルでクラスターを作り，このクラスターを一つの発現プロファイルに置き換える。新しく作成された発現プロファイルと先の計算でクラスターを作らなかった残りの発現プロファイルで同様に計算を行い，新たなクラスターを作る。これを繰り返し，図2に示すデンドログラムを作成する。クラスター作成の際に，当該クラスターを代表する発現プロファイルへの置き換え法には種々あるが，いずれにしても，元の発現プロファイルとは異なる発現プロファイルが作成される。従って，ある化合物の発現プロファイルがあるクラスターの発現プロファイルとクラスターを作っても，必ずしも最も近い化学物質の発現プロファイルを示している訳ではないという注意が必要である。計算手法も種々あるため，その選択によって解析結果が大きく異なるという欠点がある。現時点では，影響が既知で類似の発現プロファイルが期待される化学物質が，クラスターを作っているか否かという経験的な判断で，計算の妥当性を判断せざるを得ない。また，最

も類似した発現プロファイルを求めるときは，クラスター解析を行うよりは，ユーグリッド距離やピアソン相関係数またはその組み合わせ[7]を化学物質総当たりで求めた方が確実である。また計算の際には，すべての遺伝子を用いるよりは，高発現している(誘導されているという意味ではない)遺伝子を用いる方がその信頼性が高いと考えられる。あらかじめ計算に用いる遺伝子を選択しておく必要もある[5]。

2.8 DNAマイクロアレイを用いた発現解析の裏技

生物実験で最も危惧されるのは，その実験に再現性があるか否かの判断である。この判断にDNAマイクロアレイを利用することが可能である[7]。例えば公的な毒性試験には，そのマニュアルが作成されており，これに従って試験を実施しなければならない。しかしながら，通常マニュアルの規定には範囲があり，再現性を保証しているという訳ではない。範囲は，例えば「YPD培地を用いる」と規定しても，滅菌時間，保存期間，試薬の製造元等は通常厳密には規定されないことから生じる。もちろん多くの経験の上に作成されているため，信頼性は高いが，客観的な指標が少ない。そこで，我々はDNAマイクロアレイを用いたマニュアルの検証を提唱している。前述のように，酵母でYPD培地を用いた場合，660nmの吸光度が1.0付近の対数増殖期の状態に化学物質を暴露して毒性評価を行っている。この状態（標準状態）についてDNAマイクロアレイを用いて規定しようという考えである。あらかじめ標準状態の発現プロファイルを蓄積しておく。実験の際，未処理の細胞がこの発現プロファイルからずれないことを確認すれば，少なくとも標準状態に問題がないことを確認することができる。さらに，滅菌時間，保存期間，試薬の製造元等の要因で発現プロファイルの変動があるか否かを検証しておけば，範囲を狭める必要の有無も判断できる。マニュアルの正当性が裏付けられる。高等生物になれば，その飼育方法等も施設により異なる。定期的に標準状態の生物を発現解析で検査しておけば，飼育方法における問題の有無を判断することもできる。従来のDNAマイクロアレイを用いた発現解析は変化を探すために用いてきたが，当然，変化がないことを証明しようという目的にも充分利用できるものと考えている[7]。

文　　献

1) A. Goffeau, B. G. Barrell, H. Bussey H, R. W. Davis , B. Dujon , H. Feldmann, F. Galibert, J. D. Hoheisel, C. Jacq, M. Johnston M, E. J. Louis, H. W. Mewes, Y. Murakami, P.

第 1 章　モデル動物

Philippsen, H. Tettelin H, S. G. Oliver, "Life with 6000 genes", *Science*, **546**, 563-567 (1996)

2) Giaever G, *et al.*, "Functional profiling of the Saccharomyces cerevisiae genome", *Nature*, **418**, 387-91 (2002)

3) W. K. Huh, J. V. Falvo, L. C. Gerke, A. S. Carroll, R. W. Howson, J. S. Weissman, and E. K. O'Shea, "Global analysis of protein localization in budding yeast", *Nature*, **425**, 686-691 (2003)

4) Y. Momose and H, Iwahashi, "Bioassay of cadmium using a DNA microarray : Genome-wide expression patterns of Saccharomyces cerevisiae response to cadmium", *Environmental Toxicology and Chemistry*, **20**, 2353-2360 (2001)

5) Y. Murata, T. Watanabe, M. Sato, Y. Momose, T. Nakahara, S. Oka, H. Iwahashi, "DMSO exposure facilitates phospholipid biosynthesis and cellular membrane proliferation in yeast cells", *J. Biol. Chem.*, **278**, 33185-33193 (2003)

6) Y. Iwahashi, H. Hosoda, J. Park, J. Lee, Y. Suzuki, E. Kitagawa, S. Murata, N. Jwa, M. Gu, H. Iwahashi, "Mechanisms of patulin toxicity under conditions that inhibit yeast growth", *Journal of Agricultural and Food Chemistry*, **54**, 1936-1942 (2006)

7) K. Kishi, E. Kitagawa, N. Onikura, A. Nakamura, H. Iwahashi, "Expression analysis of sex-specific and 17<beta>-estradiol-responsive genes in Japanese medaka, Oryzias latipes, using oligonucleotide microarrays", *Genomics*, **88**, 241-251 (2006)

8) S. Mizukami, Y. Suzuki, E. Kitagawa, H. Iwahashi, "Standardization of cDNA microarray technology for toxicogenomics; essential data for initiating cDNA microarray studies", *Chem-Bio Informatics Journal*, **4**, 38-55 (2004)

10) H. Iwahashi, M. Odani, E. Ishidou, E. Kitagawa, "Adaptation of Saccharomyces cerevisiae to high hydrostatic pressure causing growth inhibition", *FEBS Letters*, **579**, 2847-2852 (2005)

11) Y. Momose, E. Kitagawa, H. Iwahashi, "Comparison of genome-wide expression pattern of hevy metal treatment in Saccharomyces cerevisiae", *Chem-Bio Informatics Journal*, **1**, 41-50 (2001)

12) H. Iwahashi, H. Shimizu, M. Odani and Y. Komatsu, "Piezophysiology of genome wide gene expression levels in the yeast Saccharomyces cerevisiae", *Extremophile*, **7**, 291-298 (2003)

13) Y. Tanaka, T. Higashi, R. Rakwal, J. Shibato, E. Kitagawa, S. Murata, S. Wakida, H. Iwahashi, "*Saccharomyces cerevisiae* OMICS as the tools of environmental monitoring for chemicals, radiation, and physical stresses", Proceeding of the 6th International Symposium on Advanced Environmental Monitoring (in press)

3 DNAチップを用いた生物時計機能解析
　　—ショウジョウバエの交尾行動リズムとホヤの体内時計

石田直理雄[*1]，源　利文[*2]

3.1　DNAマイクロアレイの良し悪し

　cDNAチップを使ったマイクロアレイ解析も，ゲノムプロジェクトが終了した生物において遺伝子発現機能と解析の手段としては当たり前のものとなった。各社各人において様々な工夫が見られ評価も色々と思われるが，我々はショウジョウバエで日周発現する遺伝子群を解析する手段として，評判の高いアフィメトリクス社製のcDNAマイクロアレイを用いた。このシステムは解析周辺機器が高価であるという欠点を除けば，網羅的遺伝子発現解析を行うのに最も適したシステムと言える。なぜなら当時14,800遺伝子のうち13,500のcDNAがチップ上にはりつけられており，そのうち完全長cDNAが8,000以上明らかとなっていた。さらに，それぞれの遺伝子につき14カ所のプローブ領域から25merのオリゴヌクレオチドプローブを取り出し，設計するという念の入ったものであった。このことはマウスでもほぼ事情は同様で，我々はクロック（clock）変異マウスやクライ変異（cry1，cry2　double KO）マウスを用いて正常の肝臓で24時間でリズミックな日周発現を示す遺伝子群や副腎由来ホルモンの影響でリズミックに発現する肝臓遺伝子発現の解析にもこのアフィマトリックス社製のcDNAチップを用いて有効な解析結果を得た[1,2]。さらに同社の最新DNAチップは1エクソン当たり4個のプローブを設定し既知のアルタナティブスプライシングの区別もつくようになってきているとのことである。cDNAチップテクノロジーの1つの評価は，方法論の良し悪しもさることながら，何と言っても多くの発現している遺伝子がきちっと定量できるという当たり前の所（1個1個の遺伝子の時空間的発現情報の積み重ね）が最も重要となる。この為にはやはり多くのユーザーが使って様々なバグが取り除かれるチップが最も望ましい。

3.2　生物時計遺伝子とその機能

　1997年にショウジョウバエ時計遺伝子との相同性から哺乳類時計遺伝子が次々に解明され，これらの関係論が化学量論的に扱える時代に突入した。システムバイオロジーという言葉は大流行であり，多くのDNAマイクロアレイアナリシスの結果が有名誌を賑わせているが，その結果を

[*1]　Norio Ishida　㈱産業技術総合研究所　生物機能工学研究部門　生物時計研究グループ
　　　　　　　グループ長，筑波大連携大学院　生命環境科学　教授
[*2]　Toshifumi Minamoto　㈱産業技術総合研究所　生物機能工学研究部門　生物時計研究グループ　ポスドク研究員

第1章 モデル動物

真面目に比べると矛盾が多いのに驚かされる。この点に関してよい総説が出ているので参照[3,4]されたい。そこで我々は網羅的遺伝子発現解析を行うにあたり，転写因子（時計遺伝子）変異マウスと正常マウスを比べるというストラテジーを導入した。この結果，肝臓でより正確に時計遺伝子のターゲットとしてリズム発現する遺伝子群と副腎由来物質に依存する遺伝子群に分類することに成功した[1,2,5]。

3.3 遺伝子のリズム発現と末梢時計

ヒトを含む我々哺乳類の24時間リズムを支配するマスター時計は，脳内視床下部の視交叉上核（SCN）と呼ばれる部分に存在する。左右の視神経が脳内で交叉する部分の真上に存在するためこの名が与えられた。この10^4個から成る神経細胞組織には視神経からの入力があり（光が時計の位相を変えられるのはこのため），さらに出力系としては松果体（メラトニンの主要な産生組織）や満腹中枢，摂食中枢，体温中枢，自律神経系等がある。このSCNでの1個1個の神経細胞の発火頻度が昼高く夜低いリズムを持ち，SCNでのホルモン分泌等に24時間リズムが存在することは長年知られてきたが，どのような分子（遺伝子産物）がこのような24時間リズム生成に必要なのかは全くの謎であった。

近年のショウジョウバエ分子生物学の進展により，この謎が解明され始めた。ショウジョウバエではリズム異常を示す変異バエの遺伝子を解析するという方法でperiod遺伝子をはじめ9個の遺伝子産物が24時間リズム生成に関わっていることが明らかになっている。驚いたことにこの相同遺伝子がヒトやマウス等の哺乳類でもほぼ保たれていることが1997年以降，我々を含む世界の幾つかの研究グループにより解明された。しかし哺乳類では，その内少なくともmPeriod1，mPeriod2，mCry1，mCry2，Clock，Bmal1，rev-erbα，Casein KinaseⅠε，GSK3βの9つの遺伝子産物について時計遺伝子としての機能的コンセンサスが得られている[5,6]。時計遺伝子の定義とは，この遺伝子に変異がある場合，行動のリズムに影響を与える（表現型としては無周期，長周期，短周期のいずれか又は全てを示す）遺伝子を言う。これら時計遺伝子の特徴の1つにその遺伝子産物（mRNA又は蛋白質）が24時間でリズミックに我々の体内で発現することがあり，この性質を利用して，末梢や中枢でのリズムの違いが調べられてきた。この性質を利用して，体内時計はSCNばかりでなく我々の体内のあらゆる組織細胞に存在することも最近明らかとなった（末梢時計）。これら末梢時計が，脳内SCNによりそのリズムがコントロールされていることは，SCN破壊による末梢時計遺伝子発現リズムの消失[6]，器官培養するとSCN細胞は長期その24時間リズムを失わないが，肝臓，腎臓，心臓等の末梢臓器はほぼ数日でそのリズムを消失すること[7]からも明らかである。

3.4 ショウジョウバエの交尾行動リズム

　動物の交尾行動は，良いパートナーを選び，その子孫を維持するために重要な行動である。昆虫からラット等の幅広い種において，交尾行動を起こしやすい時刻に約24時間周期があることは1946年以来よく知られた事実であったが，この分子機構に関しては全く解明されていなかった。

　最近我々は，ショウジョウバエの雌の交尾時間が時計遺伝子に支配されることを発見した[8]。すなわち，ショウジョウバエの雄と雌を同じビンに入れ，メイティング（交尾）の頻度を調べたところ，昼と夜にピークを持つリズムを示し，このリズムは恒暗条件下でも持続した（図1）。さらに雌の時計遺伝子変異株（per^0, tim^0）と雄のそれとを互いに交換して交尾させた結果，雌を変異株にした時にのみ交尾リズムが失われることから，雌が交尾受容リズムを支配していることが示された。

　さらに，小笠原諸島に生息する近縁種のショウジョウバエ *D. melanogaster*（キイロショウジョウバエ）と *D. simulans*（オナジショウジョウバエ）のメイティングリズムの違いが種の保存にも影響を及ぼしていると考えられた[8]。さらに最近アナナスショウジョウバエ（*D. ananasae*）の交尾リズムも

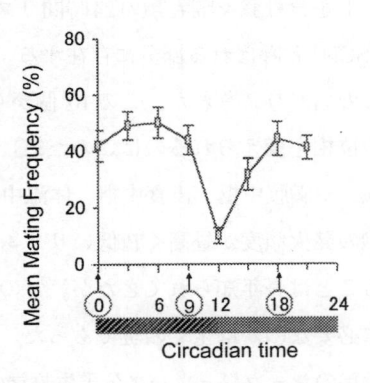

図1　キイロショウジョウバエの交尾リズム
恒暗条件下でも♀の交尾受け入れに日周時刻 Circadian time 依存性がみられる。○印はマイクロアレイ解析のためのmRNA抽出をした時刻。

上位約400遺伝子

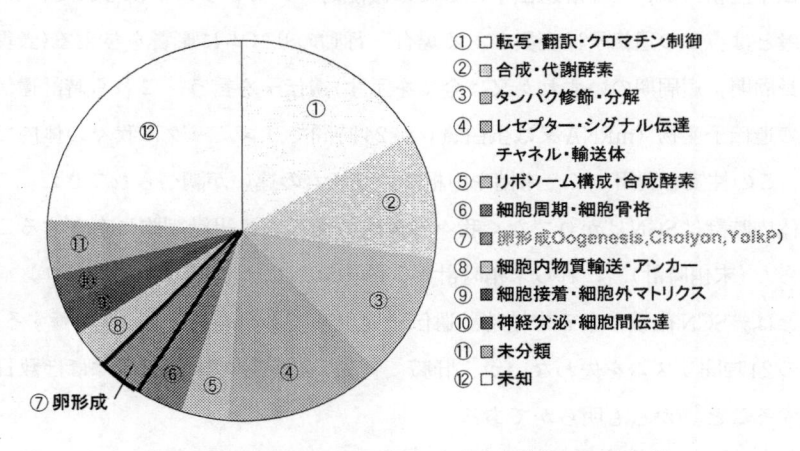

① □ 転写・翻訳・クロマチン制御
② □ 合成・代謝酵素
③ □ タンパク修飾・分解
④ □ レセプター・シグナル伝達
　　チャネル・輸送体
⑤ □ リボソーム構成・合成酵素
⑥ □ 細胞周期・細胞骨格
⑦ ■ 卵形成 Oogenesis, Cholyon, YolkP）
⑧ □ 細胞内物質輸送・アンカー
⑨ □ 細胞接着・細胞外マトリクス
⑩ □ 神経分泌・細胞間伝達
⑪ □ 未分類
⑫ □ 未知

図2　DNAチップにより解析された上位約400遺伝子

第1章 モデル動物

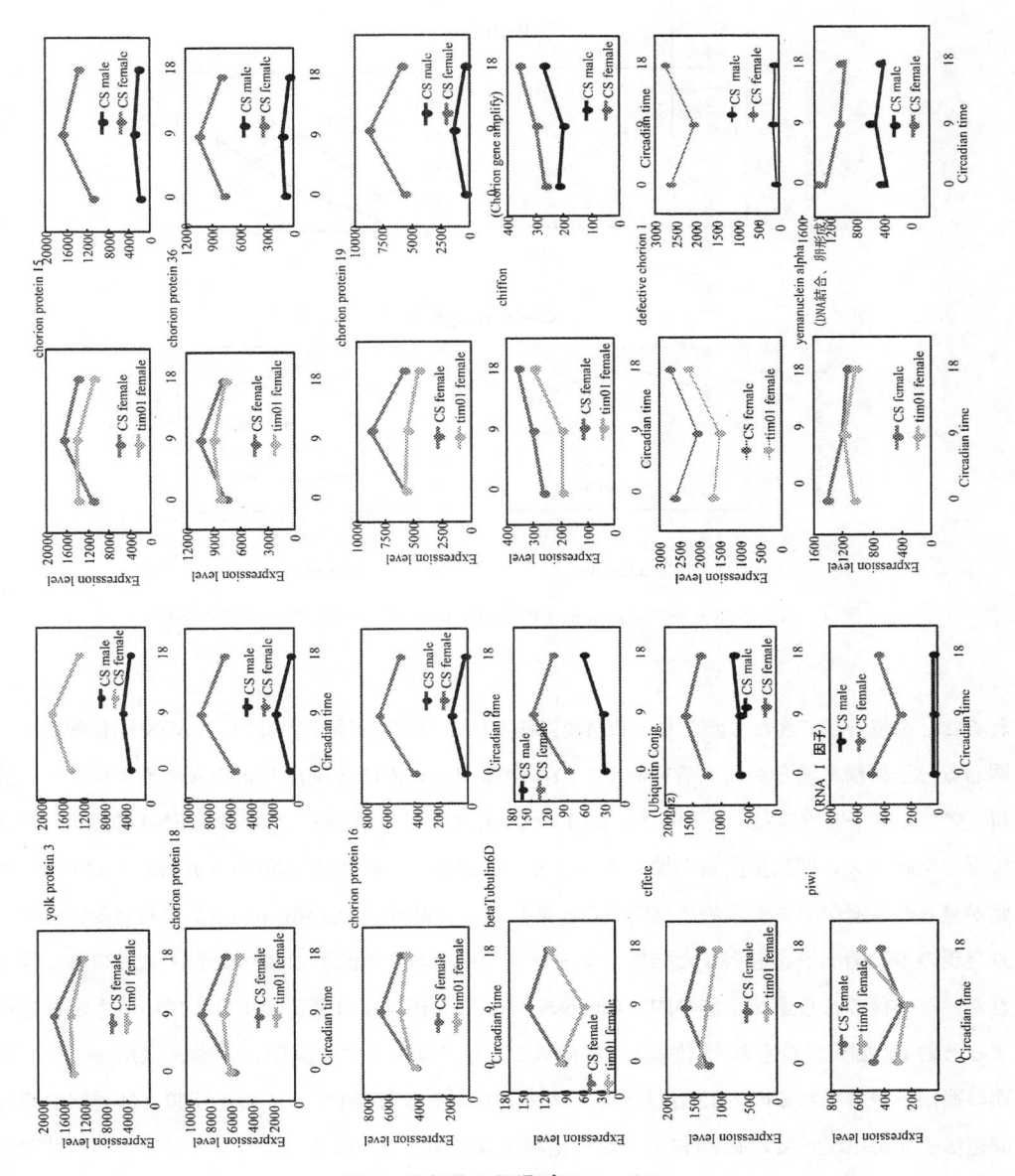

図3 遺伝子の発現プロファイル
左正常♀と時計変異株Tim0♀，左正常♂と正常♀。

上記2種とは異なることを見出し，生殖隔離による種分化に影響を及ぼす可能性を世界に先駆け見出した。そこで筆者の研究室では異種ショウジョウバエから単離した時計遺伝子を入れ替えることでどこまで交尾リズムを変えられるかという難題にも挑戦している[9]。これらの研究結果は，交尾時間を制御する雌特異的分子機構の存在を強く示唆している[10]。

我々はキイロショウジョウバエ*D. melanogaster*の交尾リズムが正常雌のCT12付近で抑制さ

DNAチップ活用テクノロジーと応用

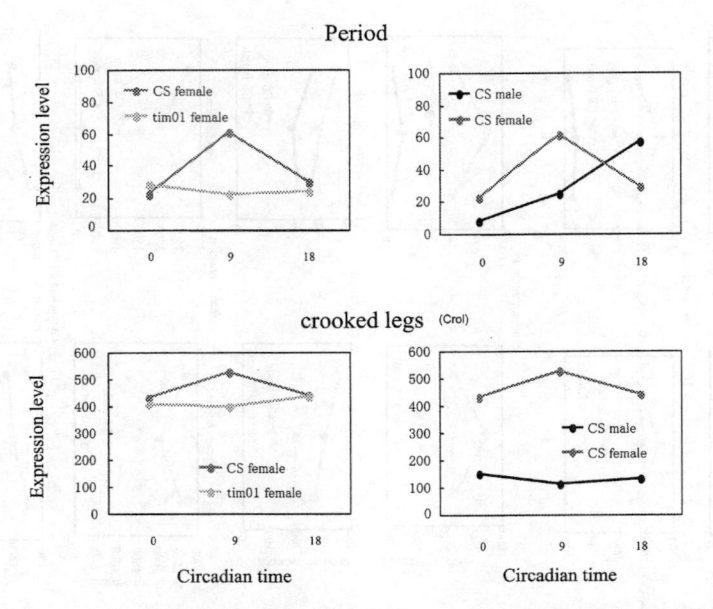

図4 コントロールの時計遺伝子の発現プロファイル（左右は図3と同様）

れることを報告してきた．ただし，TIM変異株ではこの抑制が見られない．この交尾行動抑制に関わる分子機構を明らかにする目的で，ハエ全体からmRNAを抽出しcDNAマイクロアレイ解析（アフィメトリクス社）を行った（図1のCT0，CT9，CT18の3点からmRNA抽出）．CT12付近で交尾リズム抑制蛋白質が働いているとの予想から，約3時間前のCT9付近でmRNAの変動が見られる遺伝子を網羅的に探索するために，この時間帯で正常Cartorn♀でTIM変異株♀より発現の多い遺伝子を選択した結果，ショウジョウバエ全遺伝子13,800の内から2,078個に絞られた．その後これら遺伝子群の内でCartosS♀でCartorS♂より発現の上昇しているものを選択すると約400個まで絞られた（図2）．驚くべきことにはこの中に24個の卵形成（Oogenesis）関連の遺伝子が含まれこの内12個の発現プロファイルを示す（図3）．この出現頻度は通常の卵形成遺伝子発現出現頻度の約20倍位の高い出現頻度であった．図4にはコントロールの時計遺伝子であるPeriodとCrolを示した．この事からショウジョウバエ♀個体の中で卵形成が盛んに行われている日周時間帯では，交尾活動が抑制されることが推定された．この現象は，未成熟卵の受精による生命力の低い次世代嫡子の産生を抑制する分子機構としては合目的的で重要なものと考えられた．

3.5 尾索動物カタユウレイボヤにおける概日振動遺伝子群の探索

尾索動物（Urochordata）は，ナメクジウオなどを含む頭索動物（Cephalochordata）およびヒ

第1章　モデル動物

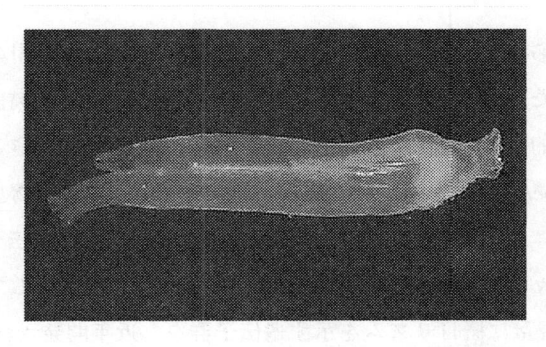

写真1　成体のカタユウレイボヤ。体は透明で内部構造の観察は容易である。

トやマウスを含む脊椎動物（Vertebrata）とともに脊索動物門（Chordata）を成す。代表的な尾索動物であるホヤは孵化後オタマジャクシ型の幼生として水中を浮遊し、頭部の付着突起で岩などに付着したのち変態し、入水口と出水口の2つの口を持った成体となる（写真1）。成体のホヤから脊椎動物との類似点を探すのは困難であるが、ホヤのオタマジャクシ型幼生は両生類のそれとよく似ており、彼らが脊索動物の一員であることを明確に示してくれる。成体のホヤは入水口から海水を取り入れ、水中のデトリタスやプランクトンなどを濾しとって餌とし、濾した残りの海水を出水口から排出するいわゆるフィルターフィーダーである。またホヤはバクテリア由来と考えられるセルロース合成酵素を持ち自らセルロースを合成することができるなど他の動物にはない特徴を示す[11]。これまで一般に脊椎動物に最も近縁な現生の分類群はナメクジウオなどの頭索動物であるとされてきたが、最近膨大な数の遺伝子の塩基配列に基づいた分子系統解析の結果から尾索動物の方がより脊椎動物に近縁であると指摘された[12]。我々が実験材料として用いているカタユウレイボヤ（*Ciona intestinalis*）は世界中に広く分布するコスモポリタン種であり、「ユウレイ」の名のとおり体が透明であること、短い世代時間、コンパクトなゲノムサイズ、少ない中枢神経細胞数など、様々な解析に有利な材料がそろっており、発生学の分野を中心に精力的に研究され多くの知見が蓄積されてきた。また、ドラフトゲノム[13]が既に公開され、EST情報[14]も豊富であるなど、カタユウレイボヤは様々な研究を進めるための下地ができあがった脊椎動物にごく近縁なモデル動物である。

　多くの生物がその環境により適応するために約24時間周期で自律振動をする体内時計（概日時計）を備えている。マウスとショウジョウバエにそれぞれ代表される脊椎動物や昆虫においては、体内時計のメカニズムは分子レベルで詳細に解明されている。進化的に隔離したこれらの動物たちの体内時計機構には意外にも類似点が多く、その中枢ではいわゆる時計遺伝子によるネガティブフィードバックループによって時計制御が行われていると考えられている[15]。一方、カタユウレイボヤやマボヤ（*Halocynthia roretzi*）は毎日一定の時刻に放精をすることなど、時間と

関わりのある行動が知られているが[16, 17]。恒常条件下で継続する概日時計の存在については詳しく研究されてこなかった。そこで我々はドラフトゲノムの情報をもとに時計遺伝子のホモログを検索した。ホヤは進化的には脊椎動物と昆虫の間に位置するが，驚くべきことにそのドラフトゲノムからは*period*，*clock*，*cryptochrome*，*bmal* (*cycle*) など，脊椎動物と昆虫に共通して存在し，それらの時計メカニズムの中核を成すと考えられるいわゆる時計遺伝子のホモログが発見されなかった。そこで我々はホヤの時計メカニズムを明らかにする端緒として，カタユウレイボヤにおいてmRNAの発現量に概日リズムを示す遺伝子群を，近年開発されたカタユウレイボヤcDNAマイクロアレイを用いて探索した。

成体のカタユウレイボヤを明期12時間-暗期12時間の明暗サイクル下で数日間飼育して明暗サイクルに同調させた後恒暗下に移行し，移行後2日目のCT (Circadian Time：主観的明期の始まりを0時および24時とした概日時刻) 2からCT6時間毎にCT44まで8点のサンプリングを行った。1点につき3個体の成体ホヤをサンプリングし，そのmRNAを抽出して各遺伝子の発現レベルの変化をマイクロアレイで解析した。このマイクロアレイにはカタユウレイボヤのESTやcDNAライブラリーの情報に基づいて選択された各60塩基の約22,000プローブが並べられており，このマイクロアレイではカタユウレイボヤゲノム中の約75-80%の遺伝子がカバーされていると推定されている[18]。

概日振動の判定はAncored comparison (AC) とMoving window analysis (MVA) の2つの変数の相関係数rを利用して行った。CT8/2 (CT8におけるシグナル強度とCT2のシグナル強度のLog比，以下同様)，CT14/2，CT20/2，CT26/2，CT32/2の各値からなる変数ACと，CT12時間間隔でシグナル強度を比較したCT20/8，CT26/14，CT32/20，CT38/26，CT44/32の各値からなる変数MVAの相関係数rを計算した。理想的な24時間周期の振動を示した場合，これらの2つの変数は逆相関するため$r=-1$となる。比較的強い逆相関を示すと考えられる$r<-0.7$である場合に概日振動していると定義した場合，全体の約25%にあたる約5,700クローンが概日振動をすることが明らかになった。この$r<-0.7$であるクローンの数はシグナル強度をランダムに並べ替えた場合に得られる$r<-0.7$のクローン数に比べて有意に多く，この結果はカタユウレイボヤにも確かに概日時計が存在することを示唆する。

上でも述べたように*period*，*clock*，*cryptochrome*，*bmal* (*cycle*) などの脊椎動物や昆虫で時計メカニズムの中枢を担ういわゆる時計遺伝子のホモログはカタユウレイボヤのドラフトゲノム中から発見されない。一方で，*E4BP4* (*vrille*) や*HLF* (*pdp1*) といったマウスやショウジョウバエで時計中枢のフィードバックループに関与し，それ自身のmRNA発現量が概日振動することが報告されている遺伝子のいくつかはカタユウレイボヤにもホモログが存在する。しかしマイクロアレイ解析の結果，これらの遺伝子はmRNAレベルで概日振動を示さない，あるいは示

第 1 章　モデル動物

しても非常に振幅の小さな振動であり，後述の定義による顕著な概日振動は示さなかった。ここまでの結果を総合すると，カタユウレイボヤには恒暗条件下で少なくとも 3 日間にわたって自律振動を継続する概日時計が備わっているが，そのメカニズムは脊椎動物や昆虫のそれとは異なるものであると考えられる。

　我々は次に振幅を考慮に入れ，顕著な概日振動を示す遺伝子群の探索を行った。相関係数によって概日振動をすると判定された（$r<-0.7$ であった）遺伝子群のうち，CT8〜CT26 の 4 点におけるシグナルの最大値と最小値の比および CT26〜CT44 における最大値と最小値の比がともに 2 倍以上であることを顕著な概日振動であると定義したところ，アレイ上の遺伝子全体の約 2％にあたる 397 クローンが顕著な概日振動を示した。これらの 397 クローンについて CT8〜CT26 におけるピーク時刻を調べたところ，CT8，CT14，CT20，CT26 にピークのあるクローン数はそれぞれ 46，52，176，122 となり，主観的暗期の後半から主観的明期の前半にかけて発現量の増える遺伝子が多かった。さらに，これらの顕著な概日振動を示す遺伝子群についてノーザンブロッティング法によりその結果の確認を行った。マイクロアレイの際と同様に明期 12 時間–暗期 12 時間の明暗サイクル下で同調させたホヤを恒暗下に移行し，移行後 2 日目の CT2 から CT23 まで CT3 時間毎に 8 点，各点につき 6 個体をサンプリングした。マイクロアレイ解析の際と同様に mRNA を抽出し，ノーザンブロッティングによりその発現量を確認した結果，顕著な概日振動を示した遺伝子群の一部についてマイクロアレイ解析の結果を支持するデータが得られ，実験結果の再現性が確認された。

　我々は次にこれら 397 クローンに代表される遺伝子群についてそれぞれの遺伝子の役割を調べた。カタユウレイボヤの EST データベースである GHOST（http://ghost.zool.kyoto-u.ac.jp/

表 1　カタユウレイボヤにおいて顕著な概日振動を示す遺伝子の KOG 分類

大分類	細分	遺伝子数
細胞プロセスとシグナリング	細胞骨格	3
	細胞外構造	2
	シグナル伝達	1
情報の蓄積とプロセシング	クロマチン構造とダイナミクス	1
	DNA の複製，組み替え，修復	1
	転写	1
	翻訳，リボソームの構造と形成	4
代謝	アミノ酸の輸送と代謝	1
	炭水化物の輸送と代謝	2
	エネルギー産生と消費	2
	二次代謝物の生合成と異化	3
機能のはっきりしない遺伝子	一般的な機能が予測されるのみ	6
	合計	27

indexr1.html) を利用して，それぞれの遺伝子に対応するJGI (Joint Genome Institute: http://genome.jgi-psf.org/) の遺伝子モデルを検索した。それらのモデルのうちデータベース上でKOG (EuKaryotic Orthologous Groups) による分類がなされている遺伝子についてその分類毎にまとめたのが表1である。同じ遺伝子モデルによって代表されるクローンの重複を除くと合計30の機能が検索された。その結果，細胞骨格，翻訳，代謝など様々な役割を担う遺伝子が顕著な概日振動を示した。また，遺伝子モデルが作成されていない，あるいはされていてもKOG分類されていない多くの遺伝子群の情報からも，多様な役割を持つ遺伝子が概日振動することが明らかになった。現時点では，ホヤには脊椎動物や昆虫とは異なるメカニズムの体内時計が存在することが示唆され，その体内時計に支配されていると考えられる多様な遺伝子が顕著な概日振動を示すという点を明らかにしたのみであるが，本研究の結果はホヤの体内時計機構の解明への最初のステップとして重要である。カタユウレイボヤでは遺伝子導入や変異体の作成技術も確立されつつあり，本研究の結果をもとに「時計レポーターホヤ」や「時計変異ホヤ」の作成などホヤの時計機構の解明へとつなげていくことが可能である。

　本研究においては概日振動遺伝子群を探るべく，発現量の時刻変化を示す遺伝子をマイクロアレイによって調べた。カタユウレイボヤにおけるマイクロアレイを用いた研究例は他のモデル動物に比べるとまだそれほど多くはないが，内分泌撹乱物質として知られるトリブチルスズに暴露された成体ホヤにおける各遺伝子の発現量変化や[19]，胚におけるレチノイン酸のターゲット遺伝子のスクリーニング[20]，卵や早期の胚における母系由来の転写産物の局在の解明[18]など少しずつ報告されてきている。マイクロアレイ解析は様々な条件での比較研究に際して大変有用なツールであり，ホヤにおいても今後より広く利用されていくであろう。

文　　　献

1) Oishi K. *et al., J.Biol. Chem.*, **278**, 42, 41519 (2003)
2) Oishi K. *et al., DNA Res*, **12**, 191 (2005)
3) Lowrey PL *et al., Annu Rev. Genomics Hum Genet.*, **5**, 407 (2004)
4) Duffield GE, *J. Neuroendocrinol*, **15**, 10, 991 (2003)
5) 石田直理雄，化学バイオ財団ニュース，58号 (2003)
6) Ishida N. *et al., Proc.Natl. Acad. Sci.U.S.A.*, **96**, 8819 (1999)
7) Stokkan KA, *et al., Science.*, **291**, 5503, 490 (2001)
8) Sakai T. and Ishida N. *Proc Natl Acad Sci USA*, **98**, 9221 (2001)

第1章　モデル動物

9) Nishinokubi I. *et al., J. Cir. Rhythms*., **4**, 4, 1 (2006)
10) Ishida N, *et al., Formosan Ent*., **21**, 4 (2006)
11) K. Nakashima *et al., Dev. Genes Evol*., **214**, 81-88 (2004)
12) F. Delsuc *et al., Nature*, **439**, 965-968 (2006)
13) P. Dehal *et al., Science*, **298**, 2157-2167 (2002)
14) Y. Satou *et al., Gene*, **287**, 83-96 (2002)
15) 石田直理雄，看護のための最新医学講座31巻，中山書店，p.73-78 (2003)
16) Numakunai and Hoshino，東北大学浅虫臨海實驗所報告，**14**，191-196 (1973)
17) Lambert and Brandt, *Biol. Bull*., **132**, 222-228 (1967)
18) L. Yamada *et al., Dev. Biol*., **284**, 536-550 (2005)
19) K. Azumi *et al., Mar. Env. Res*., **58**, 543-5546 (2004)
20) T. Ishibashi *et al., Dev. Dyn*., **233**, 1571-1578 (2005)

4 マウス

古屋茂樹[*1]，吉田一之[*2]，平林義雄[*3]

4.1 はじめに

ヒトとマウスのドラフトゲノム配列決定後，それぞれwhole genomeスケールに対応し，膨大なプローブセットを搭載したチップが比較的安価に利用できるようになった。その結果，DNAマイクロアレイによる遺伝子発現プロファイリングは，今や普通の研究解析手法となっている。本節では，トランスジェニック／ノックアウトマウスなどの遺伝子改変マウスでのDNAマイクロアレイを利用した網羅的遺伝子発現解析について，実験研究者が素早くその変化の概要を把握するための一連の簡便な解析について具体例を紹介する。DNAマイクロアレイ解析に必要なバイオインフォマティクス（アレイインフォマティクス）については成書を参照されたい[1,2]。

マウスでは遺伝子破壊（ノックアウト）や異所的遺伝子強制発現（トランスジェニック）などの個体レベルでの遺伝子改変実験が容易に行えるため，他の哺乳類に比べ，ある生物学的過程にゲノムレベルでの介入に起因する撹乱を加え易い[3]。この利点を生かしてマウスをヒト疾患モデル動物として最大限活用するために，既に米国と欧州ではマウスのほぼ全ての遺伝子について様々なノックアウトマウスを作成する大規模プロジェクト（米国：NIH Knockout Mouse Project, 欧州：European Union Conditional Mouse Mutant Program）が開始されている。DNAマイクロアレイ実験の目的が「興味のある生物学的過程と最も関連の深い遺伝子間の関係を明らかにするためにゲノムを最大限に調べることにあるとする」[1]ならば，ゲノムレベルでの人為介入を行った遺伝子改変マウスはDNAマイクロアレイ実験に最も適した高等動物といえるだろう。

実際にマウス個体レベルでの遺伝子改変によって誘発された表現型に関与する分子機構の遺伝子発現からの解明に，DNAマイクロアレイ実験が利用される場合が多いと思われる。さらにそれらの遺伝子改変マウスが疾患モデル動物に相当する場合は，治療や診断に向けた薬物や特定栄養成分などの投与，または細胞移植などの生物学的処置による各種効果の遺伝子発現レベルでの検討にマイクロアレイが利用されるケースもあるだろう。これらは興味のある生物学的過程または薬理学的効果に横たわる分子機序を，マイクロアレイによって遺伝子発現から絞り込んで解明しようとする「仮説駆動型トランスクリプトミクス研究」である。近い将来はマウスでも，これまでに酵母で行われているような，体系的遺伝子破壊によるプロファイリングから遺伝子間の制御機構を類推する，大規模な「データ駆動型トランスクリプトミクス研究」の時代に突入すると

[*1] Shigeki Furuya　九州大学　バイオアーキテクチャーセンター　教授
[*2] Kazuyuki Yoshida　宇都宮大学　農学部生物生産科学科
[*3] Yoshio Hirabayashi　理化学研究所　脳科学総合研究センター　CREST

第 1 章　モデル動物

予想されるが，現状では「仮説駆動型」タイプの研究にマイクロアレイが導入されている事例が大部分であろう。本節では筆者らが行ってきた遺伝子改変／疾患モデルマウスを用いた前者に関連するトピックを取り扱う。

4.2　アレイ実験を始める前に

筆者らの経験を踏まえ，実験前に準備，検討しておくべき事項をあげる。

4.2.1　アレイプラットフォームの選択とレプリケート数

マウス，ラット，ヒトについてほぼ全遺伝子に対応した市販オリゴヌクレオチドアレイが利用できる現状では，自作のカスタムメイドアレイを使うケースはあまり多くないと思われる。本稿ではマウス遺伝子に対応した市販オリゴヌクレオチドアレイプラットフォームの利用を前提にする。一般にアレイプラットフォーム選択に際しては，以下の項目について考慮する必要がある。

① whole genome スケールか？
② cDNA 合成に必要な RNA 量はどれくらいか？
③ 予算内で充分なレプリケート数を取れるか？

現在マウス whole genome スケールで遺伝子発現解析が可能なアレイプラットフォームは国内で 4 社から販売されている。その中で最も一般的なプラットフォームは25merのオリゴヌクレオチドプローブを搭載したアフィメトリクス社のGeneChipプローブアレイであろう。同アレイの詳細には触れないが，例えば Mouse Genome 430 2.0 Array の場合，39,000 以上に及ぶ転写産物の解析が可能となっており，ほぼ全ての遺伝子産物の発現を検討できる。cDNAの合成に必要なRNA量は，最も一般的な 1 回増幅のプロトコールの場合 $1\mu g$ total RNA が必要であるが，50ng程度の少量でも合成可能なプロトコールとキットも用意されている。

マウス whole genome に対応したチップは Agilent 社，Amersham 社，およびイルミナ社からも販売されている。これらはそれぞれ独自の技術を用いて60,30,50merのオリゴヌクレオチドプローブが装着されている。イルミナ社のSentrix® Mouse-6 Expression BeadChipアレイは，オリゴヌクレオチドを結合させた直径$3\mu g$のシリカビーズを160万個用いる独特なもので，47,000以上の既知遺伝子，スプライシングバリアント，ESTクローンなどを検出できるようデザインされている（I編第 2 章参照）。各転写産物には最低でも30以上の同一ビーズが用意されており，検出感度と再現性が向上しているとされる。他社製品に比べアレイ自体は低コストであり，最大 6 アレイが 1 枚のスライドガラス上で同時に利用できるため，複数サンプルの解析を同一のハイブリ，洗浄条件で行える。プローブの調製は 1 回増幅の場合50 ngの total RNAが最少量である。筆者らはノックアウト（KO）マウスのマイクロアレイ解析にGeneChipとBeadChipを使用した経験を持つ（後述）。

レプリケート数も実験開始前に決めておくべき重要な項目である。マイクロアレイ実験はノーザンブロット解析に比べ桁違いの感度を有しているため，実験操作，測定系またはプローブ配列などに由来するノイズがつきまとう。さらにサンプル自体の生物学的な振れによるノイズも含まれる。精度の高い結果を得るためにはレプリケート数を増やすことが基本であり，コストとの兼ね合いになるが，最低でも3回以上のレプリケート数が必要になると議論されている[2]。

4.2.2 基本解析を自力で行うのか

DNAマイクロアレイ実験は，データ解析からが正念場，ということをまず強調しておきたい。現状では市販チップを使用する場合はcDNA (cRNA)の標識，ハイブリダイゼーション，スキャニング，などの操作はサプライヤーが推奨するプロトコールに従って行う。問題なのはデータ取得後の解析である。DNAマイクロアレイをやったものの，膨大なデータを目の前にして，途方にくれた経験を持つ研究者は，筆者らだけではないだろう。

マイクロアレイのデータ解析にはバックグラウンドの補正とノーマライゼーション（スケール化等），統計検定，様々なパラメーターによるフィルタリング，データ可視化等，多様なプロセスが含まれるため[1,2,4]，専用のソフトウェアが不可欠である。現在，大学の研究室など小規模なグループでも手の届く価格帯の商用ソフトウェアが市販されている（GeneSpring, ArrayAssist等）。最近では同等の機能を持つ非商用パッケージ（例えばTM4, BRB Array Tool）も公開されている。Web上に情報交換できるサイトが用意されているものもあり，解析の助けになる。これらのソフトウェアを利用することにより，マイクロアレイ解析に経験が乏しくとも自力で発現変化のある遺伝子を抽出し，そのリストに含まれる遺伝子についてクラスター解析などを行うことができる。そのような結果から，興味ある生物学的過程を支配する機構に関する何らかの仮説を作り上げ，探索的な段階から研究を一歩先に進めることが可能となる。

遺伝子改変マウス等で，野生型との比較など，シンプルな実験の場合には，基本データ解析を自ら行うことを勧める。貴重な研究費と労力をつぎ込んで得たデータの解析と，そこから生物学的な意味を抽出することに最も真剣に取り組めるのは，手を動かした研究者本人だからである。その際に，マイクロアレイデータ解析の基礎となる情報科学的手法の原理とその限界に詳しいバイオインフォマティクス研究者に相談できる環境を準備しておくことが望ましい。多くの条件でのマイクロアレイ実験から得られたデータの解析をアレイインフォマティクスに詳しい研究者に依頼するのも選択肢の一つかも知れない。その場合には，マイクロアレイ実験に何を求めているかを明確にした上で，解析手法について充分議論すべきであろう。

第1章　モデル動物

4.3　マイクロアレイ実験と解析の実際

4.3.1　実験操作

　マイクロアレイ実験でもっとも重要なのはRNAの調製である。RNAの質は結果に大きく影響するために，cRNA合成の前にアガロース電気泳動やより高感度な他の手法（Agilent RNA 6000等）で18Sと28S rRNAに分解が無いことを確認しておく必要がある。またマウス成体または胎児等の臓器からRNAを調製する際には，たいていの場合複数個体を扱うことになる。筆者らはRNAを安定化するRNAlater溶液（Ambion社）に取り出した臓器を全て浸してから順次RNA調製を行っている。サンプル数が多い場合は一部をRNAlater溶液中で数日間保存し，その後調製している。

　RNAの調製には市販のシリカ膜等によるキットを利用している。ただし脂質含量が多い臓器，例えば脳などではRNA回収量が低くなる傾向があるため，そのような組織に対応しているキットを用いている（Qiagen社 RNeasy Lipid Tissue Kit 等）。筆者らは胎生致死となるノックアウトマウスを扱っているが，RNAを平均的な致死時期以前に調製しても分解している場合があった。そのため，外見上で明瞭にKOマウスを区別できる場合も個体ごとにRNAを調製し，その質を確認後に各遺伝子型に対応する複数個体に由来するRNAを混合して実験に供している。cRNA合成，ハイブリダイゼーション，チップのスキャニング等は各アレイプラットフォームに対応したキットとフォーマットが用意されている場合がほとんどであり，そのプロトコールに従って行う。

4.3.2　遺伝子改変疾患モデルマウスでのアレイ解析の実際

　筆者らは，げっ歯類の脳ではセリン合成がグリア細胞の1種であるアストロサイトによってのみ行われ，神経細胞ではセリン合成酵素3-ホスホグリセリン酸脱水素酵素（Phgdh）の発現抑制によってセリンが必須アミノ酸化していることを見いだした[5,6]。そこでアストロサイト特異的なセリン合成の生理的意義を検証することを目的に，*Phgdh*遺伝子のKOマウスを作成した[7]。*Phgdh* KOマウスは胎生致死であり，その表現型は中枢神経系の形態形成不全が顕著であった（図1）。*Phgdh* KOマウスでは遊離セリン濃度が野生型の1/10以下にまで低下した厳しいセリン枯渇状態となっていることから，内在性のセリン合成が個体発生，中でも中枢神経系の発達に不可欠な代謝系であることが確認された。ヒトでも1996年にセリン合成不全疾患が発見され，小頭症や精神神経発達遅滞などの重度の中枢神経系発達障害を呈することが報告された[8]。同疾患の大部分の患者は*PHGDH*遺伝子変異による酵素活性低下によって，血中及び脳脊髄液で遊離セリン濃度が健常対象の数分の一にまで下がっている。

　Phgdh KOマウスはセリン合成不全患者に発症する中枢神経系疾患のモデル動物に相当することから，筆者らはセリンの内在性合成の生理的意義とヒトセリン合成不全疾患の病態を分子レベ

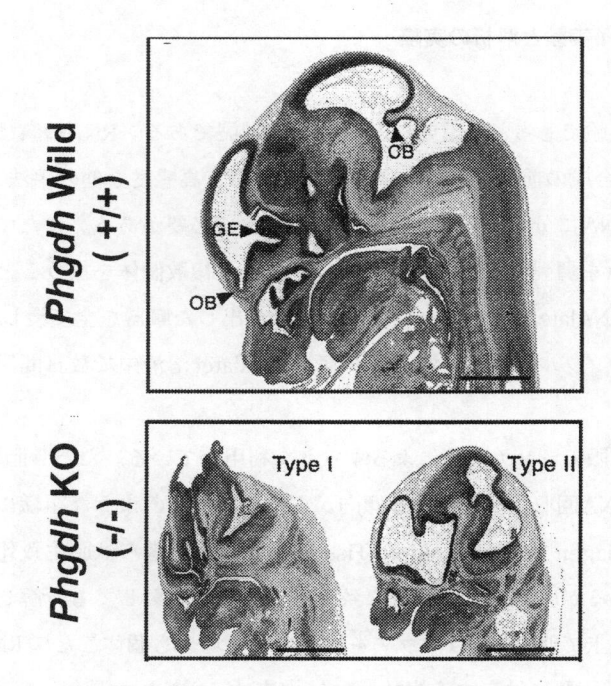

図1 *Phgdh* KO マウスの脳形態形成不全

ルで理解することを目的に，*Phgdh* KOマウスの解析を行っている。セリンは蛋白質を構成するアミノ酸であることから，当初蛋白質発現について検討した。しかし，予備的なプロテオミクス解析では予想に反して *Phgdh* KO マウス胚と野生型の間に顕著な蛋白質発現プロファイルの違いを見いだすことができなかった(吉田ら，未発表)。そこで，DNAマイクロアレイ解析によって遺伝子発現プロファイルからセリン合成不全による中枢神経系発達障害の表現型に潜む分子機構の解明を目指すことにした。

ここでは *Phgdh* KO 胚および同腹の野生型胚の頭部，脊髄，肝臓について行ったマイクロアレイ解析を実験例として紹介する。*Phgdh* KO 胚は胎生14日以降に致死となるため，13.5日に total RNA を調製し，アフィメトリクス社 GeneChip Mouse Genome 430 2.0 Array およびイルミナ社 Sentrix Mouse-6 Expression BeadChip Array にて野生型との遺伝発現プロファイルを比較検討した。データ解析は GeneSpring[9] を用いて行った。以下，具体的な解析手順を示す。

(1) データの前処理とノーマライゼーション

まず最初にデータの補正とチップ間での比較を行うためのノーマライゼーションを行った。

① バックグラウンド補正後，シグナル値の低いプローブ（マイナスになる場合を含む）の測定値を一定の値まで引き上げた。

② 実験操作などに由来するチップ間の誤差を補正するためにスケール化（グローバルノーマ

第1章　モデル動物

ライゼーション）を行う．スケール化の手法には非線形的なデータをどのように扱うかについて様々な議論があるが[1, 2]，ここではmRNAの発現量には差が無いという仮定の下で，チップごとに発現強度全体の中央値で全プローブの蛍光強度を割った．

③　プローブごとにスケール化後の蛍光強度（raw値）をプロットし，チップ間のデータの振れ（ばらつき）を確認した（図1）．

④　実験対照となるサンプル（コントロール）を基準とした相対発現量を表すために，野生型サンプルでKO胚の対応する各プローブの蛍光強度を割った．遺伝子改変マウスの場合，同腹の個体で適切なコントロールを取った方がよい．

図2ではGeneChipで得たデータから，2つの野生型胚レプリケートのスケール化後の各プローブの蛍光強度分布をスキャッチャードプロットによって示してある．各プローブの蛍光強度は対応する遺伝子のmRNA発現レベルに対応し，実験誤差と生物学的誤差が共に少なければ，全域にわたり良好な相関を示すはずである．しかし実際には蛍光強度の小さい，発現レベルの低いと見なされる遺伝子には2倍前後の振れを持つものが数多く認められ，特にスケール化後の蛍光強度値が100以下で顕著になった．図3では横軸に野生型胚各遺伝子の蛍光強度を，縦軸に同腹の *Phgdh* KOマウス胚各遺伝子の野生型に対する相対発現値をプロットしてある．*Phgdh* KOマウスで発現が変化している遺伝子は縦軸値が1から離れるが，それらの大部分は野生型での蛍光強度が100以下のものに集中している．このような低発現レベルの遺伝子に観察される変化は偽陽性である可能性が高く，リアルタイムPCR定量などの他の手法で確認を取ることも困難な場合が多い．

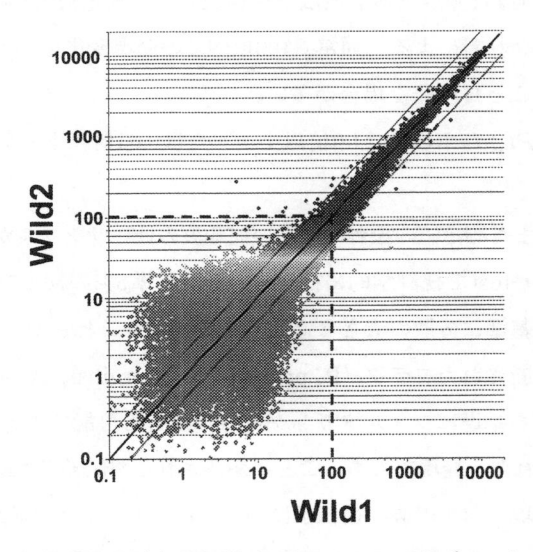

図2　野生型遺伝子発現のスキャッチャードプロット

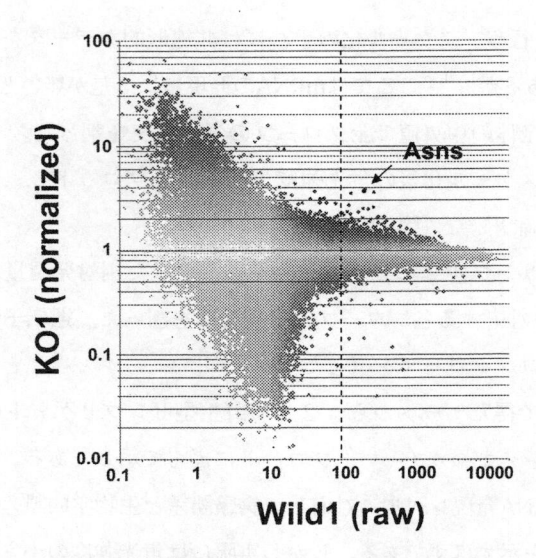

図3　野生型 vs *Phgdh* KO マウスの発現比較

(2) フィルタリングによる発現変動遺伝子の抽出

ノーマライゼーション後のスキャッチャードプロットをもとに，一定の蛍光強度以内に収まる低発現遺伝子をノイズとして除き，その後任意のパラメーターで発現変化していることが期待される遺伝子を抽出した。このフィルタリング操作は倍率変化，統計学的パラメーターなどを利用する。

⑤ 発現レベルが低く信頼度の低い遺伝子を排除するために最低でも野生型かKO胚のどちらかの条件で蛍光強度が100以上ある遺伝子を選択した。蛍光強度100でのカットオフ値設定は筆者らの経験的な判断による。通常，100以内での発現変化をリアルタイムPCR定量などの方法で確認することは困難な場合が多い。

⑥ 野生型に対し，*Phgdh* KO胚で1.6倍以上，または0.63倍以下で増減変化している遺伝子を抽出した。

⑦ 上記リストにはまだ測定値の振れの大きい信頼度の低いサンプルが含まれるため，発現に有意差があるかをt-testで統計学的に検討し，有意水準5%の検定で通過する遺伝子を選択した。標準偏差を基準に分散の大きな遺伝子を排除することもできる。GeneChipの場合は発現レベルから判断されたフラグ（P：present，M：marginal，A：absent）が付与されているので，その情報を基準にフィルタリングを行うことも可能である。

倍率変化から抽出された，発現差のあることが期待される遺伝子でも低発現レベルものは誤差を含んでいる。逆に発現レベルの高い遺伝子については，カットオフ値以下に含まれるために，表現型に関連する重要な遺伝子の発現変化を取りこぼしている可能性もある。そのため，発現レ

第1章　モデル動物

ベルの高い遺伝子については，よりゆるいカットオフ値を使い比較検討しておくことが望ましい。

　t-testによる統計学的検定に5%の有意水準を用いたが，真に重要な生物学的変化がどのレベルの有意水準によって抽出されるかを予測することは不可能である。また，マイクロアレイのように多重検定を行う場合には，有意水準の補正が必要とされる。筆者らの経験では，n＝3～4のレプリケート数ではBonferroniの補正をほとんどの遺伝子は通過せず，偽陰性を増やしてしまう。False discovery rate を統制する Benjamini and Hochberg 補正はより緩やかであるが，慣例的な有意水準を通過しない遺伝子でもリアルタイムPCRで発現差を確認できた例がある。その逆のケースも経験している。統計学的な検定を行う場合には，偽陽性の混入覚悟で検定を甘くするか，統計学的に偽陽性である可能性が著しく低いと判断された遺伝子だけを集めるのか，方針を決めなくてはならない。

(3)　マイクロアレイ解析から推測される表現型との関連

　上記操作によって *Phgdh* KOマウス頭部全体で1.6倍以上の発現増加，または0.63倍以下の発現低下を示し，t-testによる検定で統計学的有意差を持つと判断される41遺伝子が抽出された（図4）。これらの遺伝子をGene OntologyのMolecular Function（分子機能）によって分類するとcatalytic activityとbindingに属すものが多く（図5），代謝酵素，転写因子，細胞膜輸送体，翻訳制御因子など，事前には予想できなかったカテゴリーに属す遺伝子が多く含まれていた。一例としてアスパラギン合成酵素（*Asns*）をあげる。この酵素は動物細胞でロイシンなどの必須アミノ酸枯渇に応答して遺伝子発現が誘導されることが知られている。その誘導の生理的意義は不明であるが，アミノ酸枯渇応答のモデル遺伝子として枯渇応答に関わる転写因子や配列について解析が進んでいる[10]。*Asns* の *Phgdh* KO胚での発現はGeneChipで約3.6倍，BeadChipで3倍の増加が同定された。図3のプロットの段階で容易に *Asns* の発現増加が認められる（矢印）。*Asns* 遺伝子はセリンの枯渇にも応答して転写が活性化されており，必須アミノ酸枯渇による転写活性化に関わる分子カスケードが *Phgdh* KO胚でも発動していると推測された。

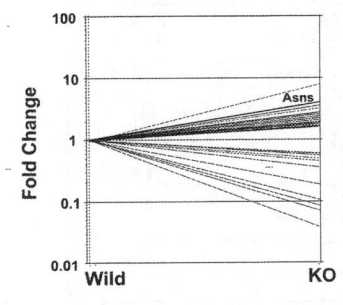

図4　*Phgdh* KOマウスで発現が変化した遺伝子の倍率変化分布

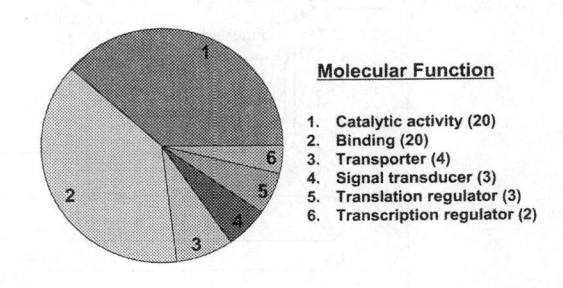

図5　*Phgdh* KOマウスで発現が変化した遺伝子のGene Ontologyによる分類

Molecular Function

1. Catalytic activity (20)
2. Binding (20)
3. Transporter (4)
4. Signal transducer (3)
5. Translation regulator (3)
6. Transcription regulator (2)

図2～5で紹介した例は野生型—KOマウス同一組織間の2比較による最もシンプルな解析である。一般に2比較では倍率変化による抽出から先の解析が乏しい。しかしリストに含まれる遺伝子の機能が既知であれば，それらの関連性をKyoto Encyclopedia of Genes and Genomes（KEGG：http://www.genome.jp/kegg/pathway.html）のPathwayデータベースによって代謝経路，遺伝情報発現に関わる高次複合体，細胞プロセスなどのカテゴリーで検討できる。KEGG pathwayを利用して*Phgdh* KO胚で発現が変化した遺伝子を各経路に当てはめると，テトラヒドロ葉酸に転移されたC1ユニット（one carbon unit）の代謝に関わる酵素の遺伝子発現が全体的に活性化されていることがわかった（図6 各ボックスが酵素を示し，KOマウスでの発現レベルに対応して右半分の色調が濃くなっている）。

動物細胞内でセリンは蛋白質合成に利用されるだけでなく，脂質や他のアミノ酸などの合成にも利用される（図7）。セリンはグリシンに変換される際，テトラヒドロ葉酸へ側鎖のβ-炭素を供与し，N^5, N^{10}-メチレンテトラヒドロ葉酸（5,10-MTHF）が合成される。このセリンから供与されたC1ユニットは，テトラヒドロ葉酸をキャリアーとしてヌクレオチド合成に必要なメチル基転移反応に用いられる。*Phgdh* KO胚でのC1ユニット代謝関連酵素の発現上昇は，テトラヒドロ葉酸C1ユニット誘導体レベルの低下を補う応答と考えられる。テトラヒドロ葉酸C1ユ

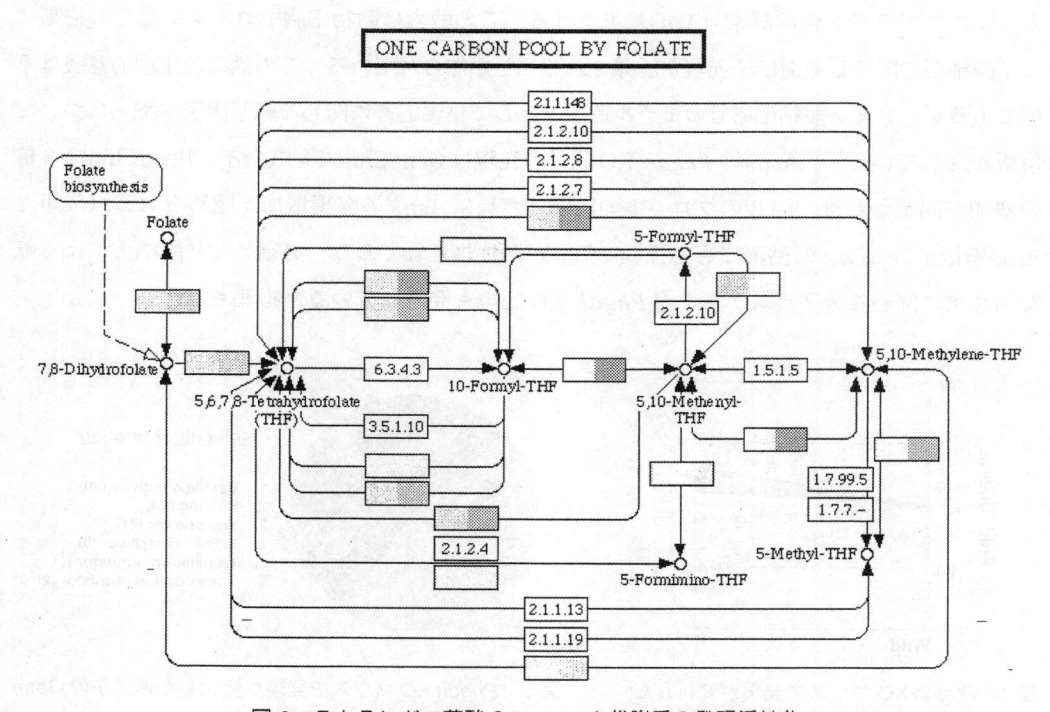

図6 テトラヒドロ葉酸C1ユニット代謝系の発現活性化

第1章　モデル動物

図7　セリンの代謝経路

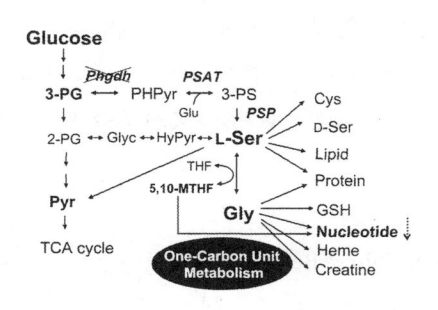

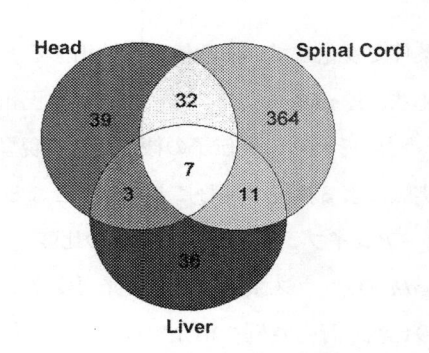

図8　Venn図による臓器間比較

ニット誘導体の不足によってヌクレオチドの合成量が低下すれば，その帰結として正常な細胞増殖が妨げられる。その様な事態が発達期神経系で起これば小頭症の主因となるだろう。実際にテトラヒドロ葉酸代謝に関わるメチレンテトラヒドロ葉酸還元酵素（*Mthfr*）のノックアウトマウスでは同誘導体組成の変動によって小頭症を伴った成長遅滞が起こり，正常発生が妨げられることが報告されている[11]。マイクロアレイ解析によって，このマウスではテトラヒドロ葉酸代謝を回復させようとする遺伝子発現誘導が観察されている[12]。代謝マップ上でセリンは多様な経路に利用され得ることが示されているが，*Phgdh* KO胚のマイクロアレイ解析によって，発達期神経系でのセリン枯渇が特にテトラヒドロ葉酸C1ユニット誘導体代謝及びそれに連なるヌクレオチド合成系に大きく影響を与えている可能性が浮上してきた（図7）。

　頭部は複数の組織を含むため，より細胞組成が単純な脊髄と肝臓についてもマイクロアレイ解析を行い，頭部の場合と同様の操作で発現が変化している遺伝子を比較した（図8）。その結果，臓器間で発現変化している遺伝子は大きく異なり，7遺伝子のみが共通に変化していることがわかった。これらの遺伝子には複数のテトラヒドロ葉酸C1ユニット誘導体代謝関連酵素が含まれ，セリンの枯渇に応答した臓器間で共通の転写制御機構の存在が推定される。現在筆者らはマイクロアレイ実験の結果を踏まえ，*Phgdh* KOマウス神経系に見られる神経系の低発達/形態形成不全などの表現型に密接に関連することが期待される遺伝子と生化学経路について解析を進めている[13]。

　遺伝子改変マウスのマイクロアレイ解析を報告する論文は年々増加している。それらの中には単純な2比較から多様な情報を引き出している例もある。高グリセリン血症に様々な進行性中枢神経症状を伴うヒトグリセロールキナーゼ欠損症のモデルとなるグリセロールキナーゼ（*Gyk*）KOマウスを用い，野生型とKO成獣の肝臓での2比較からパスウェイ解析，さらにNCA（ネットワークコンポーネント）解析を用いて転写因子の活性化レベルが推定されている[14]。

　実験条件が2以上の場合，倍率変化に分散分析（ANOVA）を組み合わせることによりいずれ

かの条件で変化している遺伝子を抽出する。その後，遺伝子発現挙動をもとに，階層型クラスター化法，K-meansクラスター化法，自己組織化マップなどの手法で複数のグループに分類できる[1,2,4]。それらの遺伝子の機能から表現型に関連した細胞内変化を支配する分子機構を推定し，実験による検証へ進むことが可能となる。

(4) アレイプラットフォーム間の比較

Phgdh KOマウス頭部の遺伝子発現変化についてGeneChipとBeadChipのプラットフォーム間での比較を行った例を紹介する。それぞれレプリケート数はn＝2で，同一のRNAサンプル1組を含む。抽出条件はP124の(2)フィルタリングによる発現変動遺伝子の抽出，同様の倍率変化とt-testによる検定で行った。それぞれの操作によって抽出される遺伝子数の変化を図9に示す。GeneChipはBeadChipに比べ，統計学的検定を通過する遺伝子数が少なかった。またGeneChipでは発現の低下した遺伝子の発現データの信頼度が低い傾向が認められた。

プラットフォーム間で抽出される遺伝子の相違が問題であるが，発現が上昇したものについては約1/3程度（10遺伝子）が共通であった（図9）。GeneChipでは発現上昇率の高い上位10遺伝子のうち7遺伝子が，BeadChipでも発現の上昇が確認されたものであった。逆にBeadChipでは上位10遺伝子内に両プラットフォームで共通に発現上昇したものは4遺伝子含まれていた。その一方で発現が低下している遺伝子に関しては1遺伝子のみが共通であり，プラットフォーム間での違いが大きいことが明らかとなった。

マイクロアレイプラットフォーム間での結果の違いについてはこれまで議論されてきており，オリゴヌクレオチドの長さ及び配列特異性の不完全さによるクロスハイブリダイゼーション，ハイブリダイゼーション条件の違いなどに起因する可能性が指摘されている[15]。現状では発現標準

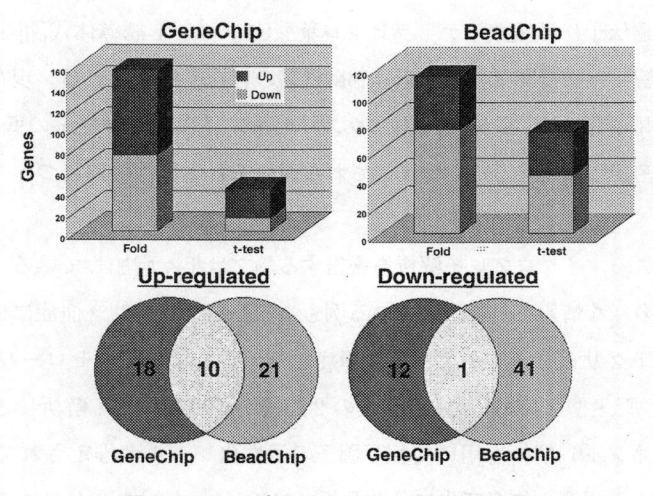

図9 アレイプラットフォーム間での比較

サンプルが存在しないため，プラットフォーム間でのデータの補正は難しく，DNAマイクロアレイの技術的な限界となっている[16]。

4.4 リアルタイムPCR定量による確認実験

マイクロアレイ解析によって示された遺伝子の発現変化は別の手法によって確認する必要がある．ノーザンブロット，リアルタイムPCR，またはRNaseプロテクションアッセイなどの手法があるが，現在最も一般的に行われているのはリアルタイムPCR定量だろう．リアルタイムPCR定量はSyber Green法とTaqManプローブ法に大別される．前者はdsDNAに結合する蛍光色素を用いるため，プライマーダイマーなど非特異的PCR産物が増幅されない条件でプライマーを設計し，使用する必要がある．後者は2種類の蛍光色素が結合したプライマーを用いて，ターゲット配列が増幅された場合にクエンチャー色素が外れて蛍光が検出される原理になっており，前者に比べより特異性が高いとされている．

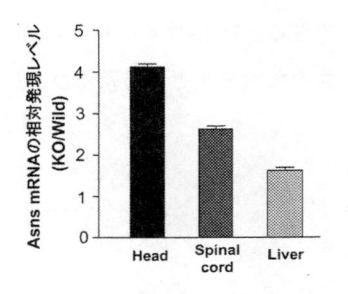

図10 Asns遺伝子発現のリアルタイムPCR定量

図10にSyber Green法で$Asns$ mRNAを$Phgdh$ KO胚頭部，脊髄，および肝臓で測定した結果を示す．実際の定量はグリセルアルデヒド-3リン酸脱水素酵素（$Gapdh$）を内部標準として用いた比較Ct法によって行った[17]．マイクロアレイでは$Gapdh$に関し，野生型と$Phgdh$ KO胚で有意な発現差は認められない．測定の結果，$Asns$遺伝子の4.0，2.6，1.6倍の発現増加がそれぞれの臓器で確認された．TaqManプローブでも頭部について同様の発現比較定量を行い，4.3倍の増加を検出した．マクロアレイでは頭部3.6（GeneChip）または3.0（BeadChip）倍，脊髄3.0倍（BeadChip），肝臓1.4倍（BeadChip）であり，Syber GreenおよびTaqManプローブ法のいずれにおいてもリアルタイムPCRでの定量値とよく一致していた．テトラヒドロ葉酸C1ユニット誘導体代謝関連酵素についてもSyber Green法でマイクロアレイ観測値にほぼ一致する発現増加を$Phgdh$ KO胚で確認できた．一般にマイクロアレイ解析で発現が増加していると判定された遺伝子ついては，リアルタイムPCR定量でも確認できる場合が多かった．

4.5 おわりに

現状では低発現レベルの遺伝子の測定やプラットフォーム間の結果の違いなど，依然として技術的な難点は残っているが，DNAマイクロアレイによってノーザンブロットなど旧来の手法では不可能であった数万に及ぶ遺伝子の発現が一斉に定量できるようになった．究極的には1遺伝子の機能変化に起因する遺伝子改変マウスの表現型を理解するために，マイクロアレイ解析から得られた遺伝子発現プロファイルを仮説に取込むことによって，研究の方向に指針を得ることが

できる。DNAマイクロアレイは複雑な遺伝子改変マウスの表現型の解明に向けた探索に極めて強力なツールとなるだろう。

文　献

1) I. S. Kohaneほか, 統合ゲノミクスのためのマイクロアレイ データアナリシス, 黒田有人訳, シュプリンガー・フェアラーク東京(2004)
2) S. Knudsen, わかる！ 使える！ DNAマイクロアレイデータ解析入門, 塩島聡ら訳, 羊土社(2002)
3) 勝木元也, ヒトはマウスのミュータント, マウス―DNA生物のゆりかご―ネオ生物学シリーズ8, 勝木元也編, 共立出版, p.60(1997)
4) J. S. Verducci *et al., Physiol. Genomics*, **25**, 335(2006)
5) S. Furuya *et al., Proc. Natl. Acad. Sci. USA*, **97**, 11528(2000)
6) 古屋茂樹, バイオサイエンスとインダストリー, **64**, p.27(2006)
7) K. Yoshida *et al., J. Biol. Chem.*, **279**, 3573(2004)
8) T. J. de Koning *et al., Biochem. J.*, **371**, 653 (2003)
9) Agilent Technologies, GeneSpring GX 7.3 トレーニング資料, ver1.1(2006)
10) F. Siu *et al., J. Biol. Chem.*, **277**, 24120(2004)
11) Z. Chen *et al., Hum. Mol. Genet.*, **10**, 422(2001)
12) Z. Chen *et al., Brain Res. Gene Expr. Patterns*, **1**, 89(2002)
13) 古屋茂樹ほか, 第28回日本分子生物学会年会, 2P-0984(2005)
14) N. K. MacLennan *et al., Hum. Mol. Genet.*, **15**, 405(2006)
15) P. K. Tan *et al., Nucleic Acids Res.*, **31**, 5676(2003)
16) E. S. Kawasaki, *J. Biomol. Tech.*, **17**, 200(2006)
17) Applied Biosystems, Guide to Performing Relative Quantitation of Gene Expression Using Real-Time Quantitative PCR(2004)

第2章 ヒト

1 マイクロアレイを用いた癌の遺伝子発現解析研究

下地　尚[*1], 野田哲生[*2]

1.1 はじめに

　マイクロアレイ技術の出現により，従来の解析方法では考えられなかった数千～数万もの遺伝子の発現情報やDNA情報を，少量の生体材料から一気に解析できるようになった。この技術が持つ網羅性を利用して，癌に代表される多因子性疾患の病態生理の詳細を，分子レベルでより広くかつ深く観察できるようになった。そして新たに得られた知見が，さまざまな多因子性疾患の「真の個性」の理解に役立つことが明らかになってきている。そこで今回は，マイクロアレイ技術の癌研究への応用に焦点を合わせ概説する。

1.2 マイクロアレイを用いた癌研究の意義

　癌に代表される多因子性疾患の克服が求められている。しかし多因子性疾患の遺伝学的背景には，多くの遺伝子が複雑に相互作用しあっていること，関与している遺伝子の発現の差異が相加的，あるいは相乗的に作用していることなどから，同じ疾患でも症状や臨床経過に相違がみられたり，治療に対する感受性などに差異が生じたりすると考えられている。このような複雑な分子レベルでの病態生理を理解するためには，まずは関与している遺伝子がいくつあり，どのような発現状態であるのか，また病状や病態生理に応じて遺伝子がどのような変化をしているのかといったことを詳細かつ正確に把握することが必要である。そしてそれらの知見を重ねていく中で，疾患の真の病態に沿った診断や亜分類を行うことができ，さらには治療に対する感受性の予測につながり，その結果として各々の癌の個性に応じた癌診療（診断，治療），いわゆるオーダーメノド医療の可能性が見えてくる。癌研究の分野においては，マイクロアレイから得られた情報が，既存の方法では難渋していた癌の生物学的特性をはじめ，さまざまな癌の「個性」を明らかにしつつある。マイクロアレイを用いたゲノムワイドな遺伝子発現研究は，多因子性疾患としての癌の詳細を解明するのに強力かつ有効な武器と思われる。

[*1] Takashi Shimoji　財団法人癌研究会　ゲノムセンター　チームリーダー
[*2] Tetsuo Noda　財団法人癌研究会　癌研究所　所長／ゲノムセンター長

1.3 癌の臨床転帰診断

これまで各種癌において，マイクロアレイを用いた遺伝子発現解析の報告がなされており，従来の診断方法では細分類が困難であったり，あるいは同一としてカテゴライズされていた癌種において，マイクロアレイを用いた遺伝子発現プロファイル解析を加味することにより，新たな疾患entityの発見ばかりでなく，臨床転帰の予測にも有用であることが明らかになってきている。

1.3.1 白血病の分類・リンパ腫の予後予測

Golubらは，急性白血病の分類にマイクロアレイを用いた遺伝子発現解析でも可能であったことを報告している。急性骨髄性白血病11例と急性リンパ性白血病27例のマイクロアレイを用いた解析から両者の鑑別に有用な遺伝子セットを同定し，同定された遺伝子セットを用いて34検体の検証解析を行い90％の精度で正しく鑑別できたことを報告した[1]（図1）。この報告は，マイクロアレイによる遺伝子発現解析で，従来の病理形態学的診断法と同等の診断能力があること，換言すれば病理学的差異を遺伝子発現の差異として捉え解析可能であることを示した論文である。

Rosenwaldらは，びまん性巨細胞性B細胞性リンパ腫のマイクロアレイを用いた遺伝子発現解析から，びまん性巨細胞性B細胞性リンパ腫が亜分類され得ること，また亜分類された亜型の予後が不良であることを報告した[2]（図2,3）。

この報告は，マイクロアレイによる遺伝子発現解析は，従来の病理形態学的診断法と同等の診断能力があること，換言すれば病理学的差異を遺伝子発現の差異として捉え解析可能であること

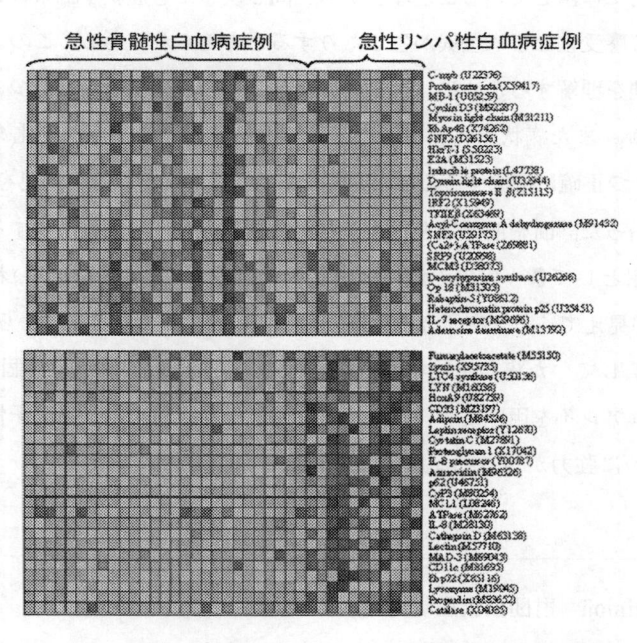

図1　遺伝子発現プロファイルによる急性白血病の分類　　（Golub論文引用）

第2章 ヒト

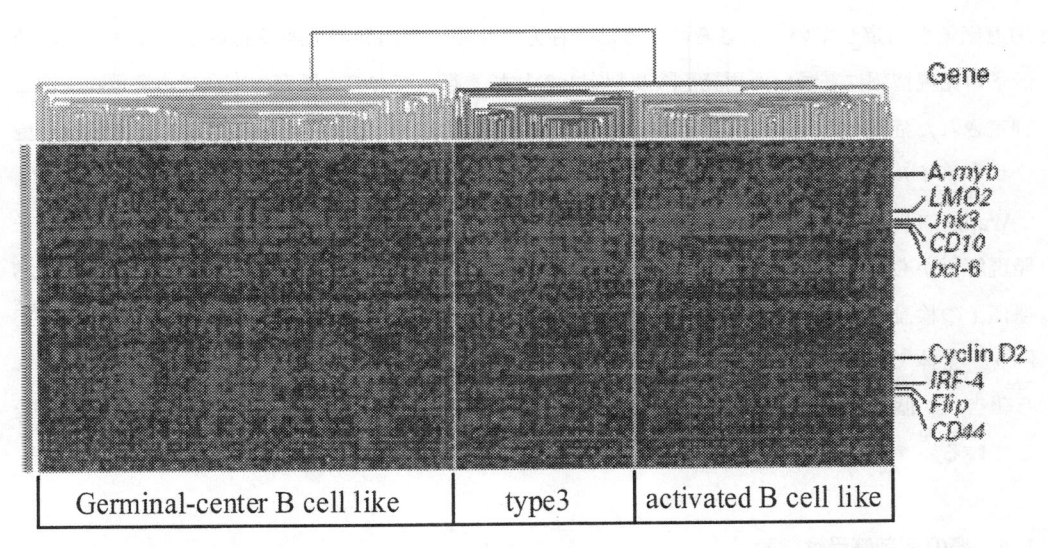

図2 びまん性巨細胞性B細胞性リンパ腫の遺伝子発現プロファイルにより明かとなった亜型
（Rpsenwald論文引用）

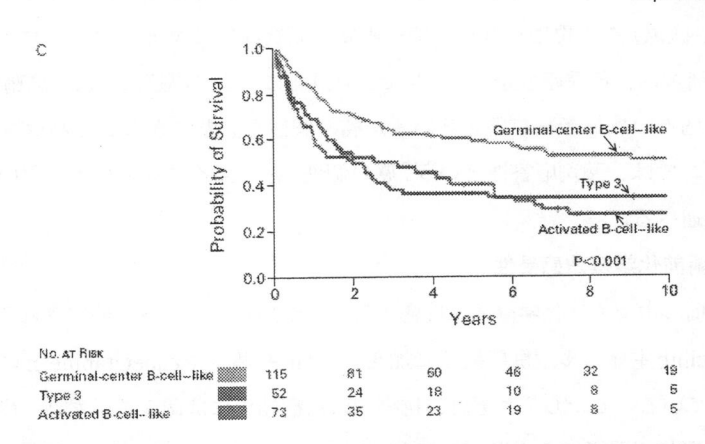

図3 びまん性巨細胞性B細胞性リンパ腫の遺伝子発現プロファイルにより明かとなった亜型の予後
（Rpsenwald論文引用）

を示し，かつ従来の病理形態学的診断方法では，予後などの臨床転帰に応じた亜分類できないのに対して，マイクロアレイによる遺伝子発現プロファイル解析が，臨床転帰に応じて疾患を亜分類し得ることを報告した論文である。

1.3.2 癌の再発予測

van't Veerらは，乳癌のマイクロアレイを用いた遺伝子発現解析により再発予測に有用な遺伝子を同定したと報告している。彼らは，乳癌手術後5年間再発がない症例のグループと再発を生じた症例のグループを用いてマイクロアレイによる遺伝子発現解析を行い，再発の予測に有用な

70遺伝子を同定している。さらに彼らは既存方法を用いた再発の危険度判定と，同定した70遺伝子の発現情報に基づいた再発危険度判定との比較も行っており，既存の方法で再発危険症例と判定された症例中70%の症例が偽陽性（実際は再発がない）であったのに対して，遺伝子発現プロファイルにより再発危険症例と判定された症例中偽陽性は27%であったと報告している[3]。

Wangらは，マイクロアレイを用いた大腸癌74例の臨床検体のマイクロアレイを用いた遺伝子発現解析から，再発の予測に有用な23遺伝子を同定したと報告している。彼らは，同定した23遺伝子の検証解析を36症例で行っており，再発した18例中13例を，また再発がない18例中15例を，全体で36例中28例の大腸がんの再発の予測を正確に判定できたと報告している[4]。これら報告は，個々の癌の生物学的悪性度を遺伝子発現の変化として捉えることができることを示唆している。

1.4 癌の薬剤感受性診断

薬剤感受性の研究は，個々の薬剤の治療効果を最大限に発揮させるだけでなく，個別化医療（オーダーメイド医療）を実現させるうえでも重要な研究課題である。マイクロアレイを用いた遺伝子発現解析研究は，各種癌を分子レベルでより詳細に，より高速に，より高精度に解析でき，前述したように個々の癌の予後や再発といった癌の個性を診断できることが示唆されている。

このセクションでは，薬剤応答性という「癌の個性」を，マイクロアレイを用いて解析した各種知見について述べる。

1.4.1 乳癌の術前化学療法感受性

乳癌は固形腫瘍の中でも，化学療法に反応することが知られている。使用される薬剤は，従来からのanthracycline主体の多剤併用療法に加え，taxan系薬剤やcapecitabineといった新規の抗癌剤が開発されている。しかしそれぞれの抗癌剤の治療効果には個人差があり，患者一人一人に最も効果的な治療薬剤を選択する指標が現在の所ない。

Changらの乳癌に対するdocetaxelの感受性研究を紹介する。dcetaxelを4 cycle，100mg/m^2，daily for 3 weeksというプロトコールで治療を行った乳癌患者の薬剤投与前の生検材料を用いてマイクロアレイ解析を行い，治療効果予測に有用な遺伝子として92個を同定したと報告している。またこの92個の遺伝子を用いて，交差検証解析を行った所，88%の精度でその効果を予測することが可能であったとも報告している[5]。

またAyersらは，doxorubicin，cyclophosphamide，5-FU併用に続くpaclitaxel投与のレジメンで乳癌治療を行った24症例のマイクロアレイ解析から，74個の遺伝子が感受性症例と非感受性症例間で発現の差がある遺伝子として同定され，独立した検証症例18例の効果を予測したところ，78%の精度で効果判定できたと報告している[6]。

第2章 ヒト

われわれも，乳癌に対する各種抗癌剤の感受性予測についてマイクロアレイを用いた解析を行っており，これまでにパクリタキセル，ドセタキセル，エピルビシンといった乳がんに対する主要抗癌剤の感受性に寄与する遺伝子群を同定している．今後，検証のための臨床試験でその有用性が証明されれば，最適な治療薬の選択が可能となるいわゆるオーダーメイド薬物療法の実現に貢献できると考えている．

1.4.2 食道癌の化学療法感受性

食道癌も乳癌同様に化学療法によく反応する腫瘍のひとつである．また放射線療法への感受性も高いことが知られている．治療法としては，5-FU, cisplatin投与を中心とした化学療法が行われるが，早期病変の場合は放射線療法との同時併用による放射線化学療法により完治するケースも多く認められることから，手術に匹敵する治療法として理解されており，食道癌の重要な治療選択肢のひとつとして認知されている．しかし治療応答性は症例ごとに異なっており，無効であった場合は癌が進行し，その後の治療法が限られる場合も生じてくる．また手術単独あるいは化学療法単独，放射線療法単独では治療効果に限界があり，現在治療法選択のための指標を模索しているのが現状である．

Kiharaらは，食道癌において5-FU, cisplatinを併用投与した症例の遺伝子発現プロファイルを報告している．TMN分類でstage Ⅲ以上，ほぼ全例で治癒的切除が行われている食道癌患者20症例の癌組織を用いて，術後30ヶ月以上生存している症例（化学療法有効群）と術後12ヶ月以内で死亡した症例（化学療法無効群）との間で発現量の異なっている52遺伝子を同定し，これら遺伝子の発現情報が5-FU, cisplatin併用化学療法の感受性予測に有用であることを報告している[7]．

われわれも，食道癌における放射線と化学療法併用療法の感受性予測についてマイクロアレイを用いた遺伝子発現解析を行い，感受性の予測に寄与する遺伝子の同定に成功している．今後こういった解析を通じ，患者一人一人の「がんの個性」を決定し，化学療法，放射線療法への感受性診断方法を確立し，手術療法も組み合わせた効果的かつQOLの向上に優る集学的治療の確立に貢献したいと考えている．

1.4.3 慢性骨髄性白血病におけるグリベック感受性

慢性骨髄性白血病は，疾患特異的相互転座によるフィラデルフィア染色体が発生し，その結果BCR-ABL融合遺伝子が形成される．この融合遺伝子がチロシンキナーゼを恒常的に活性化していることが発病の原因と考えられている．グリベックはBCR-ABLチロシンキナーゼのATP結合部位にATPと競合的に結合して，チロシンキナーゼ活性を選択的に阻害し抗腫瘍効果を発揮する化合物として開発された経緯がある．インターフェロン不応性の慢性骨髄性白血病患者に対する臨床試験では，major cytogenetic responseが60％，complete cytogenetic responseが41％と

優れた治療成績を残している[8,9]。

　グリベックは，慢性骨髄性白血病細胞の発症や増殖の機序を分子レベルで解明し，その原因分子をターゲットとした新しいタイプの治療薬である。しかし，この原因となる分子の働きを阻害する「分子標的治療薬」といえど投与効果の認められない患者も少なからずみられる。

　Kanedaらは，マイクロアレイを用いた慢性骨髄性白血病におけるグリベックの感受性研究を報告している。グリベック投与によりフィラデルフィア染色体細胞の割合が35％未満の症例を感受性群，フィラデルフィア染色体細胞が不変または増加した症例を無効群として，両群間で発現に差がある遺伝子を79個同定した。さらに同定した79個を解析し，その中から15遺伝子を用いたグリベック感受性予測システムの構築に成功している[10]。この様なシステムを用いて，あらかじめ投与前に感受性を予測できれば，慢性骨髄性白血病を対象として開発された画期的な分子標的薬の効果を最大限に発揮させることが可能となる。また無効な症例への投与を回避することができ，患者にとって最適な治療法の選択が可能となることが期待される。

1.5　臨床サンプルを扱う際の問題点

　臨床サンプルを用いてマイクロアレイによる遺伝子発現解析を行う際に以下にのべる3つの問題点をあげる。一つ目の問題点はRNAの質の問題である。RNAを用いるすべての実験系でいえることでもあるが，特にマイクロアレイを用いた実験の場合は，質の良いRNAを研究に用いることを薦める。変性したRNAを研究に用いた場合，蛍光色素のラベル効率が悪くなり正確な発現情報を反映しない結果となり実験の再現性も取れない。臨床検体の場合，RNAの質に影響を及ぼす因子(サンプリングまでの時間，その後の検体の取り扱いなど)が症例ごとに不規則かつ不確定的である。検体採取から急速冷凍保存にいたる一連の作業の迅速化を研究サイドのみならずサンプルを供給する臨床サイドとともに徹底することが重要である。またRNAの質を定量的に評価する必要がある。

　従来リボゾームRNAの比を観察することによってRNAの質を代表していたが，我々はより細密にRNAの質を代表できるRNA Integrity Number (RIN)を用いて評価している[11]。これはRNAの電気泳動分画を8つに分け評価し，RIN値をRNAの質が最も悪い評価点の1から良好な10までにRNAの質をグレーディングする方法である。どの数値をもって質の許容範囲とするかは定めてはないが，我々は6～7以上の値をもってマイクロアレイ実験の適応としている。

　2番目の問題点としては，実験に用いる検体の処理である。遺伝子発現を観察するために，まずは臨床検体からRNAを抽出しなければならない。一般的に行われている方法は，生検組織あるいは手術材料をwhole tissueでホモジェナイゼーションし，RNAを抽出することが多い。しかし生検組織や手術材料といった臨床検体には，目的とする癌細胞以外にも間質細胞，炎症細胞な

どさまざまな細胞が不規則に含まれている。その結果，whole tissueから抽出したRNAを用いた遺伝子発現情報には，癌細胞の遺伝子発現に加え，間質細胞や炎症細胞といった癌細胞以外の細胞の遺伝子発現情報が症例ごとに不規則に加わる。そのため癌細胞に特異的な遺伝子発現情報を正確に観察することはできない。

　我々は，間質細胞のコンタミネーションを避け，癌細胞特異的な遺伝子発現を正確に測定するために，マイクロダイセクション法を用いて癌細胞のみを選択的に採取しRNAを抽出して実験を行っている（図4）。マイクロダイセクション法は，染色した組織凍結切片に特殊なフィルムを貼り付け，顕微鏡下で癌細胞を目視し，目的とする癌細胞周辺を，レーザーを照射して焼きとりチューブに回収する手法である。欲しい部位を選択的に採取し回収できるため，癌細胞部分と間質部分とを別々に回収することも可能である。

　3番目の問題点は，RNAの量の問題である。マイクロダイセクション法を用いて採取した癌組織から抽出できるRNA量は，ng単位と非常に微量である。生検組織はもとより，手術材料にしてもマイクロアレイを用いた遺伝子発現解析のために得られる検体量には，限りがある。我々はこういった臨床検体の有限性の問題点を解決するために，T7RNAポリメラーゼを用いたRNA増幅法を利用して必要量のRNAを確保している。この方法は，まず抽出したRNAをT7プロモーター配列を付加したオリゴdTプライマーを用いての第1鎖cDNAを合成する。その後T7プロモーター配列を含む2本鎖cDNAを合成し，それをテンプレートとしてT7ポリメラーゼを使い

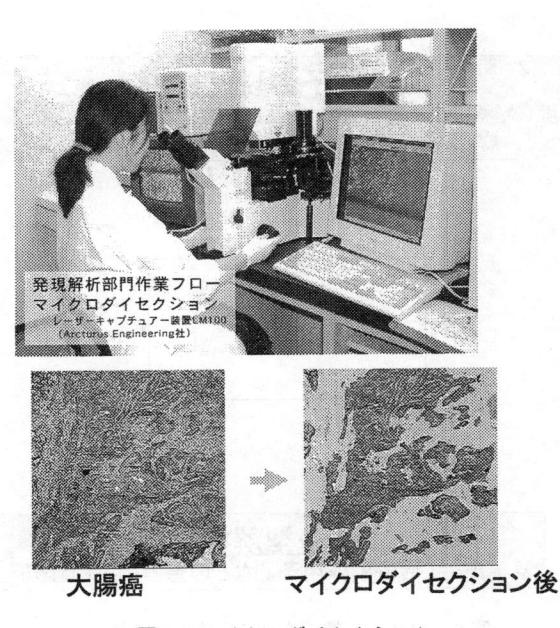

図4　マイクロダイセクション

転写反応を行い，RNAに転写，増幅する方法である．この方法は，スタート時のRNAを約100倍程度に増幅でき，かつ元の遺伝子の比率を保ったまま合成できる手法である．我々は，抽出したRNA量が極めて少量の場合，この反応を2回繰り返し，RNAを増幅合成しマイクロアレイ実験に使用する場合もある．

1.6 ゲノム情報を用いた癌治療体系の確立に向けて

これまで述べてきたようにマイクロアレイ技術による網羅的遺伝子発現解析から癌の予後といった臨床学的転帰に応じて亜分類できる可能性や「がんの個性」を見極めることにより抗癌剤を始めとする各種治療応答性を予測できる可能性が示唆されている．

一方でまたマイクロアレイ技術は，遺伝子発現解析のみならず，ゲノムワイドなSNP解析やDNAの増幅やLoss of hetrozygosity (LOH) の解析にも応用でき，そこから得られたデータを解析することによって患者個人の体質を遺伝学的に診断し，疾患易罹患性，治療副作用出現性といった「個体の個性」を診断することが期待されている．「がんの個性」の診断から各種治療の感受性を見極めることや，「個体の個性」の診断から各種薬剤の副作用出現頻度を見極めることは，最大の治療効果が得られる治療プロトコールの確立につながると考えている．

さらに，ゲノム情報を基に新薬の開発など新たな癌治療薬の開発もゲノム科学の大きな目的の一つである．マイクロアレイによる遺伝子発現プロファイルから，癌特異的に発現する遺伝子を同定し，その分子をターゲットにした薬剤の開発など，前述したグリベックを代表する分子標的

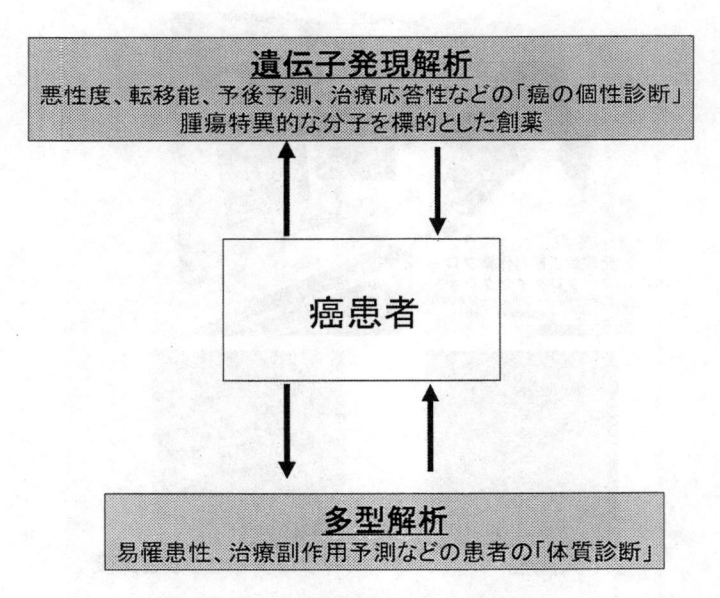

```
┌─────────────────────────────────────────────┐
│          遺伝子発現解析                      │
│ 悪性度、転移能、予後予測、治療応答性などの   │
│         「癌の個性診断」                     │
│    腫瘍特異的な分子を標的とした創薬          │
└─────────────────────────────────────────────┘
              ↕
         ┌─────────┐
         │ 癌患者  │
         └─────────┘
              ↕
┌─────────────────────────────────────────────┐
│            多型解析                          │
│ 易罹患性、治療副作用予測などの患者の         │
│         「体質診断」                         │
└─────────────────────────────────────────────┘
```

図5　癌ゲノム情報を用いた癌の治療体系

薬の開発につながる可能性がある。またターゲットとなる分子の細胞内局在や機能性に応じて癌特異的抗体や癌ワクチンの開発にもつながる可能性がある。さらにターゲットとなる分子やその代謝に関わる多型情報を組み合わせることによって，より副作用出現頻度が少なく治療効果が高い夢のような治療薬の開発が期待できる（図5）。

1.7 おわりに

ヒトゲノム全塩基配列の決定とその後のポストゲノム研究により，癌を筆頭に多くの疾患の分子レベルでの解明が急速に進んでいる。またマイクロアレイ技術を初めとする大量，高速，高精度の解析技術の出現により，これまでの古典的なresearch genomicsからより臨床への還元性が高いclinical genomicsの研究成果が数多く出されており，オーダーメイド医療の実現に向けての芽が出始めている。近い将来，こういった分子レベルでの癌の生物学的特性を把握することによって，「がんの個性」，「個体の個性」の診断法の確立や各種治療薬の開発を期待したい。

文　　献

1) Golub, T. R. *et. al.*, Molecular classification of cancer : class discovery and class prediction by gene expression monitoring. *Science*, **286**：531-537, 1999
2) Rosenwald, A. *et. al.*, The use of molecular profiling to predict survival after chemotherapy for diffuse large-B-cell lymphoma. *The New Eng, J. Med.*, **346**：1937-1947, 2002
3) Laura, J. van't Veer, *et. al.*, Gene expression profiling predicts clinical outcome of breast cancer. *Nature*, **415**：530-536, 2002
4) Yixin, W. *et. al.*, Gene expression profiles and molecular markers to predict recurrence of Duke's B colon cancer. *J. Clin. Oncol.*, **22**：1564-1571, 2004
5) Chang JC, Wooten EC, Tsimelzon A, *et. al.*, Gene expression profiling for the prediction of therapeutic response to docetaxel in patients with breast cancer. *Lancet*, **362**：362-369, 2003
6) Ayers M,, *et. al.*, Gene expression profiles predict complete pathologic response to neoadjuvant paclitaxel and fluorouracil, doxorubicin, and cyclophosphamide chemotherapy in breast cancer. *J. Clin. Oncol.*, **22**：2284-2293, 2004
7) Kihara C, *et. al.*, Prediction of sensitivity of esophageal tumors to adjuvant chemotherapy by cDNA microarray analysis of gene expression profiles. *Cancer Res.*, **61**：6474-6479, 2001
8) Druker BJ, *et. al.*, Efficacy and safety of a specific inhibitor of the BCR-ABL tyrosine

kinase in chronic myeloid leukemia. *N. Engl. J. Med.*, **344** : 1031-1037, 2001
9) Druker BJ, *et. al.*, Activity of a specific inhibitor of the BCR-ABL tyrosine kinase in the blast crisis of chronic myeloid leukemia and acute lymphoblastic leukemia with Philadelphia chromosome. *N. Engl. J. Med.*, **344** : 1038-1042, 2001
10) Kaneda Y, *et. al.*, Prediction of sensitivity to STI571 among chronic myeloid leukemia patients by genome-wide cDNA microarray analysis. *Jpn. J. Cancer. Res.*, **93** : 849-856, 2002
11) http://www.gene-quantification.de/RIN.pdf

2 喘息等アレルギー疾患

斎藤博久*

2.1 DNAチップ技術の進歩

　米国政府は半世紀前のワトソンとクリックの発見を記念して，2006年4月25日をDNAの日として記念することにした。ワトソンとクリックによりゲノムの実態としてのDNAの構造が明らかにされて以来，約50年でヒトゲノムのDNA配列が完全に解読されている[1]。ゲノムDNAは全ての遺伝情報がわずか4種類の塩基の組み合わせで伝えられていることが判明して以来，多くの発見が行われた。その中でも最も重要なものの一つは，Edwin Southernによる相補的な塩基の非常に特異性の高い結合（ハイブリダイゼーション）を利用した遺伝子発現の定量法の確立である[2]。このハイブリダイゼーションを基にした技術はその後急速に発展し，20世紀末にDNAチップ（マイクロアレイ）として結実した。DNAチップ技術は今やトランスクリプトーム（細胞に存在する全てのmRNA分子）の情報を同定する目的以外にも，ヒトゲノム全体の一塩基多型（single nucleotide polymorphism；SNP）に関するハプロタイプ情報[3]に基づいた網羅的な遺伝的多様性の同定のためなど様々な目的にもちいられている。

　アレルギー疾患や炎症性疾患に関する網羅的な遺伝子発現すなわちトランスクリプトーム解析について，すでに多くの優れた総説がある[4~7]。ここでは，ヒトのアレルギー疾患炎症性疾患病態解析に関するDNAチップの応用研究成果を紹介し，特にその問題点と解決方法についての考察を述べ，今後の研究動向に対する展望を述べる。

2.2 アレルギー疾患病態解析に関するDNAチップ技術応用の限界

2.2.1 アレルギー疾患における炎症の特徴

　1998年に登場したDNAチップは，すぐにアレルギー疾患など様々な分野において応用され患者試料等をもちいた臨床研究が開始された。

　喘息などのアレルギー疾患は2型ヘルパーT細胞（Th2細胞）が優位の免疫システムを有し，その結果ダニやスギなどの普遍的に存在するアレルゲンに対し特異的IgE抗体を産生しやすい個体においてしばしば発症する。アレルギー性炎症とは標的臓器，つまり喘息の場合は気管支においてTh2細胞，好酸球，好塩基球，マスト細胞の選択的な集積によって特徴づけられる。そしてこの炎症反応によって臓器は過敏性を獲得し，疾患として発症あるいは重症化する。以上の炎症細胞のうち，Th2細胞はアレルギー疾患の基本的な体質を決定する。また，マスト細胞と好塩基球は高親和性IgE受容体（FcεRI）を介して，アレルゲンに反応して顆粒を放出し様々なメディ

---

*　Hirohisa Saito　国立成育医療センター研究所　免疫アレルギー研究部　部長

エーターを遊離，即時型アレルギー反応をひきおこす。そして，組織を障害することにより臓器過敏性が獲得され疾患の増悪を来たし，ひいては，その組織の不可逆的な病的再構築（リモデリング）を誘導する[8,9]。なお，好酸球の役割については未だ議論が分かれるが，少なくとも喘息の気道リモデリングに関しては重要な役割を演じていることはあきらかである。

喘息などのアレルギー疾患，炎症性疾患の分子生物学的検討を行う際に重要なことは，組織において発現が増加している分子が，実際に遺伝子発現が増加しているのか，あるいは遺伝子発現とは関係なく，組織に集積した炎症細胞が増えるにつれ増加しているように見えるだけなのかをあきらかにすることである。しかしながら，以前に総説[7]で述べたように，初期のトランスクリプトーム研究においては，そのことを考慮せずに行われたものが多かった。以上の問題は以下の2つに分類できる。つまり，1つは炎症組織における好酸球などの炎症細胞の数の増加の影響である。そして，もう1つは，末梢血などを精製した細胞分画への少数の異種細胞の混入による実験結果解釈への影響である。具体的には後で述べるが，例えば，末梢血由来のリンパ球分画に好塩基球が混入していて，その好塩基球が特有の分子を非常に強く発現している場合にリンパ球に存在する新規分子の発見と誤って認識される危険性である。このことは，どのような研究でもおこりうることであるが，DNAチップ研究において特に多く遭遇する可能性がある。

2.2.2 炎症組織における炎症細胞の数の増加

アレルギー疾患はTh2細胞優位のアレルギー体質をもとに発症するが，全てのアレルギー体質の保持者が発症するわけでなく，臓器特異的な病態が加わり疾患として発症する。したがって，より正確な病態把握のためには，患者末梢血由来の試料ではなく炎症組織由来の試料がより好ましい。しかし，炎症組織全体の遺伝子発現量の変動には，組織固有の細胞の遺伝子発現量の変動，集積した炎症細胞の遺伝子発現量の変動，および集積した炎症細胞数の増加によるその細胞に恒常的に発現している遺伝子発現量の見かけ上の増加の3つの異なる要素が存在し，その総和を解析していることになる[7]。われわれの行った初期のトランスクリプトーム研究においてはこのようなことを考慮せず解析し，研究を進めるうちに集積した炎症細胞数の増加による遺伝子発現量の見かけ上の増加を見ていることが判明しプロジェクトを中断したことがあった（もちろん未発表データである）。したがって，アレルギー疾患患者由来試料，特に組織由来試料をもちいたトランスクリプトーム研究では，出来うる限り細胞を純化することが好ましい。しかし，細胞を純化するのは時間を要することが多く，時間をかけることにより不安定なRNAが変性してしまう可能性も考慮しなくてはならない。

2.2.3 標的細胞分画における少量の異種細胞の混入

末梢血は最も入手が容易であり，かつ情報量も豊富な組織である。したがって，トランスクリプトーム研究のみならず全ての臨床研究において末梢血由来の白血球分画は最も多く使用されて

いる。末梢血の白血球は比重遠沈法により，低比重の単核細胞分画（主としてリンパ球と単球）と高比重の顆粒球分画（主として好中球と好酸球）に分画されることが多い[10]。単核細胞分画は抗原刺激によるサイトカインや免疫グロブリンの産生など免疫反応をおこすための必要最小限の種類の細胞が含まれている。しかしながら，この分画には好塩基球も1-2％含まれている。アレルギー患者由来の好塩基球数は単核細胞分画の5％まで増加することがある。しかしアレルギー患者由来好塩基球が非アレルギー正常対照者由来の好塩基球と決定的に異なることはその表面に多くのアレルゲン特異的IgE抗体を結合していることである。そのことにより，アレルギー患者由来単核細胞分画をアレルゲンで刺激すると好塩基球が反応し，大量のインターロイキン(IL)-4などのサイトカインを放出する。正常対照者にとってもアレルゲンは異物であるので単核細胞分画は反応してサイトカインを放出するが，そのサイトカインはアレルゲンに含まれるエンドトキシンに反応して単球から放出されたものであることもしばしばある。したがって，アレルギー患者由来，正常対照者由来の単核細胞分画をアレルゲンで刺激してトランスクリプトーム解析を行うとその遺伝子発現プロフィールは大きく異なることになる。しかし，大きく発現が異なる遺伝子の多くは，アレルギー患者においてアレルゲン特異的IgE抗体を結合した好塩基球が発現している場合や正常対照由来の単球などの細胞が発現している場合が多い[11]。CD4陽性のヘルパーT細胞つまりTh細胞を磁気粒子結合抗体等で純化した場合においても，ときに好塩基球が0.1-0.01％混入する。これも研究部内の未発表データであるが，われわれの初期のトランスクリプトーム研究において，アレルギー疾患患者由来Th2細胞における*FCER1A*（FcεRIα）の発現増加が認められたことがあった。もし本当に，FcεRIαの発現が増加していて，Th2細胞特有の機能に影響していることが確認できれば世紀の発見であるが残念ながらそうではなかった。同様に，DNAチップ解析によりマスト細胞がIgAを発現しているようにみえたトランスクリプトーム解析結果も存在したが，詳細な検討の結果，極少量のB細胞が解析にもちいたマスト細胞の試料の中に混入していることが判明し，論文発表を中止したこともあった（未発表データ）。

2.2.4 DNAチップの検出限界

標的細胞分画における少量の異種細胞分画の混入はどのような研究でもおこりうることであるが，DNAチップ研究において，よりしばしば問題になる。これは網羅的な発現量の定量を目的として開発されたDNAチップの発現遺伝子の検出限界濃度，ダイナミックレンジはあまり大きくないことが問題となっている。例えば，優れた再現性のため全世界で圧倒的なシェアを占めているDNAチップ，Affymetrix社のGeneChip®でさえ，実際，直線的な相関関係の得られる範囲は10^2を若干超える程度である[12]。B細胞の遺伝子発現を定量的なPCRで測定すると免疫グロブリン遺伝子の発現量は，βアクチンなどのハウスキーピング遺伝子発現量に匹敵する。もし0.1％のB細胞がマスト細胞分画に混入すると，免疫グロブリン遺伝子はβアクチンの0.1％以下で

あり，無視される。ところがDNAチップをもちいると，βアクチンの1％以上のコピー数は飽和濃度を超えているので，結果として，マスト細胞分画にはβアクチンの10％もの量の免疫グロブリン遺伝子が存在すると誤った結果が得られてしまうことになる。

2.3 アレルギー疾患病態解析に関する方法 DNAチップ技術応用

DNAチップ技術をスクリーニング方法として応用し，臨床試料，ヒト検体を使用してアレルギー疾患病態解析を行うときの問題点について述べてきた。ここでは，その解決方法の実例について述べる（表1）。

2.3.1 動物モデルの使用

患者由来試料を使うかわりに一次スクリーニングとして動物モデルを使用してDNAチップによる新規病態関連マーカーや治療標的分子の絞り込みを行うこともできる。そして，これらのマーカーや分子がヒト疾患病態で発現していることを確認することも可能である。実際，少なくとも論文的に成功したDNAチップを応用した研究の多くは，個人差の大きい臨床試料ではなく，純系マウスを使用して実験している。例えば，マウス喘息モデルを使用し抗原負荷後の肺組織において，アルギナーゼⅠ，Ⅱなどの酵素遺伝子の発現が著しく上昇した実験などがあげられる[13]。そして，実際の喘息患者生検試料においてもこの分子の発現が増加していることを確認している。この研究では，予備実験の段階で非常に注意深くDNAチップデータの再現性が検討されていることにも注意する必要がある。DNAチップのための試料を採取する時間が昼になったり夜になったりすると一連の遺伝子群が大きく変動するので，そのような条件にも配慮が必要となる。ただし，純系マウスを使用すると，そのマウスの喘息様病態が，他のマウスでは当てはまらない可能性は残る。ヒトの喘息関連遺伝子探索においていくつかの候補遺伝子が同定されていることは周知のとおりであるが，喘息とはこれらの変異遺伝子によっていくつかの異なる疾患として認識されうる症候群である可能性もある。

純系マウスをもちいたとしてもDNAチップを応用した場合，通常，数百の遺伝子が病態関連

表1 アレルギー疾患病態解析に関する方法―DNAチップ技術応用

A．動物モデルの使用
 1．一次スクリーニングとしての動物モデル[13]
 2．遺伝子改変動物の使用[14]
B．高度に精製したヒト細胞の使用
 1．一次スクリーニングとしての培養細胞や細胞株の使用[16～18]
 2．高度に精製した末梢血細胞の使用[20]
 3．組織の一定分画の採取[21, 22]
C．細胞種特異的遺伝子発現データベースの利用[23]

候補として同定される。この中から疾患に関連した遺伝子を選び出すのは，その疾患に対する深い理解が必要となることが多い。しかし，遺伝子改変動物を使用すると目的とする遺伝子を効率的に選択できることがある。

IgE抗体を介したFcεRIの架橋によりマスト細胞や好塩基球は活性化されるが，それはFcεRIと会合するチロシンキナーゼであるSykやFynなどの影響であると考えられている。その1つLynは抑制的に作用し，特にサイトカイン産生を著しく抑制する[14]。また，Lyn遺伝子を欠損させた動物では，アレルギー反応が強く誘導される[15]。Hernandez-Hansenら[14]はDNAチップ技術を応用し，Lyn欠損マウス由来培養マスト細胞の遺伝子発現を対照マウス由来培養マスト細胞と比較して検討した。その結果，IL-13などの多くのTh2サイトカインの発現がLyn欠損マウスの細胞で著しく上昇していることを確認した。さらに，抑制性シグナル伝達分子であることが知られているFcγRIIBの遺伝子が著しく減少していることを偶然見いだした。つまり，LynはFcγRIIBの調整を介してFcεRIのシグナルを抑制している新たな経路が発見された。

2.3.2　高度に精製したヒト細胞の使用

培養細胞や精製したヒト細胞を使用したアレルギー疾患病態に関するDNAチップ研究も多く行われている。Yuyamaら[16]はIL-4とIL-13によりヒト気道上皮細胞を刺激した際のトランスクリプトームを解析し，その結果squamous cell carcinoma antigen-1（SCCA1）やSCCA2を同定している。これらの分子はシステインおよびセリンプロテアーゼの阻害作用をもっているので，酵素作用をもつダニアレルゲンやマスト細胞顆粒蛋白質酵素による気道障害を抑制する方向に作用していると想定される。

Wangら[17]およびOkumuraら[18]は，ほぼ同時にDNAチップ技術を応用し，ヒト培養マスト細胞を試験管内で活性化させたときに上昇するサイトカイン遺伝子の中で，ステロイド薬前処理によって抑制されないものとしてアンフィレギュリンを同定している。アンフィレギュリンは気道平滑筋や線維芽細胞などの増殖因子作用を有するepidermal growth factor上皮成長因子の受容体を共有するので，ほぼ同等な作用，つまり気道のリモデリング促進作用を有すると想定されている。実際，アンフィレギュリンは喘息患者由来の試料をもちいた結果，蛋白質としてもアレルギー性喘息患者のマスト細胞に特異的に強く発現し，杯細胞過形成[19]，粘膜上皮細胞基底層の繊維化[18]などのステロイド薬抵抗性の気道リモデリング病態と強く相関していることが確認された。

われわれが以前にアレルギー患者由来試料をもちいて行ったDNAチップ応用研究[19]において，最も成功したのは末梢血単核細胞分画をさらにCD4陽性細胞[20]やCD14陽性細胞に精製した場合であった。アトピー性皮膚炎患者末梢血CD4陽性細胞においては正常対照と比し，Th2細胞のマーカーとして知られていたCCケモカイン受容体CCR4と並んでsuppressor of cytokine signaling (SOCS) -3[20]が最も著しく発現上昇していた。SOCS-3はヒト喘息患者のT細胞にても発現増加していることが確認され，さらにマウス喘息モデルにおいて，IL-12によるSTAT4のシグナルを抑制することにより，IFN-γなどのTh1サイトカインの発現を抑制する作用があることが証明された[20]。

2.3.3 マイクロダイセクションなど組織の一定分画の採取

Guajardoら[21]小児アレルギー性鼻炎患者の鼻粘膜を軽く擦過することにより試料を採取しDNAチップを応用して研究を行い，アレルギー性炎症時における組織固有の遺伝子発現変化をあきらかにした。この方法により採取した試料に含まれる細胞の92%以上は気道粘膜上皮細胞であった。アレルギー性喘息とアレルギー性鼻炎はともに気道上皮細胞とアレルギー炎症細胞の相互作用によって引きおこされる慢性炎症疾患[8]であり，またアトピー性皮膚炎などの他のアレルギー疾患と比較した場合においても，合併率は非常に高いことがよく知られている。したがって，採取の容易でない気管支粘膜生検試料の代替として鼻粘膜試料によるアレルギー性炎症研究は期待できる。レーザーをもちいたマイクロダイセクションによる組織分画採取は癌研究[22]では広く行われているが喘息アレルギー疾患研究に関しての報告はない。今後，気道リモデリングを来した気道平滑筋組織への応用などが期待される。

2.3.4 細胞種特異的遺伝子発現データベースの利用

患者由来試料を使用したDNAチップを応用した研究において信頼できる結果を得るために重要なことは上質のRNA試料を得ることである。つまり，細胞分画の精製のための複雑な処理によるダメージを避けなければならない。実際，患者由来の精製していない組織試料をもちいた場合でも，DNAチップのデータベースをもちいることにより，それらのデータを生かすことは可能である。つまり，組織固有の細胞の遺伝子発現量の増加であるのか，炎症細胞数の増加による遺伝子発現を伴わない見かけ上のmRNA量の増加であるのかを区別することは可能である[7]。Affymetrix社のU133AヴァージョンのGeneChip®をもちいて解析した多くの種類の細胞の網羅的遺伝子発現データが，東京大学システム生物学ラボラトリーのデータベース（http://www.lsbm.org/）やNIHのデータベース（http://www.ncbi.nlm.nih.gov/geo）などインターネット上で公開されている。われわれもマスト細胞や好塩基球，好酸球などの炎症細胞についてGeneChip® U133Aをもちいたトランスクリプトーム解析結果を公開している（http://www.nch.go.jp/imal/GeneChip/public.htm）[7,23]。このようなデータベースを利用することにより，新たなin vitro実験を行わずにG蛋白質共役型受容体（GPCR）などの創薬標的を絞り込むことが可能となっている。マスト細胞，好酸球，好塩基球は寄生虫に対する防御機構の役割を除くと，アレルギー炎症反応にほぼ特異的に働いている細胞といってもよい。したがって，将来的な副作用の可能性を考慮した場合，これらの細胞に発現していて，他の細胞に発現していない分子はアレ

第2章 ヒト

ルギー疾患治療の標的として望ましいと考えられる。われわれは上記のデータベースを利用して，マスト細胞，好酸球，好塩基球のみに選択的に発現していて他の細菌感染に関与する白血球や生命維持に重要な臓器には発現せず，そして創薬標的と有望な，つまり構造上，薬剤開発が容易な"druggable"遺伝子[24]であり，これらの細胞の活性化にも関与するGPCRやイオンチャンネルの遺伝子を同定している[23]。先に述べたように，培養ヒトマスト細胞をIgE抗体を介して刺激した際に上昇し，ステロイド処理によって抑制されないサイトカインであるアンフィレギュリンを絞り込む際にもこれらのデータベースが使用され，他の細胞にはほとんど発現していないことが確認された（図1）[18]。

2.4　トランスクリプトーム研究の今後の動向

　転写因子が転写活性を発揮するためには，その転写因子と特異的に結合するDNA領域がアクセスできる状態になっている必要がある。DNA領域がアクセスできる状態になっているかどうかはクロマチン構造などの遺伝子構造の変化，つまりエピジェネティック制御による[25]。クロマチンによる遺伝子転写制御に関しては細胞の分化や癌化において本質的な役割を演じている。クロマチン制御による遺伝子転写機構は転写因子による制御と比べ安定しており，細胞の培養条件などですぐに変化することはなく，細胞世代を経て維持される。アレルギー疾患に関してはマウスのTh1細胞やTh2細胞への分化に関与していることが証明されている[25]。英国における網羅的なSNP解析をもちいた喘息関連遺伝子の探索の結果，リンパ球のクロマチン構造を制御する遺伝子が同定されている[26]。また，Rothら[27]は重症喘息患者由来の気道平滑筋は正常の平滑筋

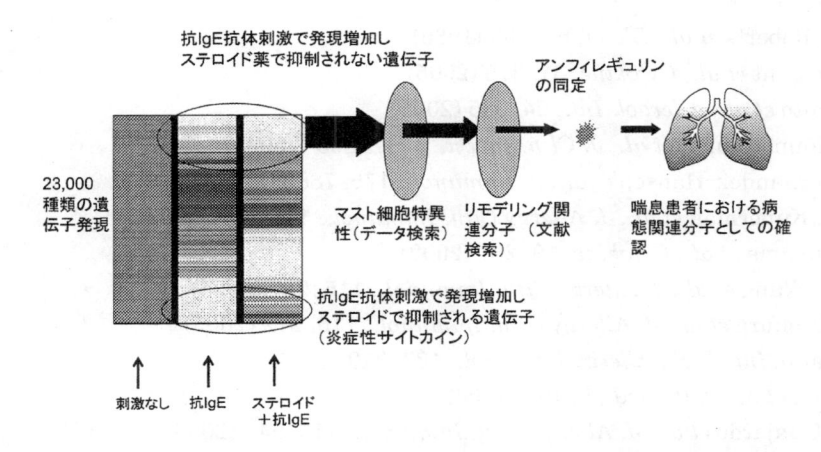

図1　DNAチップをもちいたマスト細胞特異的リモデリング関連分子の発見
　活性化されたマスト細胞に特異的に発現し，ステロイド薬処理でその発現が減少しない
　分子としてアンフィレギュリンが発見された[18]。

に比べてステロイド薬に対して反応が弱く増殖能力が高いこと，それが，喘息患者由来平滑筋では，ステロイド薬の反応性に関わる転写調節のコファクターであるC/EBPαが強発現していることに由来することを報告している．また，これらの平滑筋の性質は培養を長期間続けても維持されること，および，皮膚から採取した線維芽細胞に関しては正常対照と比し，ステロイド薬に対する感受性に差異がなかったことも観察されていた．

以上のことを考慮すると，今後のトランスクリプトーム研究，特にヒト試料をもちいた研究においては，不安定なmRNAを直接定量するDNAチップよりも，エピジェネティック制御を網羅的に捉えるDNAチップが主流になると思われる．

文　献

1) The International Human Genome Sequencing Consortium, *Nature*, **431**, 931 (2004)
2) E. J. Southern, *Mol. Biol.*, **98**, 503 (1975)
3) The International HapMap Consortium, *Nature*, **437**, 1299 (2005)
4) S. J. Ono et al., *J. Allergy Clin. Immunol.*, **112**, 1050 (2003)
5) M. Benson et al., *Clin. Exp. Allergy*, **34**, 1001 (2004)
6) C. D'Ambrosio et al., *Allergy*, **60**, 1219 (2005)
7) H. Saito et al., *J. Allergy Clin. Immunol.*, **116**, 56 (2005)
8) A. B. Kay, *N. Engl. J. Med.*, **344**, 30 (2001)
9) C. M. Hawrylowicz et al., "Allergy, 3rd Edition", Mosby-Elsevier, London (2006), in press.
10) R. L. Roberts et al., *Blood*, **65**, 433 (1985)
11) A. Ocmant et al., *Cytokine*, **31**, 375 (2005)
12) H. Saito et al., *Allergol. Int.*, **54**, 345 (2005)
13) N. Zimmermann, et al., *J. Clin. Invest.*, **111**, 1863 (2003)
14) V. Hernandez-Hansen et al., *J. Immunol.*, **175**, 7880 (2005)
15) D. A. Kuperman et al., *J. Allergy Clin. Immunol.*, **116**, 305 (2005)
16) N. Yuyama et al., *Cytokine*, **19**, 287 (2002)
17) S. W. Wang et al., *J. Allergy Clin. Immunol.*, **115**, 287 (2005)
18) S. Okumura et al., *J. Allergy Clin. Immunol.*, **115**, 272 (2005)
19) H. Saito, *Int. Arch. Allergy Immunol.*, **137**, 319 (2005)
20) Y. Seki et al., *Nat. Med.*, **9**, 1047 (2003)
21) J. R.Guajardo et al., *J. Allergy Clin. Immunol.*, **115**, 243 (2005)
22) K. Nishida et al., *Cancer Res.*, **65**, 401 (2005)
23) T. Nakajima et al., *J. Allergy Clin. Immunol.*, **113**, 528 (2004)
24) A.L.Hopkins et al., *Nat. Rev. Drug Discov.*, **1**, 727 (2002)

第2章 ヒト

25) L. Borish *et al.*, *Allergy Clin. Immunol. Int.*, **16**, 20 (2004)
26) Y. Zhang *et al.*, *Nat. Genet.*, **34**, 181 (2003)
27) M. Roth *et al.*, *N. Engl. J. Med.*, **351**, 560 (2004)

3 糖尿病

黒川敦彦[*1], 山﨑義光[*2]

3.1 はじめに

　日本の糖尿病患者は740万人，予備軍も含めると約1620万人と推計され（厚生労働省／平成14年度糖尿病実態調査報告），その数は生活習慣と社会環境の変化にともなって増え続けている。また糖尿病は，動脈硬化の進展を惹起し，心筋梗塞，脳梗塞を高率に発症させ，さらに網膜症，腎症などの特有の合併症により，失明や透析などの著しい生活の質の低下をもたらす21世紀の国民病とも言われている。これらの糖尿病合併症回避を目指し，大阪大学医学部附属病院の山﨑義光らの研究グループが関連する遺伝子多型に着目し研究を進めた結果，多数の遺伝子多型の組み合わせ効果によって糖尿病合併症が発症及び進展することを明らかにした。㈱サインポストはこの研究成果を基に，糖尿病診療のための遺伝子情報解析システム「サインポストDM」を開発し，2006年夏よりサービスをスタートさせた。「サインポストDM」とその前提となったOMRFIT STUDY（Study of Order-Made multiple Risk Factor Intervention Trial）では，糖尿病合併症に関連する遺伝子多型を測定するために大阪大学と東洋紡績㈱の共同開発によって作成したDNAチップを用いている。本DNAチップはNAP-Ligation法という独自の原理に基づき精度の高い測定を可能とした。本稿では，本DNAチップを用いた疾患感受性遺伝因子解析について，糖尿病が引き起こす動脈硬化の遺伝子解析を中心に詳述したい。

3.2 動脈硬化の発現・進展と動脈硬化危険因子

　動脈硬化の成因として多数のメカニズムが時間依存的に連続して関与することが想定される。まず，白血球細胞などがサイトカインを分泌し，血管内皮細胞膜上に接着因子を発現させ，単球・マクロファージの血管内皮への迷入が始まる（炎症反応）。単球・マクロファージから酸化ラディカルが放出され，血中を流れるリポプロテインの酸化が起こり，血管内膜から血管壁にコレステロールが蓄積される。血管内皮に迷入した単球細胞は酸化リポプロテインを取り込み，血管平滑筋細胞に形質転換する。この血管平滑筋細胞が増殖し，さらに単球細胞は脂質を取り込み泡沫細胞化する。このようにして血管内膜に脂質に富んだアテロームが形成される。このアテロームの表層はきわめて薄く，刺激により断裂し，血管壁成分が血中にさらされると，血小板が付着，さらに線維性分の凝集とともに赤血球が付着し，大きな血栓隗を形成すると，血管を閉塞し梗塞が完成する。従って，動脈硬化から動脈硬化性疾患発症には炎症反応，細胞接着因子，各

[*1] Atsuhiko Kurokawa　㈱サインポスト　代表取締役CEO
[*2] Yoshimitsu Yamasaki　大阪大学医学部附属病院　病院教授

種サイトカイン，種々の脂質，プロテアーゼ，各種凝固線溶系因子などのきわめて多数の危険因子が複雑に重合し，発症すると考えられている。

3.3 疾患感受性遺伝因子としての遺伝子多型

ゲノム上には，多数の塩基配列の置換（1塩基配列の置換：（狭義のSNP）single nucleotide polymorphism），欠失／挿入，繰り返し配列などが存在する。これらは総称してSNP（広義）と呼ばれる。この広義のSNPは，タンパク質をコードする塩基配列の置換によりアミノ酸の置換や，イントロンやプロモーター領域の変異によるタンパク質の産生量の異常が起こる"functional SNP"と，なんら変化が起こらない"non-functional SNP"の2種が存在する。Non-functional SNPは，疾患のマーカーとして使用される。

SNPの同定には，① candidate gene approach と ② whole genome approach がある。前者は，血圧，高脂血症といった疾患と関連する遺伝子のSNPを同定する方法である。後者は，全ゲノム情報から，全く新規の遺伝子のSNPを同定する方法である。

3.4 糖尿病合併症感受性遺伝子多型

3.4.1 レニン・アンジオテンシン系（RA系）遺伝子

レニン・アンジオテンシン系は，水・電解質，循環血液量調節作用，血管収縮，心血管細胞の肥大・増殖作用など多彩な作用を介して動脈硬化の進展に影響を及ぼす。この系で，アンジオテンシン変換酵素（ACE）遺伝子，アンジオテンシノーゲン遺伝子など多数の遺伝子のSNPと動脈硬化・心筋梗塞との関連性が報告されている。ACEのイントロン16に存在する287bpのAlu配列の挿入／欠失多型（ACE insertion/deletion；I/D多型）と循環器疾患の関係については多くの報告があり，同遺伝子のDD多型では，ACE活性が増加し，組織局所でのアンジオテンシンⅡ産生増加を介して心血管障害，糖尿病腎症に関与すると推測されている。

3.4.2 脂質代謝関連遺伝子

動脈硬化との関連性は，リポプロテイン遺伝子，コレステロール逆転写系，リポプロテインリパーゼ系，細胞内脂質代謝系の遺伝子に動脈硬化との関連性が指摘されている。アポリポタンパクE遺伝子多型は脂質代謝に影響を及ぼし，動脈硬化と関連する。コレステロール逆転送系の重要な酵素 Cholesteryl ester transfer protein（CETP）のI405V多型，R451Q多型はCETPの活性に影響を及ぼし，頸動脈壁肥厚と相関するとの報告がある。

3.4.3 酸化ストレス関連遺伝子

酸化ストレスは動脈硬化の進展と関連し，また血管内皮機能に影響を及ぼす。血管内皮型一酸化窒素合成酵素（eNOS）遺伝子多型は酸化ストレスや血管トーヌスに影響を及ぼすことから動

脈硬化性疾患に関与する。eNOSの298番目のアミノ酸がGluからAspに変異するGlu298Asp変異やプロモーター領域のT-786C多型はNOの産生低下を引き起こし，インスリン抵抗性に関与し，冠攣縮，心筋梗塞，高血圧，糖尿病腎症を惹起するとされている。血管における活性酸素の発生起源として，NAD(P)oxidaseが重要な役割を果たしている。NAD(P)oxidaseの細胞膜分画であるp22phoxはその活性に必須であり，同遺伝子のC242T多型は血管床における活性酸素産生に影響する。CC多型では虚血性心疾患のリスクが高いとされるが，その原因としてCC多型を有する健常人は，特異的に催動脈硬化作用を有するsmall dense LDL，高インスリン血症，インスリン抵抗性を示した。Serum paraoxonase (PON1) はLDLの酸化を抑制することで抗動脈硬化作用を持つ。PON1の55 (Leu/Met) 多型および192 (Gln/Arg) 多型は酵素活性に影響を及ぼし，動脈硬化，心筋梗塞，糖尿病腎症に関与するとされている。

3.4.4 その他の遺伝子多型

ホモシステインは動脈硬化性疾患の独立した危険因子である。ホモシステイン代謝関連酵素のひとつであるメチレンテトラヒドロ葉酸還元酵素（methylenetetrahydrofolate reductase；MTHFR）遺伝子の点突然変異C677T（アラニン→バリンへの変異）により，この酵素活性が低下し，血中のホモシステイン濃度が約30％増加すること，C677T変異のホモ接合体の出現頻度は冠動脈病変や脳梗塞患者で高くなることなどが知られている。高ホモシステイン血症は糖尿病腎症の発症に関与すると考えられている。

凝固線溶系に関与するplasminogen inhibitor 1 (PAI-1) 遺伝子の4Gホモ接合体や4G/5Gヘテロ接合体ではPAI-1活性が高くなり，2型糖尿病患者で冠動脈狭窄度が高いことが報告されている。その他，PPARγ2遺伝子のPro12Ala多型，Insulin-like growth factor I (IGF-I) 遺伝子のプロモーター領域の多型，IL-6遺伝子のG-174C多型，ミトコンドリア遺伝子のMt5178A多型などと頸動脈肥厚との間に関連があるとの報告がある。

近年，動脈硬化の成因として高感度CRPの上昇などで代表される慢性炎症反応の存在が知られている。この慢性炎症反応の基盤として，サイトカイン，ケモカインなどの遺伝子多型の関与が報告され，動脈硬化，心筋梗塞，糖尿病腎症などとの関連性が報告されている。

3.5 遺伝子多型と疾患発症

種々の疾患発症に関与する可能性を検討するため，候補遺伝子の遺伝子多型と疾患発症リスクが解析されてきた。しかし，現在，単独の遺伝子多型は，動脈硬化などの頻度の高い疾患の発症のリスクを有意ではあるが，ごくわずか（〜2倍程度）上昇させうるのみで，古典的遺伝子疾患のごとく疾患発症に至るものではないことが明らかとなりつつある。すなわち，疾患発症に至るような遺伝子多型を有する個体は，自然に淘汰されその頻度も急激に減少し，存在しなくなるた

第2章　ヒト

めと考えられる。

　山﨑義光らは，単独では疾患発症リスクをさほど高めない遺伝子多型も，特定の数種の組み合わせで疾患発症リスクが著しく高くなる，との仮説のもとに，疾患発症に密接に関連する遺伝子多型の組み合わせを検索した（図1）。さらに，動脈硬化症などのコモンな疾患は，これらの異なる疾患感受性遺伝子多型の組み合わせが複数個存在するために，高頻度に発症すると仮説を立て，この仮説を検証すべく，種々の遺伝子多型の組み合わせと疾患発症リスクを検討した（図2）。

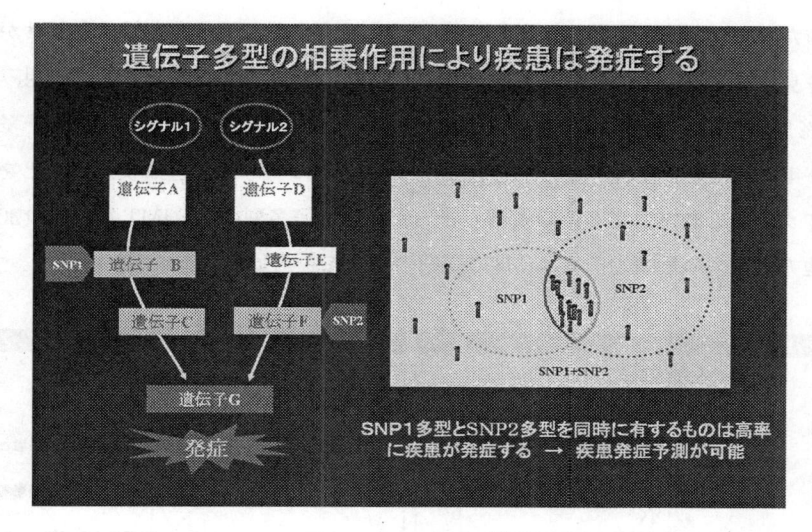

図1　コモンな疾患は特定の疾患発症関連遺伝子多型の組み合わせにより発症する（仮説）

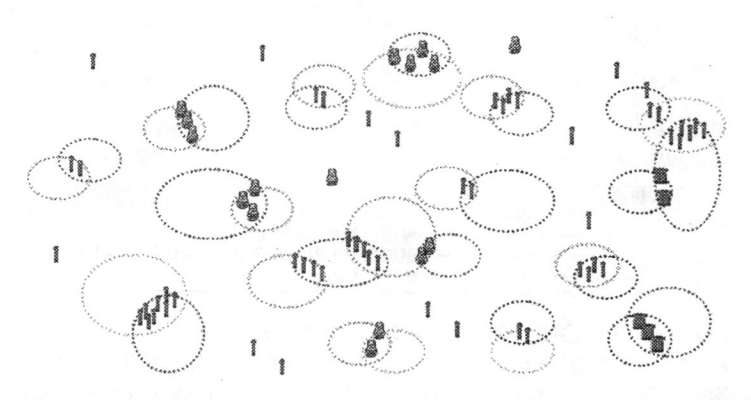

図2　多種多様な複数の複合遺伝子多型によりコモンな疾患が発症する。またその複合遺伝子多型により個々の疾患の表現型もすこしずつ異なると想定される（概念図）

3.6 多重遺伝子多型解析

山﨑義光らは，上記の仮説を検定するため，上記の遺伝子多型を含めた，文献的に動脈硬化や心筋梗塞に関連が示された約100種の候補遺伝子，124種の遺伝子多型を糖尿病患者約2000例において測定した．さらに，また，50歳以上の症例でIMTを計測した．各遺伝子多型を①優性ホモ多型，②優性アリール，③劣性アリール，④劣性ホモ多型の4グループごとに，この多型を有する群と有さない群の群間の頸動脈壁肥厚度（IMT）の平均値の有意差検定を行った（T検定）．しかし，以前の報告と同様に単一の遺伝子多型で明かな動脈硬化の進展を来すものはコモンな遺伝子多型では存在を認めなかった．そこで，2-3種の同一あるいは異種の遺伝子多型の組み合わせを検索したとき，T検定により有意なIMTの肥厚を来す遺伝子多型の組み合わせが多数存在することを見出した．また，これら相乗的にIMT進展作用を有する遺伝子多型の組み合わせを全体の70％以上の症例で1つ以上有することも見出した．さらに，これらの遺伝子多型の組み合わせ及び年齢，糖尿病罹病期間，性別，BMI，血中脂質レベル，血圧，喫煙歴などを独立変数とし，IMTを従属変数として多変量解析を行った．遺伝子多型では，IMTの変動の30％を説明し得た．他方，従来の危険因子ではIMTの変動の20％を説明し得るにすぎなかった．すなわち，

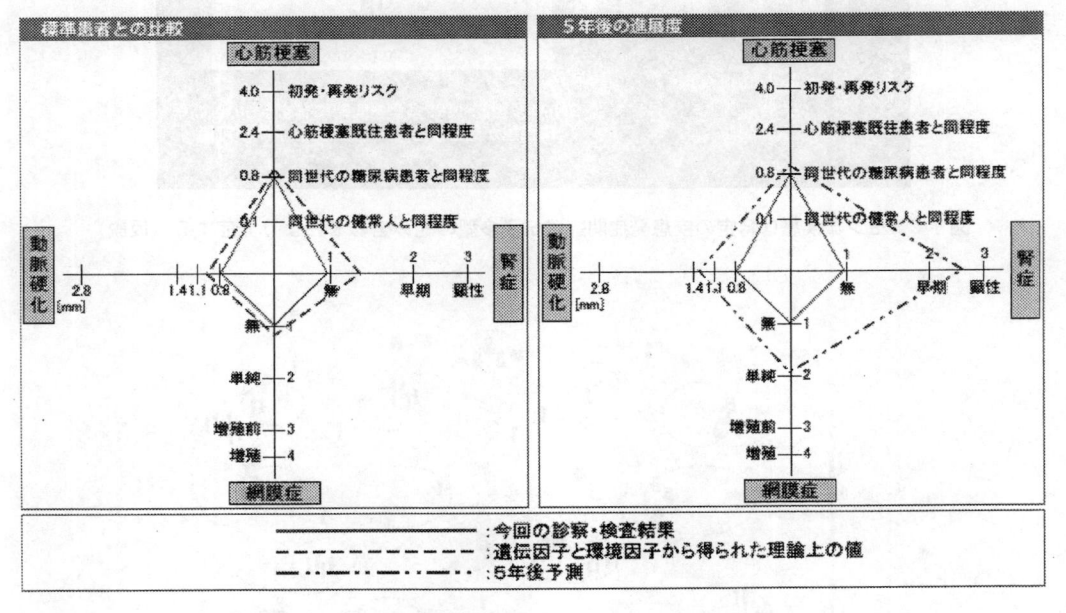

図3 合併症リスク（レーダーチャート）

このレーダーチャートでは，糖尿病患者における，心筋梗塞，腎症，網膜症の程度，また動脈硬化の指標を図示しており，いずれも外側へ行くほど各合併症がより進展していることを示す．左側では「今回の診察・検査結果」を図示し，さらに「あなたのような遺伝因子と環境因子との組合せで得られる理論上の値」を図示している．右側では「今回の診察・検査結果」と「5年後予測値」を図示している．

第2章　ヒト

糖尿病患者の頸動脈肥厚には，従来の危険因子の関与よりも，遺伝因子関与が大きいことを初めて示した。さらに，従来の危険因子と遺伝因子の関与を多変量解析により演算した。P＜0.05と有意な関与を示したものは，年齢，糖尿病罹病期間，性別，HDLコレステロール値，中性脂肪，収縮灸血圧と，15種の遺伝子多型の組み合わせであった。

以上の解析結果より，動脈硬化を含めた糖尿病血管合併症（動脈硬化，腎症，網膜症）の進展

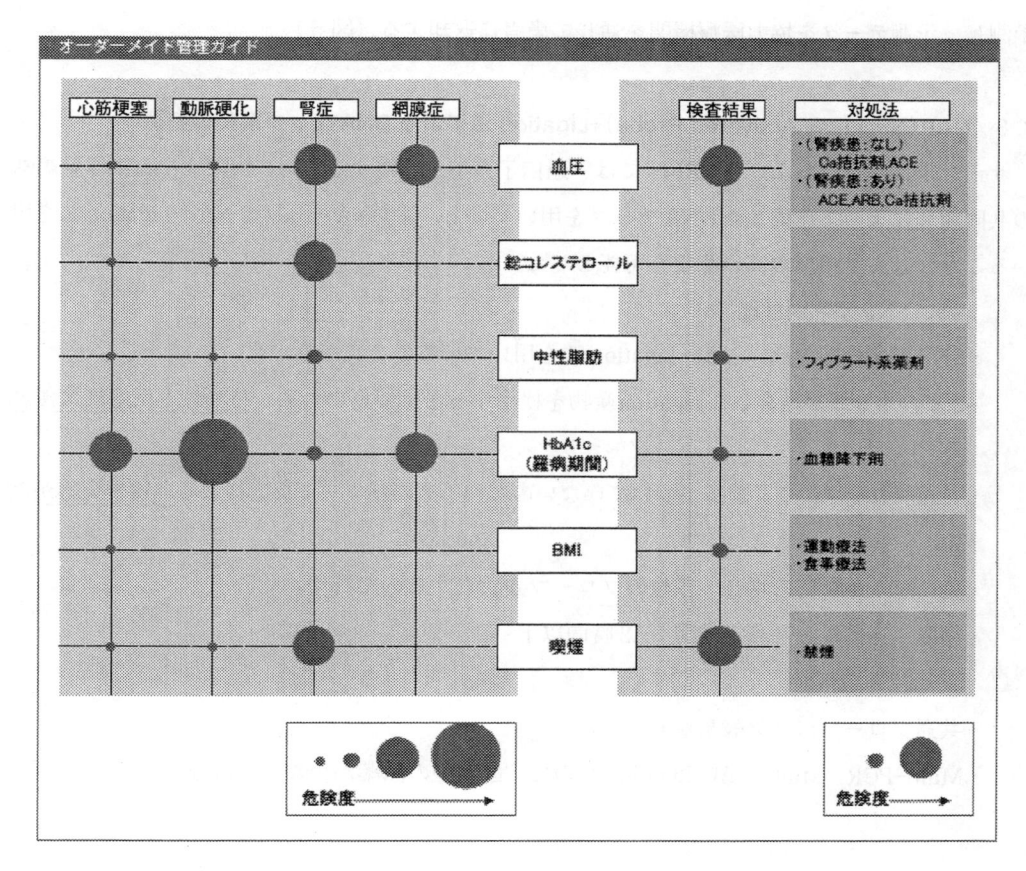

図4　オーダーメイド管理ガイド
○右側の検査結果（環境因子）について：血圧，総コレステロール，中性脂肪，HbA1c，BMIについて，「糖尿病治療ガイド 2006-2007」（日本糖尿病学会編）等に従って，患者の検査結果がやや異常の場合は小さいバブル（丸印），さらに異常の場合は大きいバブルを用いて図示する。喫煙については，喫煙歴あり（1日の本数×喫煙年数≧200）の場合のみ大きいバブルで図示する。
○左側の一番小さいバブルについて：文献的に合併症と関連していることが知られている環境因子との交差点に予め一番小さいバブルを図示する。
○左側のバブル（一番小さいバブルを除いた，小，中，大のバブル）について：環境因子と遺伝因子の合併症に及ぼす影響の程度が，全体（当研究会の糖尿病患者データベース）の第1四分位以下であれば小のバブル，第1四分位〜第3四分位以下であれば中のバブル，第3四分位より大きければ大のバブルを対応する交差点に図示する。

度や心筋梗塞発症リスク予測が可能となった(図3)(図4のオーダーメイド管理ガイドも参照)。

3.7 「サインポストDM」サービスの概要

協力医療機関で採血した患者の血液から，DNAチップを用いて100程度の糖尿病合併症関連遺伝子情報を測定し，それらの組み合わせの中から合併症の発症と進展に有意なものを抽出する。さらに血圧や体重など生活習慣の指標となる検査値を組み合わせ，合併症の発症と進展リスクを予測し，予測データを協力医療機関を通じて患者に返却する（図5）。

3.8 NAP（Nuclease Activated Probe）-Ligation法によるDNAチップ解析の特徴

サインポストDMおよびOMRFITでは，遺伝子多型を測定するために大阪大学と東洋紡績㈱の共同開発によって作成したDNAチップを用いている。本DNAチップはNAP-Ligation法を用いることによって精度の高い測定を可能とした。

① 高いSNP型判別性能
 ・SNP判定能力の高いNAP-Ligation法を用いているので正確性が高い
 ・2本のオリゴが結合したLigation産物を検出するだけで良いため，特異性と反応性に優れる
 ・共通プローブにリン酸基がついていないので，不意のリガーゼ反応による非特異反応がない
 ・特にマルチ反応の場合，多数のプローブが混在するので有用
 ・精度：99％以上　測定時間：7.2時間以下
② 安価に製造可能
 ・共通プローブにリン酸基が必要ない
 ・Multi-PCR，Multi-NAP-Ligationなので，酵素等の試薬が少なくて済む

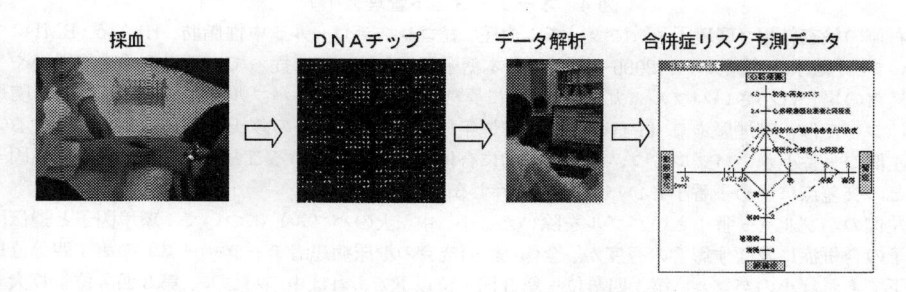

図5　「サインポストDM」サービスの概要

第2章　ヒト

3.9　おわりに

　糖尿病は，生涯にわたり治療や自己管理を続ける必要のある疾患である。治療を続けても効果を実感できず放置してしまったり，合併症の進展をいたずらに恐れ悲嘆にくれる患者もいる。しかし遺伝子情報を取り入れることにより，個々の患者に合うオーダーメイド医療が可能となり，より有効な治療を選択していくことができる時代となった。㈱サインポストは，糖尿病及び生活習慣病に対して遺伝子検査を用いた事業を展開し，オーダーメイド医療の普及と健康づくりを目指すものである。

4 動脈硬化

中神啓徳[*1], 森下竜一[*2]

4.1 はじめに

　動脈硬化は加齢現象のひとつである一方で，生活習慣病に代表される様々な因子の影響により個人差が大きい特徴がある．動脈硬化の予防・早期治療介入は脳梗塞・心筋梗塞などの虚血性疾患の発症率低下，それに伴う医療費削減に繋がる．本稿では，DNAチップを如何に活用するかという観点から動脈硬化の早期診断への方向性を模索し，将来的な展望について考察する．

4.2 動脈硬化とは

　ヒトは血管とともに老いると言われるように，動脈硬化は加齢現象のひとつであり糖尿病・高血圧・高脂血症などの生活習慣病によって進行する．その進展の主体は，病的刺激に反応した血管内皮細胞の機能障害（活性化）を引き金としたマクロファージ，平滑筋細胞，Tリンパ球の侵入と細胞増殖と考えられる．動脈硬化の初期には，細胞内に大量のエステルコレステロールを蓄積した泡沫細胞（foam cells）が局所的に集積しているが，この泡沫細胞の起源は血中の単球（monocyte）由来のマクロファージであるといわれている．このような泡沫細胞病変はさらに血管平滑筋細胞の内膜への遊走，増殖を伴った複雑な病変へと進行することが分かっている．

　単球/マクロファージ，Tリンパ球の集積機構として血管内皮細胞上に発現される複数の接着因子を介した多段階の接着機構の関与が考えられる．白血球が血管内腔の血管内皮表面を転走する間に，活性化された血管内皮細胞表面に多く発現する接着因子のICAM-1あるいはVCAM-1と強固に接着し，その後内皮下へと遊走(transmigration)されていく．つまり，動脈硬化のinitial triggerは血管内皮細胞の活性化とも考えられる．

　血管内皮細胞は血管内腔の一番内側に位置し内腔側と基底膜側との極性を持った細胞である．この細胞はトロンボモデュリン（TM），組織因子活性阻害因子（TFPI）を発現し，内皮型一酸化炭素合成酵素（eNOS）やプロスタサイクリン（PGI2）などを産生することにより，血管の抗凝固，抗血栓性を保っている．また血管内皮細胞の産生するNO，エンドセリン，C型ナトリウムペプチド（CNP），アドレノメデュリンなどは血管のトーヌスの調節に関与するとともに血管平滑筋細胞の増殖，血管壁の炎症反応なども制御し，血圧の調節および動脈硬化の進展にも関与する（図1）．

　以上の総論から，動脈硬化に関与する因子として，血管側の要因としては少なくても血管内皮

[*1] Hironori Nakagami　大阪大学大学院　医学系研究科　遺伝子治療学　助手
[*2] Ryuichi Morishita　大阪大学大学院　医学系研究科　臨床遺伝子治療学　教授

第2章　ヒト

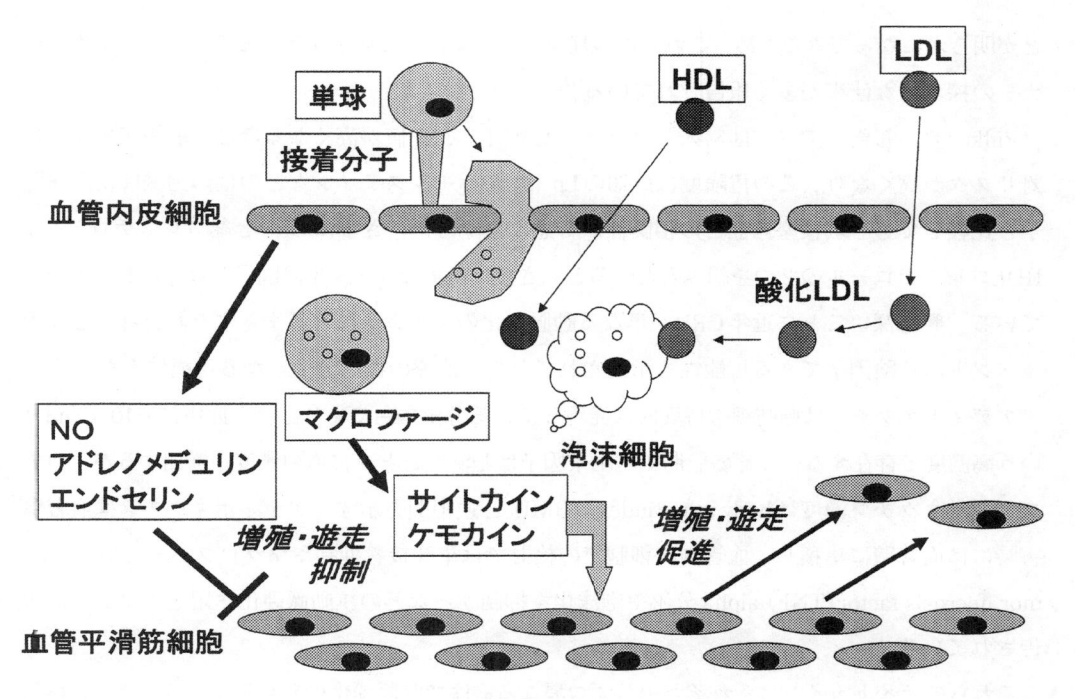

図1　動脈硬化のメカニズム
白血球が活性化された血管内皮細胞表面に多く発現する接着因子のICAM-1あるいはVCAM-1と強固に接着し，その後内皮下へと遊走（transmigration）されていく。動脈硬化の初期には，細胞内に大量のエステルコレステロールを蓄積した泡沫細胞（foam cells）が局所的に集積しているが，この泡沫細胞の起源は血中の単球（monocyte）由来のマクロファージである。マクロファージから分泌されるサイトカイン・ケモカインにより血管平滑筋細胞の内膜への遊走，増殖を伴った複雑な病変へと進行する。

細胞の活性化に関与する因子，血管内皮細胞からの分泌因子，平滑筋細胞の増殖・遊走に関与する因子などが挙げられる。さらに虚血性疾患発症に直結するプラークの破綻に関与する因子としては，細胞外マトリックスを分解するプロテアーゼのひとつであるマトリックスメタロプロテアーゼ（matrix metalloproteinase：MMP）によってコラーゲン被膜が脆弱化するとプラークが破綻しやすくなることも知られている。

4.3　炎症性サイトカインと動脈硬化

動脈硬化の進展において，その初期病変の形成から臓器障害の発生に至るまでに全経過に炎症反応が関与していることが近年明らかになってきた。上述したように，血管内皮細胞の活性化により単球の血管壁への接着は亢進するが，その後の単球の遊走にはmonocyte chemoattractant protein-1（MCP-1），Tリンパ球の遊走にはCXC chemokines（IP-10，Migなど）が重要と考えられている。すなわち血管局所で産生・分泌されるサイトカインが病態形成に大きく関与するこ

とが明らかになってきたため、これらの炎症マーカーを血中で測定することで新しいバイオマーカーの探索的な仕事が多く報告されている。

Ridkerらの報告[1]では、健常人と対象とした検討でCRP値が高くなるほど心筋梗塞発症の相対リスクが高くなり、この危険度は既知のLp (a)やホモシステインなどの他の動脈硬化危険因子と比較しても心筋梗塞発症との相関性が有意に高かった。さらにCRPと総コレステロール／HDLコレステロールの2つを組み合わせると、さらに確実なリスク予測因子となることも分かっている。興味深いことに近年CRPが単なる動脈硬化のマーカーにとどまらずそれ自身が心血管イベントの危険因子である可能性も示唆されており、治療の標的分子となる可能性もある。

アディポネクチンは脂肪細胞特異的に発現している分泌蛋白であり、ヒト血中に5-10ug/mlという高濃度で存在する。多くの脂肪細胞由来因子は肥満度とともに血中濃度が増加するが、血中アディポネクチン濃度はbody mass index（BMI）と逆相関を示す。アディポネクチンは血管傷害時には血管壁に集積し、血管内皮細胞での検討では単球接着抑制やマクロファージからのtumor necrosis factor(TNF)-alpha分泌や泡沫化を抑制するなどの抗動脈硬化作用をもつことが報告されている[2]。

これらのサイトカインはそれぞれ少しずつ異なる機序で動脈硬化に関与しているため、包括的な解析対象としては非常に興味深いが、血管・肝臓・脂肪など産生臓器がいろいろと異なるためその遺伝子発現をDNAチップで網羅的に調べるという手法は当てはまらず、その適応には少し工夫が必要となる。

4.4 動脈硬化と血液由来幹細胞

動脈硬化の診断では血管が解析対象のため、分子生物学的手法の駆使が困難である。末梢血液を代替臓器として動脈硬化の診断に利用できれば、その早期診断、あるいは治療評価法として極めて有効であるが、これまでは上述したように単球・リンパ球にその解析対象が絞られていた。しかし、近年、動脈硬化の進展に骨髄由来あるいは末梢血液中に存在する未分化あるいは前駆細胞と呼ばれるものが大きな役割を果たしていることが分かってきた。つまり、一般に動脈硬化病変には血管内皮細胞や平滑筋細胞のアポトーシスが高頻度に認められるが、動脈硬化モデルマウスの実験で骨髄由来細胞が病変部位に認められ、一部は平滑筋細胞あるいは内皮細胞のマーカーを発現していた。つまり高度に進行した血管病変の細胞のターンオーバーに末梢血中に存在する前駆細胞が関与していると考えられる。特に、Vasa Vasorumからの新生血管を介してプラーク内部に到達した前駆細胞は動脈硬化巣構成細胞に分化し、粥腫の進展と不安定化に関与していること、あるいはアンジオテンシンIIが骨髄前駆細胞の動員を促進し、プラークの形成を促進することも分かってきており、今後の詳細な解析で末梢血液解析へのDNAチップの応用により、単

球やリンパ球だけでなく血液中に存在する血管構成細胞の前駆細胞も含めた総合的な解析も可能となるかもしれない。

4.5 遺伝子診断

ヒトゲノム上には無数の遺伝子多型 (gene polymorphism) が存在している。この多型は集団に大きな遺伝性多様性を，個人には遺伝的な独自性を与えているが，一方で個人の疾患感受性の違いを説明できる可能性を秘めている。しかし，上記のような単一遺伝子病とは異なり多因子疾患，例えば生活習慣病の発症は環境因子によって大きく左右されるため，1個あるいは数個の遺伝子型から高血圧や糖尿病の発症を予知することは困難である。そこで，将来の発症の診断ではなくそのヒトの疾患感受性（危険度）を評価する，すなわち遺伝子のタイプ（遺伝子型）を心筋梗塞に対する血中コレステロール値や血糖値などと危険因子と同様の遺伝的危険因子として捉える考え方が主流となってきた。その場合，リスクの程度は遺伝子型相対危険度 (genotype relative risk：GRR) として表わされ，"特定の遺伝子座における1つの遺伝子型の発症リスクを別の遺伝子型の場合を基準として評価したもの" と定義付けられる。そこでDNAチップを活用してそのヒトの遺伝子多型を調べて動脈硬化に対するGRRが算出できれば，早期治療介入のためのひとつの情報として利用価値が高いと考えられる。以下に動脈硬化関連因子の遺伝子診断候補遺伝子を列挙する。

4.5.1 ACE遺伝子多型

アンジオテンシン変換酵素（ACE）遺伝子はCambienらが心筋梗塞との関連を報告[3]して以来，本態性高血圧・心血管系疾患との関連について非常に多くの報告がなされている。血管に存在する局所レニン・アンジオテンシン系は体循環系とは独立して血管のリモデリングに関与することが知られており，このACE遺伝子多型も直接動脈硬化に関与する可能性がある。動脈硬化に関連する報告としては，動脈硬化のサロゲートマーカーと言われる頸動脈内膜中膜複合体厚（IMT）の加齢による増加率がDアレルキャリアで有意に高値であることが分かっている。また，これらの遺伝子多型の違いによりACE阻害薬による降圧効果が異なるという報告も散見される。

4.5.2 ACE2遺伝子多型

近年，アンジオテンシン1-7の産生にかかわる酵素としてACE2が同定された。ACE2は血圧や臓器障害に対して保護的に働くことが期待されているが，その遺伝子多型と動脈硬化の関連を示す報告は未だない。

4.5.3 アンジオテンシノーゲン遺伝子多型

レニン・アンジオテンシン系の律速段階はアンジオテンシノーゲン産生と言われており，組織RA系の活性化との関連も多く報告されている。近傍には，ACTA18actin，alpha-1，skeletal muscle），ACTN2（actinin, alpha-2），LBR（lamin B receptor），RYR2（ryanodine receptor-2）などの心機能や老化との関連が示唆される遺伝子も多く存在する。頚動脈肥厚（IMT）への影響を検討したCUDAS（Perth Carotid Ultrasound Disease Assessment Study）研究コアプロモーター部位のA-6またはC-20アレル保有女性で有意にIMTが増加することが示されている[4]。一方で，エナラプリルとセリプロロールのIMT退縮効果を比較した試験では，T235アレル保有者はIMTが肥厚しているが，降圧剤の反応性は良いと報告されている。

4.5.4 AT1遺伝子多型

アンジオテンシンIIの有する血管収縮や平滑筋増殖などの生理作用は主として1型受容体（AT1）を介している。ヒトAT1遺伝子の発現は血管平滑筋，腎臓，副腎皮質，肝臓で多く認められる。最も多く検討されている遺伝子多型は3'非翻訳領域に存在するA1166C多型であり，動脈硬化の指標とされるPWV（pulse wave velocity）や脳虚血との関連も報告されている。

4.5.5 AT2遺伝子多型

2型受容体（AT2）はAT1との相同性は34％にすぎず，その発現も成人では細血管床，脳，副腎髄質，子宮にわずかに存在するだけであるが，動脈硬化巣などの病的状態ではその発現が上昇することが知られている。ヒトAT2遺伝子はX染色体上にマッピングされており，イントロン1に存在するG1675A多型が女性の虚血性冠動脈疾患に関連するという報告がある。

4.5.6 G蛋白β3サブユニット遺伝子多型

G蛋白はGTPとGDPに特異的に結合し，GTPをGDPに加水分解する活性をもつ蛋白の総称であり，α，β，χサブユニットから構成されるヘテロ3量体である。ホルモンなどがG蛋白共役型受容体に結合すると，G蛋白は受容体から離れてGαとGβχとに解離し，この両者が活性型G蛋白となる。β3サブユニットはG蛋白の標的酵素であるアデニル酸シクラーゼの抑制を仲介する抑制型G（Gi）と関連している。動脈硬化病変の形成には，Gi蛋白の活性化による血管平滑筋の遊走・増殖が重要であり，825Tアレルと冠動脈疾患頻度の相関や急性心筋梗塞の死亡率などとの相関が報告されている[5]。

4.5.7 NOS遺伝子多型

NO（一酸化窒素）はL-アルギニンからNOSによって合成され，このNOSには内皮型（eNOS），誘導型（iNOS），脳神経型（nNOS）の3つのisozymeが存在する。eNOS遺伝子多型と動脈硬化との関連としては，Glu298Asp変異と頚動脈プラークとの関連，内頚動脈と5'側非翻訳領域のT-786C変異との相関などの報告がある。頚動脈肥厚（IMT）に関しても，Asp/Asp変異群で優位にIMTが高値であるという報告もある。

4.5.8 インスリン受容体遺伝子

インスリン受容体はチロシンキナーゼ内在型受容体であり，受容体へのインスリン結合により

細胞内ドメインのチロシンキナーゼ活性が刺激されると，様々な細胞内基質がリン酸化されて細胞内情報伝達系が活性化される。インスリンの代謝調節作用によって最も重要な細胞内基質はIRS（insulin receptor substance）である。このうちインスリン作用に重要な働きを示す分子であるIRS1の972位のグリシンがアルギニンに変換する遺伝子多型はIRS1の機能が低下していることが知られている[6]。このことにより，動脈におけるインスリンによるeNOSのリン酸化やNOの放出反応の低下などの障害が想定される。

4.5.9 LDL受容体遺伝子

血中のLDL濃度が増加した病態はII型高脂血症と呼ばれ，動脈硬化のリスクが極めて高い。家族性高コレステロール血症（familial hypercholesterolemia：FH）は単一遺伝子疾患として最も高頻度である疾患であり，その原因遺伝子として同定されたのがLDL受容体遺伝子である。FHにはすでに400個以上のLDL受容体遺伝子変異が同定されており，血中リポ蛋白代謝の調節を介して高脂血症・動脈硬化と関連している。

4.6 末梢血トランスクリプトーム解析

近年のmolecular biologyの進歩により，外来等での採血成分から比較的良質のmRNAを採取することが可能となり，末梢血由来のmRNAの発現解析は非常に興味深い情報をもたらす。上記の患者の遺伝子診断では情報が固定化されるのに対し，mRNAは年次変化や薬剤投与による変化を伴うために，うまくDNAチップの情報量を整理することにより将来的には患者の病態の網羅的な把握や薬効評価にも活用できると考える。

ただし，末梢血由来のmRNAの発現の増減はその大半が好中球由来となると考えられるため，代替臓器としてすべてを網羅するのは限界があると考えられ，病態に応じたバイオマーカー，すなわち治療や重症度に応じて変化する指標を同定することが肝要である。

4.7 将来的な応用の展望

近年のメタボリックシンドロームという概念は，生活習慣病がそれぞれ独立した疾患ではなくその上流には内臓脂肪などに代表される共通の原因があると提唱している。動脈硬化の予防対策としては，それぞれの疾患がまだ境界型であっても複数の生活習慣病を持ち合わせる患者に対して早期治療介入を推奨している。現状では，特に糖尿病患者における動脈硬化は潜在的に進行していることが予想され，臨床の現場では糖尿病患者の血糖のみでなく他の危険因子も徹底的に管理して，境界型糖尿病患者に対しての予防を徹底するなどの対策を講じているが，糖尿病患者の虚血性疾患の初期発症率は依然として極めて高い。我が国の疫学調査でも糖尿病発症前の血管障害のリスクは上昇しており，一般人口と比較して心血管疾患のリスクは糖尿病では3倍程度，境

界型糖尿病で約2倍程度であることが明らかにされている。

そこで，早期診断マーカーの活用という観点から考えると，血糖の調節に重要な因子や脂質の調節に重要な因子とは独立した血管の状態を測り取る複数のバイオマーカーがあれば，早期治療介入あるいは治療効果判定の良い目安となると考えられる。本研究のように遺伝情報を基盤とした虚血性疾患の総合診断システムの確立により，糖尿病発症前の潜在的な動脈硬化に対してより早期の治療介入ができる可能性がある。もしこのような個々に対しての1次予防が推進できれば，イベント発生の抑制・ADLの改善を介して医療費の大幅削減に繋がると考えられる。

遺伝子診断の臨床応用として既に一部実現化しているのは，薬剤感受性の違いを示唆するSNP情報の活用である。例えば，ワーファリンの副作用，つまり出血傾向に影響を与えるのは，肝臓の薬物代謝酵素，シトクロームP450の一種（CYP2C9）とビタミンKエポキサイド還元酵素複合体1（VKORC1）遺伝多型であることが知られている。ワーファリンは肝臓でVKORC1に作用して血液凝固に必要なビタミンKの合成を阻害することで血液抗凝固作用を示すため，活性が高いとワーファリンの投与量を増やす必要があるため，一部診療機関ではワーファリンの初回投与時にこの遺伝子多型情報を調べて投薬の参考にしている。動脈硬化に関与する近年の報告としては，アンジオテンシン変換酵素阻害薬であるイミダプリルを活性化し，降圧作用を示す化合物に変えるカルボキシエステラーゼ1（CES1）に存在するSNPがある。CES1には2種の遺伝子があり，その片方CES1A2のプロモーター領域上流の塩基配列の816番目にあるA（アデニン）がC（シトシン）に変化するSNPの有無で塩酸イミダプリルの効果の差を調べたところ，119人の高血圧患者に1日あたり5から10mgの塩酸イミダプリルを投与して，8週後の血圧減少効果が816番目のSNPがCに変化している場合が強いことが確認された。おそらく，SNPsによってCES1A2の酵素分子が合成されやすくなり，同じ量のイミダプリルを飲んでも，より降圧効果が発揮されたと考えられ，アンジオテンシン変換酵素阻害薬を投薬する上での重要な情報となる可能性がある。

また，"The Stroke Prevention in Young Women Study（SPYW）"という大型臨床疫学研究では，危険因子を多因子解析して，喫煙のリスクを増大させるフォスフォジエステラーゼ4D（PDE4D）の遺伝子上にあるSNPsを突き止めた。15歳から49歳の女性で初めて脳卒中を起こした患者224人と対照群211人を対象に危険因子の解析を行ったところ，PDE4Dの5'側のエクソン1に近い領域のイントロンにあるSNPsを持つ患者が脳卒中の有意なリスク（オッズ比1.5）を持つことが分かった。さらに，他の危険因子と組み合わせたリスクを計算したところ，喫煙と組み合わさると，脳卒中のリスクはさらに高く（オッズ比で2.98）なることが分かった。さらに1日あたり10本の喫煙のリスクはオッズ比が2倍強だったが，恐ろしいことに1日11本以上喫煙すると，何と脳卒中のリスクは急激に高まることも分かった（オッズ比8倍以上）。

第2章 ヒト

　これらの研究が指し示すように，今後の個の医療は，患者集団を対象にした疫学研究によって，疾患のリスクの指標となる遺伝型が見つかるだけでなく，遺伝型と他のリスク因子（喫煙，肥満，感染症など多数）との組み合わせで，リスクが急激に増大するリスク因子の組み合わせを突き止め，臨床応用が進むだろうと推察できる。

　治療の有効性を評価する指標のひとつとして，NNT（Number Needed to Treat；治療必要例数）という概念がある。NNTとは，ある治療を行って，目的の治療効果を1人に及ぼすために，何人に同じ治療を行う必要があるかを示す数字で，NNT＝1であれば，ある治療をした全ての患者に治療を行った意味があり，NNTが小さいほど，無駄な治療が少ないということになる。例えば，高脂血症治療薬として評価の高いHMG-CoA還元酵素阻害剤（スタチン）では，死亡や脳卒中，虚血性心疾患などの主要なイベントの予防効果は4.6年間の投薬で，NNT＝35と言われている（JAMA 1997 278：313-21）。NNT＝35とは，実は35人に1人しか効かないということを示しており，根気よく5年近く飲んでいても，35人のうち34人で，死亡や脳卒中，虚血性心疾患などの重篤な症状の予防効果が無いという統計学上の解釈となる。さらに，日本人を対象とした研究では，心筋梗塞の死亡に関しては，血中コレステロール値が240の日本人男性で，NNT＝376，日本人女性で，NNT＝1550と報告されている。現状でスタチンの評価は高く，多くの疾患の予防効果があることは広く認められていることではあるが，少なくても治療の有効性を少しでも高める試みは常になされるべきであり，改善の努力を続けなくてはいけないと考えられる。

　近年，薬物代謝酵素多型の判別に利用するDNAチップが欧州連合で体外診断薬として初めて販売承認された。これまで，遺伝子1つずつを検査する体外診断薬はあったが，複数の遺伝子を検査する診断薬が販売承認を得たのは初めてで，今回のDNAマイクロアレイの場合は，シトクロムP450の2D6の34種類の変異（遺伝子多型）と2C19の2種類の変異，合わせて36の変異を検出できる。ただし，代謝酵素の働きは，食事や併用剤によっても左右されるため，医療現場で代謝酵素の遺伝子多型の診断薬がどのように利用され，普及するのかは非常に興味深い。

　米国食品医薬品局（FDA）は，複数の遺伝子多型や発現解析の検査に関するガイダンス案（Multiplex tests for heritable DNA markers, Mutations and expression patterns；Draft guidance for industry and FDA reviewers：http://www.fda.gov/cdrh/oivd/guidance/ 1210.html）を発表し，加えて，研究者の国際組織であるMicroarray Gene Expression Data（MGED）Societyも，薬剤開発支援や，診断薬としてマイクロアレイを開発するために必要となるデータを検討し，MIAME（http://www.mged.org/Workgroups/MIAME/miame.html）としてまとめている。今後，診断薬としてのマイクロアレイの開発は基礎研究を臨床へつなげる上で重要なプロセスへと突入していくことを体感させる。

　動脈硬化という慢性の潜在的な疾患に対して，その早期診断・治療介入に関して遺伝子情報あ

DNAチップ活用テクノロジーと応用

るいは遺伝子発現を迅速に解析できるチップ解析は，その有効な利用法を見出すことで次世代のより質の高い医療へと展開できる可能性を秘めている。

文　献

1) P. M. Ridker *et al.*, *N. Engl. J, Med.*, **342**, 836 (2000)
2) Y. Okamoto *et al.*, *Circulation*, **106**, 2767 (2002)
3) F. Cambien *et al.*, *Nature*, **359**, 641 (1992)
4) C. M. Chapman *et al.*, *Atherosclerosis*, **159**, 209 (2001)
5) T. C. Wascher *et al.*, *Stroke*, **34**, 605 (2003)
6) K. Almind *et al.*, *J. Clin. Invest.*, **97**, 2569 (1996)
7) P. R. Hebert *et al.*, JAMA 278, 313 (1997)

5 肝臓疾患と発現プロファイル

本多政夫[*1]，山下太郎[*2]，上田晃之[*3]，川口和紀[*4]，
西野隆平[*5]，鷹取 元[*6]，皆川宏貴[*7]，金子周一[*8]

5.1 はじめに

本邦における肝細胞癌死亡数は年間およそ35,000人を超え，増加傾向を示している。我が国の肝細胞癌はウイルス性肝炎を主因とする肝硬変から発生することが大半である。したがって発癌メカニズムの解明と発癌抑制には肝細胞癌そのものの遺伝子解析に加え，その発生母地である肝炎組織における遺伝子解析も重要である。さらには，肝細胞癌に至る前癌病変の遺伝子解析も極めて重要と考えられる。我々は，SAGE法やcDNAマイクロアレイ法を用いて正常肝，慢性肝炎，肝細胞癌の網羅的遺伝子発現解析を行っている。またプロテオーム解析によりトランスクリプトーム解析で反映されない新たなバイオマーカーの同定を試みている。これらの解析を行うことによって遺伝子発現と肝病態と関係を明らかにし，肝疾患治療の新たなストラテジーの構築に役立てることを目的としている。

5.2 cDNAマイクロアレイ法を用いたウイルスゲノムの検出

我々が使用しているcDNAマイクロアレイの感度を評価する目的で，B型慢性肝炎症例の血清中のHBV-DNAがどれだけの感度で検出できるかを検討した。患者血清よりDNAを抽出しラベリング後，スライド上にスポットしたHBVゲノムにハイブリダイゼーションした（図1）。患者血清 1.2×10^5 Eq/mlのHBV-DNAを検出することが可能であった。またプラスミドDNAを用いた場合，10^4copy/mlの検出感度であり，これは0.02pgのプラスミドDNAに相当する。また，プローブ法を用いたbDNA法と比較しても強い相関が認められた（図2）[1]。

[*1] Masao Honda   金沢大学大学院医学研究科   感染症病態学   助教授，消化器内科
[*2] Taro Yamashita   金沢大学大学院医学研究科   消化器内科
[*3] Teruyuki Ueda   金沢大学大学院医学研究科   消化器内科
[*4] Kazunori Kawaguchi   金沢大学大学院医学研究科   消化器内科
[*5] Ryuhei Nishino   金沢大学大学院医学研究科   消化器内科
[*6] Hajime Takatori   金沢大学大学院医学研究科   消化器内科
[*7] Hiroki Minagawa   NEC基礎・環境研
[*8] Shuichi Kaneko   金沢大学大学院医学研究科   消化器内科   教授

A: スポットHBV-DNA　　　B:ハイブリダイゼーションパターン

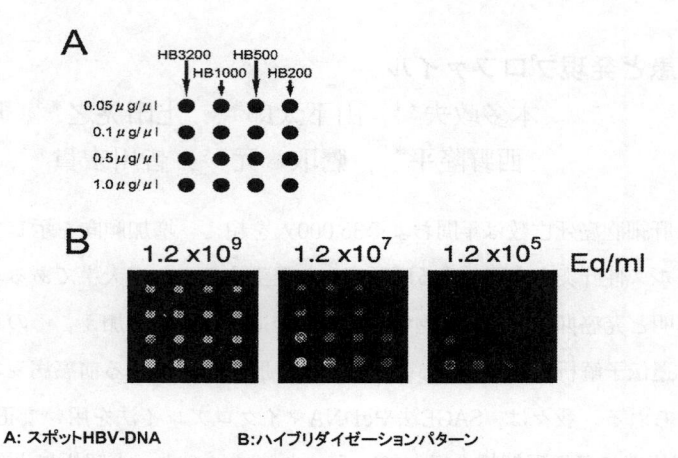

図1　マイクロアレイ・検出感度

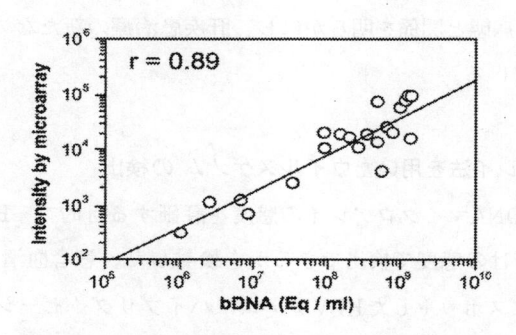

図2　cDNAマイクロアレイとbDNA法との比較

5.3　cDNAマイクロアレイ法を用いたゲノムCGH

　癌細胞における自立性の獲得には，DNAレベルでの遺伝子変化が重要である。我々はcDNAマイクロアレイ法を用いてゲノムDNAコピー数とmRNAの発現変化を解析する方法を確立し（図3），AFP（α-フェトプロテイン）産生肝癌培養細胞と非産生肝癌培養細胞の特徴的なゲノムの変化と遺伝子発現の違いをはじめて明らかにすることができた[2]。これらの知見は実際の臨床の場でも極めて有用な知見と考えられる。

5.4　肝炎・肝細胞癌組織のトランスクリプトーム解析

5.4.1　Serial Analysis of Gene Expression（SAGE）法を用いた正常肝組織，慢性肝炎，肝細胞癌の解析

　SAGE法は遺伝子の発現量をヒットするtag配列の頻度で算定するため，各遺伝子の発現頻度を知ることが可能である。これまでに正常肝，B型慢性肝炎，C型肝炎慢性，B型肝細胞癌，C

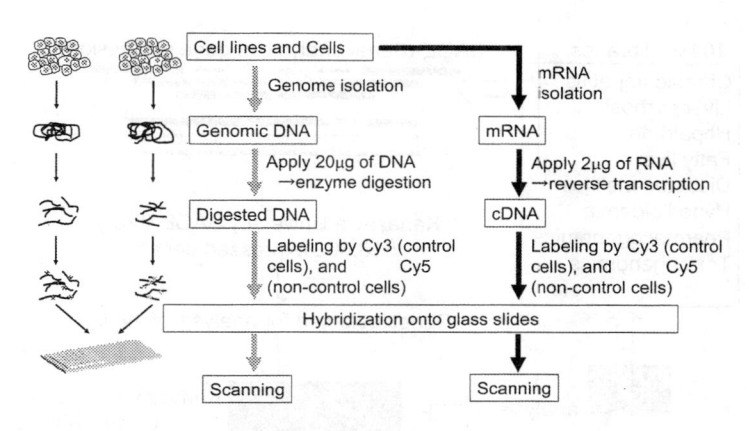

図3 Microarray CGH

表1 SAGEライブラリー

Normal liver	30,982 tags	8,596 unique tags
Chronic hepatitis C	30,543 tags	10,284 unique tags
Hepatocellular carcinoma C	31,381 tags	10,174 unique tags
Chronic hepatitis B	32,726 tags	11,178 unique tags
Hepatocellular carcinoma B	32,217 tags	13,372 unique tags
Normal liver pooled	97,150 tags	27,622 unique tags
Chronic hepatitis C pooled	69,322 tags	18,564 unique tags
Hepatocellular carcinoma C pooled	59,795 tags	16,689 unique tags
Chronic hepatitis B pooled	70,824 tags	19,413 unique tags
Hepatocellular carcinoma B pooled	47,009 tags	20,532 unique tags
Total	516,862 tags	82,575 unique tags

型肝細胞癌よりSEGEライブラリーを作成し，計516,862tagシークエンスを有する世界最大規模の肝臓SEGEライブラリーを作成している（表1）[3,4]。SAGEライブラリーから得られた未知遺伝子配列に関しては，現在，培養細胞株，及び肝細胞癌組織から新たにcDNAライブラリーを作成し未知遺伝子のクローニングを行っている。癌組織ではアノテーションされていないESTやalternative spliced formまたpseudo gene等の発現が認められる。肝細胞癌で発現亢進する新規遺伝子の役割を明らかにすることによって発癌の分子機序が明らかになるものと考えられる。

5.4.2 cDNAマイクロアレイ法を用いた慢性肝炎，肝癌例の解析

SAGE法による解析は，症例数が限られるため，疾患特異的遺伝子発現パターンの同定には多数例を用いた解析が必要である。我々はcDNAマイクロアレイ法を用いて多数症例の慢性肝炎，肝細胞癌組織における遺伝子発現解析を行っている（図4）[5,6]。

（1） サンプル調整

臨床サンプルを対象とする場合，サンプル採取方法や，解析目的によってRNA抽出法やその

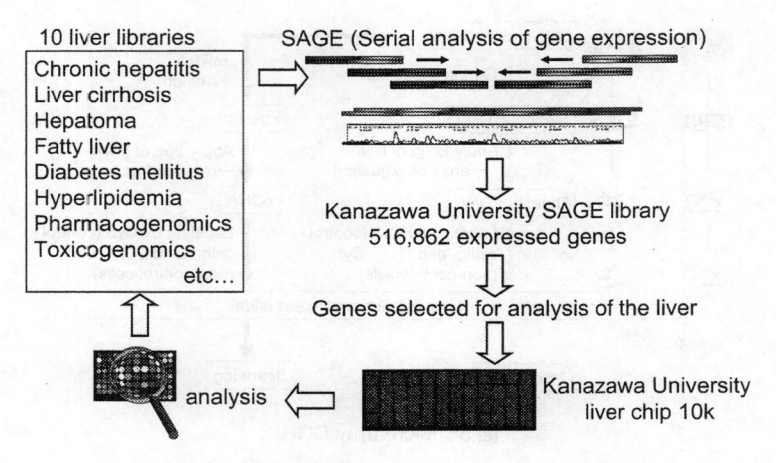

図4　Kanazawa Univ. in house cDNA microarray

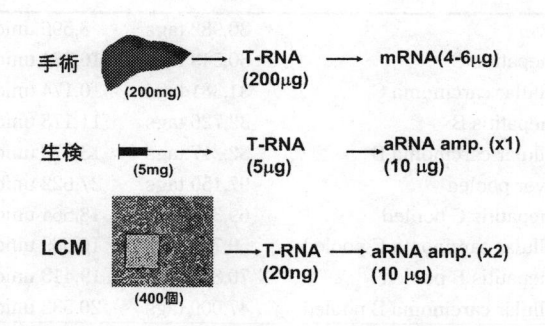

図5　臨床サンプルからのRNA調整とcDNAマイクロアレイ

後のプロセスが異なってくる。

① 肝切除標本を用いて

　手術標本はサンプル量が比較的多いため，サンプルよりtotal RNAを抽出し，さらにmRNAの単離を行いマイクロアレイに用いることができる（図5）。肝細胞癌手術標本を用いて癌部及び背景肝の遺伝子発現解析を行い，癌部で発現亢進する遺伝子の同定や，分化度の進展と共に発現変化する遺伝子の同定を行うことが可能であった[7]。

② 肝生検組織を用いて

　実際に利用できるサンプルの中で最も多いのは肝生検サンプルである。ただし，手術標本と異なりサンプル量に限りがあるため，antisense RNA amplification法を用いてRNAを増幅する必要がある。通常のプロトコールに従えば1回の増幅で500倍程度にmRNAを増幅することができる。

第2章　ヒト

③　**Laser capture micro-dissection 法を用いた超微量サンプルの解析**

　手術及び生検サンプルから得られる肝組織には肝細胞以外に，伊東細胞，血管内皮，クッパー細胞など肝細胞以外の細胞が含まれている。特に肝炎においては免疫担当細胞の浸潤が顕著に認められるため，全肝組織を用いた解析は必ずしも肝細胞における遺伝子発現変化を反映していない可能性がある。Laser capture micro-dissection（LCM）法を用いることにより肝細胞あるいは門脈域浸潤リンパ球を区別して採取し，それぞれの遺伝子発現解析を行うことが可能である。我々の検討では 400 個程度の細胞から，2 回の antisense RNA amplification 法にて 10-20 μg の antisense RNA が増幅され，肝小葉細胞，門脈域浸潤細胞の遺伝子発現解析が可能であった（図 6）[8]。LCM を行うに当たっては，組織の固定・染色法，dissection の方法（使用機種），RNA 抽出方法，2 回の antisense RNA amplification 法による mRNA の増幅過程など幾つかの重要なス

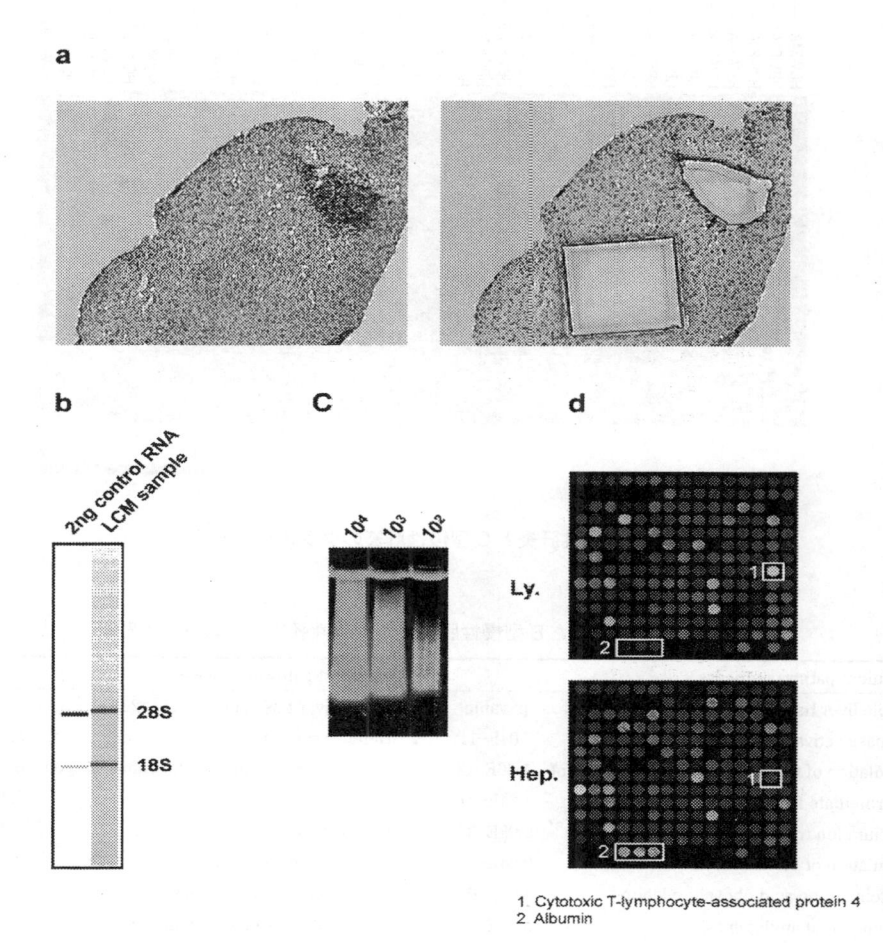

図6　LCM を用いたサンプル調整

テップにおいて，RNAの変性を防ぐ工夫が必要である．また回収されたRNAのqualityをバイオアナライザー（Agilent）にて評価することも重要である．LCMを用いた超微量サンプルの解析も臨床上極めて有用な情報に成り得る．我々はLCMを用いた超微量サンプルの解析を行いB型肝炎，C型肝炎の肝浸潤リンパ球の違い[8]，原発性胆汁性肝硬変症におけるCNSDC病変の解析[6,9]，肝細胞癌組織の領域特異的解析を行っている．

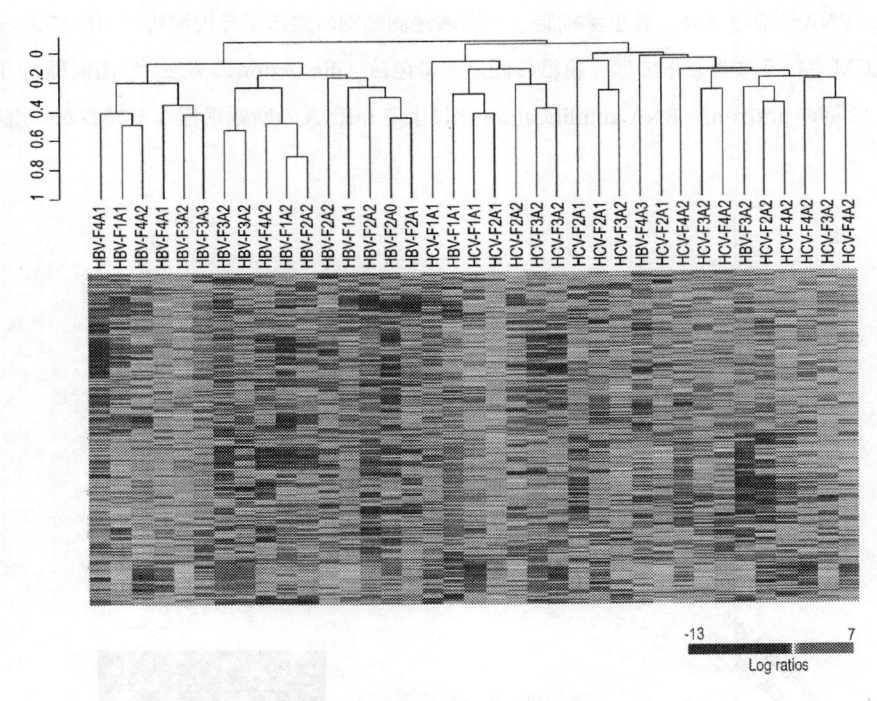

図7 B型慢性肝炎とC型慢性肝炎のクラスター解析

表2 MetaCoreを用いたB型慢性肝炎，C型慢性肝炎のパスウェイ解析

	Frequent pathway process			Frequent pathway process	
	Whole liver tissue in CHB(n=19)	p-value		Whole liver tissue in CHC(n=20)	p-value
1	Caspase activation via cytochrome c	7.04E-11	1	Defense response	3.27E-06
2	Regulation of transcription, DNA-dependent	1.66E-12	2	Antigen presentation, endogenous antigen	6.79E-06
3	Intermediate filament-based process	1.24E-07	3	Golgi vesicle transport	5.22E-07
4	Calcium ion transport	9.08E-08	4	Lipid catabolism	6.61E-06
5	Regulation of blood pressure	2.94E-07	5	Regulation of cell cycle	2.43E-08
6	Protein amino acid phosphorylation	4.04E-07	6	Regulation of cholesterol absorption	1.02E-05
7	Regulation of angiogenesis	5.35E-09	7	EGF receptor signaling pathway	1.59E-09
8	TGF beta receptor signaling pathway	8.08E-11	8	Ubiquitin cycle	4.71E-05

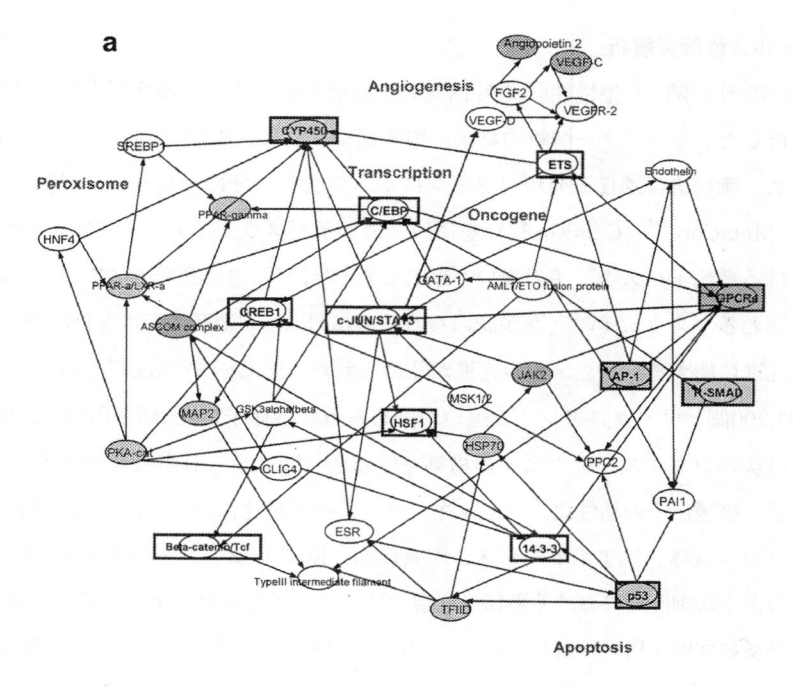

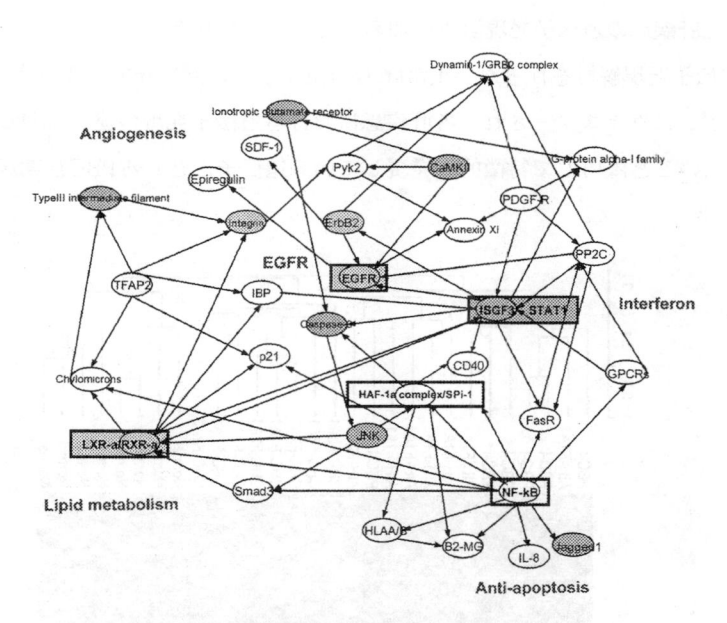

第2章 ヒト

図8 B型慢性肝炎とC型慢性肝炎のパスウェイ解析

(2) ウイルス性肝炎解析

B型慢性肝炎例19例，C型慢性肝炎例18例の生検肝組織を用いて慢性肝炎における遺伝子発現異常を解析した。クラスター解析の結果，興味深いことに，B型肝炎症例とC型肝炎症例は大きく群別され，両肝炎は遺伝子発現パターンによって大きく分けられることが明らかとなった（図7)[5,8]。MetaCore™（GeneGo社）を用いて遺伝子パスウェイ/ネットワーク解析を行い，両肝炎における遺伝子パスウェイの違いを検討した（表2)[8]。B型肝炎ではアポトーシス誘導や血管新生に関わるパスウェイの亢進が認められるのに対し，C型肝炎では免疫応答，脂質代謝，細胞周期の亢進に関するパスウェイの亢進が認められた。SAGE法で5tag以上の発現変化を認める遺伝子約1,200個とマイクロアレイで違いが認められた遺伝子約400個を用いて，MetaCore™を用いて両肝炎のシグナルパスウェイの構築を試みた（図8)[8]。B型肝炎ではアポトーシス誘導，転写因子，癌遺伝子の活性化，ペルオキシソームの活性化が認められた。一方C型肝炎ではインターフェロン誘導，抗アポトーシス，脂質代謝，EGFレセプターパスウェイの亢進が認められた。このような両肝炎における遺伝子発現の違いが，異なる発癌メカニズムに繋がる可能性がある。現在多数症例を用いた解析を行い，B型肝細胞癌とC型肝細胞癌の違いを解析している。

(3) ウイルス性肝炎以外の肝疾患解析

ウイルス性肝疾患の遺伝子発現解析に加え，自己免疫性肝炎（AIH），原発性胆汁性肝硬変症（PBC）の遺伝子発現解析を行った。正常肝（normal），C型慢性肝炎（CH-C），AIH，PBCはそれぞれ疾患ごとにクラスターされ，各肝疾患における遺伝子発現の違いが明らかとなった（図9)[9]。興味深いことにPBCで特徴的に発現している遺伝子はむしろPBC初期病変で強く発現し

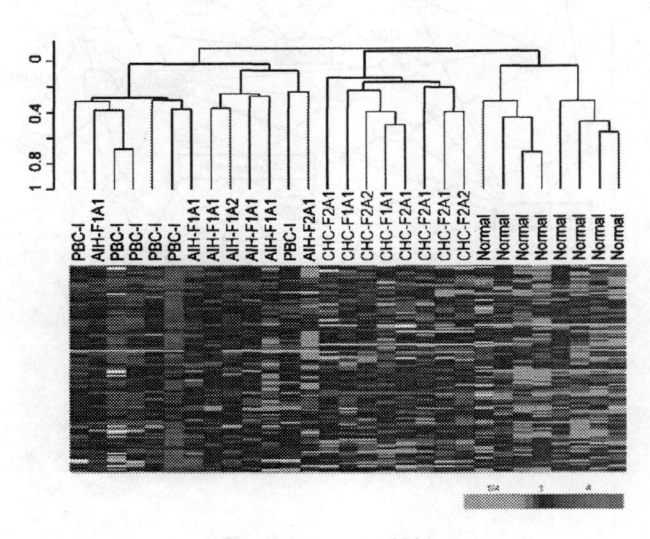

図9 クラスター解析

第2章 ヒト

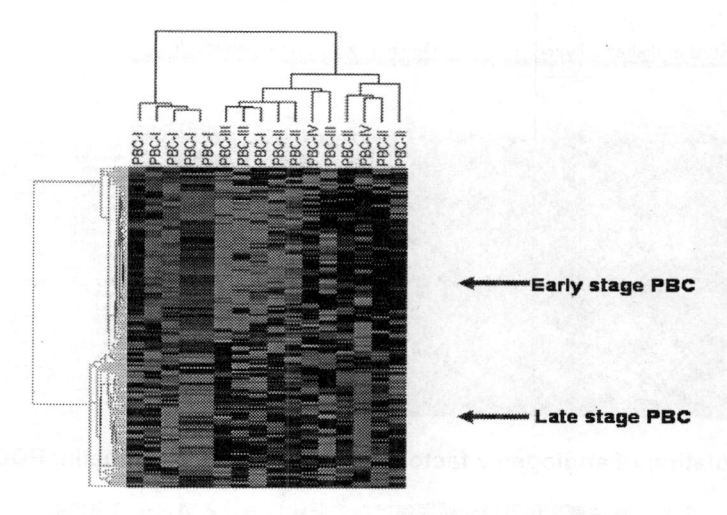

図10 初期PBCと病気進行に伴い発言誘導される遺伝子

表3 Stage I PBCのCNSDC病変で発現上昇する遺伝子

	PBC stage I/CHC
Cytokine	
Interferon, gamma	10.9
Interleukin 7	2.9
Interleukin 6 receptor	2.7
Interleukin 11	2.6
Cell proliferation related	
eIF 4A, isoform 1	8.0
MAP kinase kinase 3	5.2
Autocrine motility factor receptor (AMFR)	2.6
Transcription	
c-myc binding protein	3.3
NF-kappa-B transcription factor p65 subunit	3.3
Immune modulator	
Rapamycin associated protein (mTOR)	2.9
FK506-binding protein 4 (59kD)	2.6
MHC class II DR	3.7

ており，病期の進行と共に減少していくことが明らかとなった（図10）[6]。このような遺伝子発現変化が胆管病変の変化に伴うかどうかを明らかにするため，LCMにてCNSDC病変部位を採取し遺伝子発現変化を解析した。初期のPBCのCNSDC病変部位ではインターフェロン-gammaをはじめ活動性の高い炎症所見や免疫細胞の分化・増殖に関与する遺伝子の発現が強く認められた（表3）。したがって，初期病変ほどPBCに特徴的な遺伝子変化を示していると考えられる。一方，ウイルス性肝炎では病期の進行と共に免疫応答遺伝子の発現増強（MHCの発現上昇など）が認められており，この点においてもPBCの肝組織における遺伝子発現は他の肝炎における遺

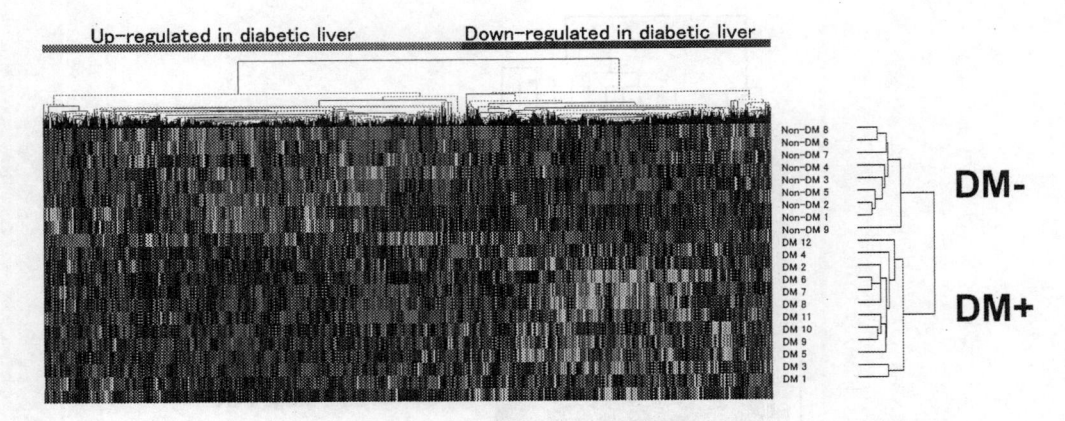

図11　糖尿病症例及び非糖尿病症例の肝臓における遺伝子発現の違い

伝子発現と異なっている。

(4) cDNA マイクロアレイ法の代謝疾患解析への応用

昨今，生活習慣病と発癌との関連も注目されつつある。我々は，糖尿病症例における肝の遺伝子発現と正常肝の遺伝子発現を比較した。糖尿病の12名，糖尿病のない9名の肝臓における発現遺伝子解析の結果を示す(図11)。肝臓において発現している遺伝子のパターンから，症例は2群に大別され，これを分けているものは糖尿病があるかないかであった。すなわち糖尿病患者の肝臓において発現している遺伝子は，糖尿病のない人と大きく異なっていた。さらに詳細に検討すると，糖尿病の肝臓においてはVEGF，エンドセリンといった血管新生に関わる遺伝子の発現が亢進しており，これが糖尿病の合併症である血管病変の進展に関与している可能性が示された[10]。今後，肝臓の代謝疾患における役割も重要な課題といえる。

5.5　肝細胞癌のプロテオーム解析

SAGE法やcDNAマイクロアレイ法を用いたmRNA発現解析は再現性が高く，安定した測定法といえる。一方で，遺伝子の発現がタンパク質の発現と必ずしも相関しないことがしばしば見られ，疾患の病因や病態を把握するためにはタンパク質の発現解析の必要性が指摘されている。従来のプロテオーム解析では，mRNA発現量と蛋白発現量との関連が十分に検討されておらず，これらの解析は今後のプロテオミクスを展開する上で，極めて重要な検討事項と考えられる。我々は2D-DIGEを用いて背景肝と肝細胞癌サンプルの蛋白発現スポットを可能な限り網羅的にMALDI TOF-MAS，ESI-MSにて同定し，同時にSAGE法による遺伝子発現解析を行い，背景肝と肝細胞癌での遺伝子発現の違いを蛋白発現と転写レベルの観点から検討している（図12）。

第 2 章　ヒト

Analytical gels

Normal (50μg) — Cy3
HCC (50μg) — Cy5
IS (50μg) — Cy2
↓
2-DE
↓ Gel images
Cy3, Cy5, Cy2 → Master gel
DeCyder ↓
Analysis of protein expression　　Silver staining → Spot picking
　　　　　　　　　MALDI TOF-MS, ESI-MS ← In-gel digestion

Preparative gels

Normal / HCC (400μg)
↓
2-DE
↓
Staining (ProQ Diamond)
↓
Staining (Ruby)
↓
Spot matching
↓
Spot picking

Protein identification

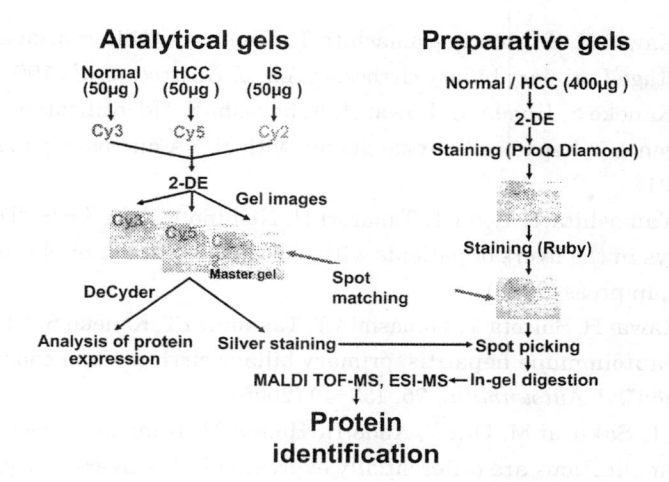

図12　SAGE 法による，背景肝と肝細胞癌での遺伝子発現の違い

5.6　おわりに

　肝硬変から肝細胞癌発症に至る機序をゲノム・トランスクリプトーム・プロテオーム解析を用いて行っている．遺伝子発現と肝病態との関係が明らかとなり，肝疾患治療の新たなストラテジーの構築が可能になることが期待される．

文　　献

1) Kawaguchi K, Honda M, Yamashita T, Shirota Y, Kaneko S., "Differential gene alteration among hepatoma cell lines demonstrated by cDNA microarray-based comparative genomic hybridization", *Biochem. Biophys. Res. Commun.*, **329**, 370-80 (2005)
2) Kawai H, Kaneko S, Honda M, Shirota Y, Kobayashi K, "alpha-fetoprotein-producing hepatoma cell lines share common expression profiles of genes in various categories demonstrated by cDNA microarray analysis", *Hepatology*, **33**, 676-91 (2001)
3) Yamashita T, Hashimoto S, Kaneko S, Nagai S, Toyoda N, Suzuki T, Kobayashi K, Matsushima K, "Comprehensive gene expression profile of a normal human liver", *Biochem. Biophys. Res. Commun.*, **269**, 110-6 (2000)
4) Yamashita T, Kaneko S, Hashimoto S, Sato T, Nagai S, Toyoda N, Suzuki T, Kobayashi K, Matsushima K, "Serial analysis of gene expression in chronic hepatitis C and hepatocellular carcinoma", *Biochem. Biophys. Res. Commun.*, **282**, 647-54 (2001)
5) Honda M, Kaneko S, Kawai H, Shirota Y, Kobayashi K, "Differential gene expression between chronic hepatitis B and C hepatic lesion", *Gastroenterology*, **120**, 955-66 (2001)

6) Honda M, Kawai H, Shirota Y, Yamashita T, Kaneko S, "Differential gene expression profiles in stage I primary biliary cirrhosis", *Am. J. Gastroenterol.*, **100**, 2019–30 (2005)
7) Shirota Y, Kaneko S, Honda M, Kawai H, Kobayashi K, "Identification of differentially expressed genes in hepatocellular carcinoma with cDNA microarrays", *Hepatology*, **33**, 832–40 (2001)
8) Honda M, Yamashita T, Ueda T, Takatori H, Nishino R, Kaneko S, "Different signaling pathways in the livers of patients with chronic hepatitis B or chronic hepatitis C", *Hepatology*, in press (2006)
9) Honda M, Kawai H, Shirota Y, Yamashita T, Takamura T, Kaneko S, "cDNA microarray analysis of autoimmune hepatitis, primary biliary cirrhosis and consecutive disease manifestation", *J. Autoimmun.*, **25**, 133–40 (2005)
10) Takamura T, Sakurai M, Ota T, Ando H, Honda M, Kaneko S, "Genes for systemic vascular complications are differentially expressed in the livers of type 2 diabetic patients", *Diabetologia*, **47**, 638–47 (2004)

第3章　解析技術

1　発現プロファイルの標準化と比較

小西智一[*]

1.1　はじめに

　DNAチップを使う研究者のありふれた（しかし深刻な）悩みは，見通しの良い指針がなくて，どう解析していいのかわからないことだ。しかもDNAチップの発現解析に疑問が呈されたのは一回や二回ではなく，そのたびに再現性がないこと，現実を反映しないこと，信頼性がないことなどが指摘されている。信頼性のないデータをいくらいじっても，説得力のある結果は望めない。これではデータと真摯に向き合う気力がわかない。

　幸いにも，指摘されていた深刻な問題は解決した。これらの問題はおしなべて，不適切なデータの取り扱いに起因していた。いまや，どう扱えばデータの精度を引き出せるかが明らかになっている。本稿では，その方法を紹介しながら，解析の基本――データを比較可能にすること，データの違いを評価すること，再現を確認すること――について概説する。

1.2　基本となる考え方について

　具体的な作業に入る前に，すこしだけ哲学的な話につきあってほしい。ここで，どんな取り扱いが適切なのか，してはいけないことは何か，の判断の基盤になる「客観性」に言及したい。

　科学のために使うデータには，客観性が求められる。客観性は，多人数の協力・批判・共有を成立させるための条件であり，科学はそうした努力が支えるものだからだ。もちろん測定という行為に100％の客観性はあり得ない。なにかを測定したり，測定結果を解釈するためには，その前提となる考え方（知的なフレームワーク）が必ず存在している。この考え方には多かれ少なかれ主観が混じる。しかし，だからといって，その前提の考え方に何を持ってきてもいいわけではない。その考え方が間違っていれば，得た結果も間違ったものになるからだ。そこで，その考え方にも可能な限りの客観性が求められるべきで，その妥当性は検証されるべきだ。そのためには，考え方が明示されること，そして原理的に検証可能であることが求められる。誰かにとっての真実は，他の人にとっても真実であるべきなのだ。新しいことを発見するために，様々な考え方・視点を試すのは良いことだけれど，その結果を余人とわかちあうためには，その考え方を説明で

---

[*]　Tomokazu Konishi　秋田県立大学　生物資源科学部　准教授

きなければいけない．じつは，発現解析のために用意されてきた考え方のいくつかは，かなり大胆かつアドホックに用意されたもので，しかも間違っていた．

ここで解説する方法は，以前よりずっと慎重に選んだ考え方を使っており，実験ごとに妥当性が検証され，実績もある．それはこんな考え方から出発している；曰く，「数学や物理学の法則はあまねく真であり，細胞もチップも例外ではない」．そして，「ノイズはいつもあるが，不必要に恐れるべきではない」．さて方法そのものは，データさえあれば（再実験なしに）適用することができる．だから，精度を引き出した手持ちのデータが何を語るのか，実際に試してみることは簡単だ．では，具体的な作業を説明しよう．

1.3 解析は標準化から始まる

DNAチップの生データは画像である．それをプロセスして，スポットなりセルなりを特定して数値にしたものが，解析に使われる．この数値には絶対量（たとえばサイトゾルにおけるmRNAのモル濃度）への手がかりがない．絶対量と比例するわけでもない．だからこの数値は，そのままでは他の値と比較できない．値と値の関係性がわからないからだ．その関係を明らかにして，データを比較可能にすることを標準化と言う．標準化は，絶対値が得られない測定に必要な作業である．（qPCRやノザン法などを含む）mRNA量の測定は絶対量を教えてくれない．これらはみな，RNAの単離から始まるが，たとえば抽出の回収率がわからないからだ．そこであらゆるmRNAの測定データは，比較の前に標準化が必要である．

ここで説明する標準化は，ある遺伝子の産物が，測定ごとにどう変化するのかを見たいときに使うものだ．ある遺伝子Aと別の遺伝子Bの比較をすることは不可能ではないが，後述する系統誤差が発生するので，その手当てをする必要が生じるかもしれない．

1.3.1 標準化の原理

あらゆる標準化には，1つの共通する原理がある．データ間に共通の基準を設定して，その基準がデータ間で同じ値になるようにデータを変換することだ（図1a）．何を基準にするか，デー

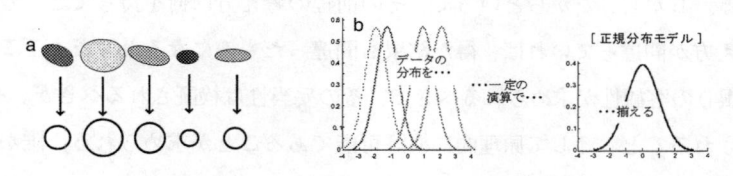

図1 標準化の原理
パネルa：様々な形と大きさの図形があっても，それらが楕円形であるという共通した性質が見つかれば，等しい面積の真円に変換することで相互比較できるようになる．
パネルb：分布の中心が違っていても，それらが正規分布するのなら，同じ分布へと変換することができる．変換後の各データは相互に比較できる．

第3章 解析技術

タをどう基準に合わせるかに，前述した主観の入りこむ余地がある。そして，ここにどれだけ妥当な考え方を採れるかによって，標準化の優劣は決まる。妥当でない標準化はデータの精度を引き出せない。それどころか，誤った考え方は，余計なエラーを新たに発生させる。

1.3.2 パラメトリック法

本稿が紹介するのはパラメトリック法という考え方だ。この方法は，基準をデータの分布様式から探すのが特徴である。データはもちろん，あらゆるケースで，様々な大きさの数値をとる（これをデータの分布と呼ぶ）。こうした数値がたくさんあるとき，数値の出現頻度に規則性が生じることがある。その場合，頻度を数値の関数で表すことができる。測定ごとのDNAチップデータの出現頻度に規則性が見出せるなら，それは基準として採用できる（図1b）。

基準に求められる条件は，その基準が本当に測定間で共通するのか，そしてその基準を再現よく見つけられるかである。たとえば，かつて良く使われた「ハウスキーピング遺伝子」という基準は，その遺伝子の発現が常に一定であることを期待している。これを使った標準化の精度が悪かったのは，どんな遺伝子も発現が変動しうるからでもあり，また，どの1つの測定にもノイズやエラーがあるからでもある（1つないし数点で標準化をすると，そうしたエラーがそのまま全ての結果に反映されてしまう）。

さてmRNAのデータ分布は，対数正規分布というモデルに従う。これには経験的な裏づけと，理論的な裏づけがある。経験的には，あらゆるフォーマットのDNAチップを用いた，数千の実験材料によるデータが，ことごとくこのモデルと一致することを支持している[1]。理論では，ゲノムから細胞がどうやってトランスクリプトームの情報を引き出しているかについてが熱力学の手法で説明されており，その理論式からこのモデルが演繹的に導かれている[2]。データ分布が単一の式で表されるとき，その分布を発見・確認することはさほど難しくない。確認にはいくつかの方法があるが，ここではProbability Plotというグラフを使う方法を紹介する。これは，x軸に理論値を，y軸に実際のデータをとるもので，理論値とデータが一致するのならばy＝xの直線を形成する。図2は標準化したデータを，正規分布モデルに対してプロットしたものである。この場合で約80％の強度域でデータが理論と一致している（このプロットでは中心部分にデータが密集する）。この図は，1回の測定ごとに作製され，モデルとデータの一致はその度に確認される。

図2からも明らかなように，データの全てが理論値と一致するわけではない。最も強い領域と，最も弱い領域

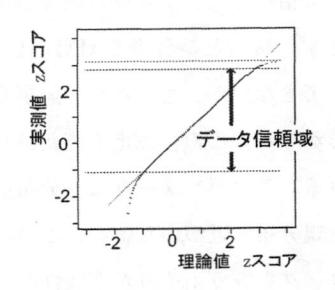

図2 データの分布
DNAチップデータの分布をProbability Plotで確認したもの。横軸には理論値，縦軸にデータの値がとられていて，理論とデータが一致する領域では直線になる。その感度領域のデータは信頼できる。

は，理論から外れる。これらの領域の範囲はハイブリごとに異なるが，これは（モデルの不備ではなくて）測定機材の限界によるものだということがわかっている。最も強いシグナル領域は，読取装置の受光素子の性能によって決定される（飽和現象）。また弱いシグナル領域は，各測定の正規分布ノイズに汚染される。

分布様式がわかれば，測定ごとの分布を同一にするように，各データを（いつも同じ方法で）演算することで，データの標準化が達成される。この演算に求められるのは，その演算によって測定間のばらつきが補正されるか否かである。

極端な言い方をするなら，「全ての測定の数値を，その測定回における順位は保ったまま，どれか1つの実験における対応する数値で書き換える」ことでも分布は同一になる（じつはこれはRMAという方法の根本思想である）。もう1つ極端な話をすると，全てのデータに，たとえば1,000ずつ数値を加えれば，簡単なプロットで確認されるような再現性は向上する。これらの方法の問題点は，主観の望む何かを実現するために，それが必ず達成できるようなデータの操作を行ったことである。同様の思想に立つ考え方にLOWESSがある。さて，これらの方法には，特定の遺伝子の発現を狙って上げたり下げたりする効力はない。おそらくそのため，これまでデータの改竄として批判されることはなかったように思う。しかし科学的なデータの取り扱い方法としてはグレーゾーンにあると，筆者は考える。

パラメトリック法では，解析者（ないしコンピュータ）が変更できるパラメータを1つ，自動的に求まるパラメータを2つ，それぞれ使ってデータを演算する。これらのパラメータは，測定ごとに1つずつ値が決まる。自由パラメータは，ハイブリダイゼーションのバックグラウンドに対応するものである。ハイブリの画像にはかならずバックグラウンド成分が含まれる。しかしこれは画像からは測定できない。バックグラウンドの主成分は，チップのスポットないしセルに可逆的に結合した，フリーの蛍光色素である。これは，核酸が載っていないチップ表面からは測定できず，核酸と結合するMMの値からも推定できない。そこでバックグラウンドは実測できない。できないが，もちろん，無視もできない。この成分は，シグナルよりも大きくなる場合さえあるからだ。この，測定不能だけれど無視もできない数値を求めるために，自由パラメータは使われる。このパラメータは，分布様式を限定的に変える働きを持つ。解析者は，データが最も対数正規分布に近づいた値を，このパラメータとして採用する。本来はパラメトリック法は自由パラメータを嫌う；それが客観性をいささかでも損ねるからだ。しかしここで解析者に許されている自由は，「何をもって最もモデルに近いと判断するか」だけである。また，このパラメータには万能性がない。もともと対数正規分布する性質を持っていない限り，1つの数を引くことでこの分布を得ることはできない。

第3章　解析技術

1.3.3　実際の計算

パラメトリック法は実用化されているが，市販のパッケージソフトには組み込まれていない。作業は㈱スカイライト・バイオテック（www.skylight-biotech.com）に依頼する。CDなどでデータを送付すると，標準化した値がCDで届けられる（データが大量にあるときはHDDが使われている）。同社のサービスSuperNORMと，返送されるデータについて簡単に紹介する。

（1）　問題箇所の除去

ハイブリにはときどき技術的な問題が生じる——システムによって起こり易い問題があり，そうしたものがまずテストされて検出される。系統誤差が検出されたとき，補正できるのならば補正され，できなければ当該データが削除される。たとえば，GeneChipで埃の影響が検出された場合は，該当する部分のデータが削除される（図3）。このチップは一遺伝子を複数のセルで測定するため，ある程度の数のセルが削除されても残りのデータを使うことができる。セルはチップ内に散在しているため，1つの埃がその遺伝子の全てのデータを破壊することはない。

（2）　標準化

前述した原理に基づいて標準化が行われ，結果が返される。GeneChipを例にとって説明すると，1つの断片であるセルデータと，それを遺伝子ごとに要約した遺伝子データが返る。

①　セルデータ

GeneChipは，1つのmRNAを複数の断片にわけて測定する。それぞれの断片の配列は1つのセルで測定される。そこで遺伝子ごとに複数の（たとえば11のPM）データを与える。このデータは行数がごく大きいため，スプレッドシートのソフトウエア（たとえばExcel）では読み込むことができない。そこで，このデータは，Excelが扱えるだけの大きさに分割されて出力される。統計のためのソフトウエアRには，この大量の数値のために設計された環境が用意されており

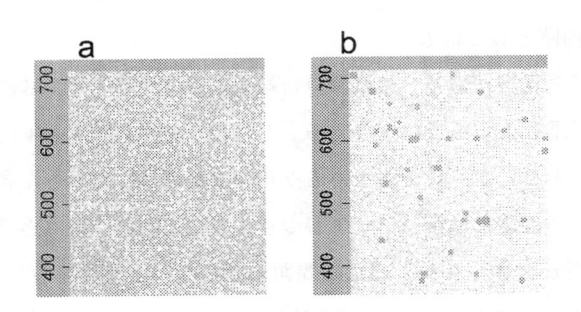

図3　埃による影響

パネルa：チップの物理地図と同じ並びに配置したシグナル強度による擬似画像。ここから，シグナルの偏りを検出する（白黒では詳細が見えにくいかもしれない）。
パネルb：検出された偏りから，汚染されたデータを特定して取り除く。（スピンカラムの不具合などでおきる）細かい粒子が混入した影響かと思われる。

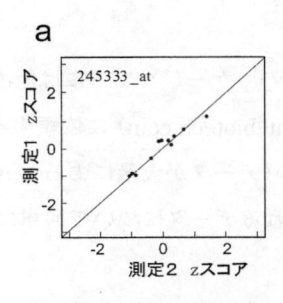

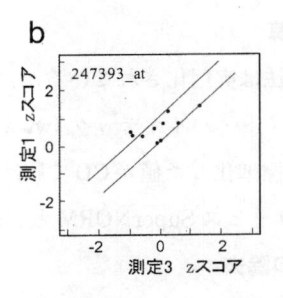

図4　繰り返し実験にみる GeneChip セルデータの変化

パネルa：ハイブリダイゼーションを繰り返した際の，セルごとのzスコアである。y＝xの直線上にプロットされる，良好な再現性を示している。これらのセルは同一の分子を測定していると考えられるが，それぞれ異なるzスコアを示す。これがセルごとの感度差による影響である。

パネルb：植物にホルモン刺激を与えた際の発現変化。多くのケースでは，パネルaの直線がそのまま平行移動したようなプロットになる。これはプロットがむしろ2本の直線上に乗るように見える例で，たとえばスプライシングバリアントである可能性がある。

(たとえばBioCのaffyパッケージ)，これが使える場合，データをAffyBatchファイルとして入手することができる。この大きなセルデータを扱うメリットがいくつかある。1つはノイズを含むデータの取り扱い上のメリットで，より多くのデータはより確かな取り扱いにつながるということ（検定も可能になる）。もう1つのメリットは，スプライスバリアントの発見に使えることだ。これらはたとえば図4bのように，複数の線上にプロットされることで見分けがつく。

② 遺伝子データ

遺伝子ごとにデータがまとまっていれば，ExcelやGeneSpringでも全てのデータを扱うことができるようになる（現時点でバージョン7のGeneSpringはセルデータを直接に扱うことができない。そこで，プログラムが.CELファイルを読み込む前に，あらかじめ遺伝子ごとに要約しているが，このとき例のRMA計算がなされる）。SuperNORMでは，1つの遺伝子の全PMセルの中央値を用いて要約値としている。

要約にも基盤になる考え方があり，それは分析結果に影響する。セルは固有の感度を持ち，その感度はzスコアに正規分布する違いを与える。じつは，最も精度の高い要約の方法は，zスコアの算術平均である。ところが，数十万もあるセルのなかには，たいへん高い・低い感度を持つものがある。また，セルの値には常にノイズがつきまとっており，特に感度の下限に近い値については，ノイズの影響が大きくなる。通常は問題にならないような，たとえば1/1,000以下の確率でしか起きないような大きなノイズも，50万あるセルのなかでは500回も観測されてしまう。除きそこなった埃も必ずあるはずで，そうしたものは平均値に対して大きなバイアスをかけるだろう。以上から，平均値と同じような考えに基づき，しかもノイズや孤立値に強い算出方法である中央値が選択されている。

第3章 解析技術

要約された遺伝子データには数値と，フラッグを表すコールデータがある．数値には次の2種類がある．

1) zスコア

基本的に正規分布する値で，分布の中心は0，標準偏差は1になっている（測定上のエラーの問題があるため，特に強い強度域と，弱い強度域は，正規分布に従わない）．統計的に処理するときに扱い易い利点を持つ．引き算で比較する．

2) 擬似データ

zスコアから算出した仮想の読みとりデータで，

$$(擬似データ) = 256 \times 10^{\sigma(z\text{スコア})} \tag{1}$$

という式から算出される．σは正規分布の幅を表すパラメータで，これはもともと実験間で安定な性質を持つ．この擬似データはmRNAの濃度に比例する値である（比例定数はスポットないしセルごとに異なる）．GeneSpringなどではzスコアを扱えないため，こちらの数値をとりこんで使う（必要に応じて，プログラム内部で対数をとれば，正規分布する数値が得られる）．対数正規分布を持つデータとして標準化されているので，このまま比較ができる．割り算で比較する．比較したときのzスコアとの関係は以下のとおり．

$$(z\text{スコア}_1 - z\text{スコア}_2) \times \sigma = \log_{10}(擬似データ_1 / 擬似データ_2) \tag{2}$$

③ 画像データ

3種類の画像が返される．埃を発見するための擬似画像データ，発見された埃の位置データ，そしてデータ分布を確認するためのProbability Plotである．標準化データを受け取ったらまず最初に（数値ではなくて）こちらを眺めるべきだ．と言うのも，これは測定に関するウエットの良否を示すからだ．場合によっては，実験のプロトコルを検討すべきである——同じ会社や研究所からのデータでも，ラボや実験者によって，データの質に大きな差があるときがあり，それは画像に端的に現われる（図3）．問題が顕著なときは，オペレータからの注意書と助言が同封される．

1.4 標準化したデータを比較する

DNAチップデータの違いを，どう評価したらいいだろう？ この違いは，mRNAの濃度変化を示すものである．その濃度をどんな視点から考えるかによって2種類の解釈が可能である．

1.4.1 原因から考える視点

mRNAの濃度変化は，何れかの調節タンパクの活性濃度が変化することで起きることが多い

はずだ。mRNAの濃度は合成速度と分解速度とのバランスで保たれている[2]。濃度が変わったということは、どちらか(ないし両方)の速度が変わったということだ。速度を決めているのは調節タンパクと塩基配列との相互作用である。相互作用のしくみ(両者の関係)そのものは滅多に変わらない——その遺伝子領域のヒストンへの巻きつきが変われば変化するが、この状態は(基本的には)保たれている。ほとんどのケースでは、速度の変化は調節タンパクの活性濃度が変化すること、つまり濃度が増減するか、リン酸化などの修飾をうけるかで起きているだろう。

遺伝子発現の変化を「調節」という視点から考えるなら、その原因である調節タンパクの活性濃度変化から評価するべきだろう。この活性濃度変化と、それが各遺伝子に与える影響(を物理化学的なエネルギーで評価した値)とは正比例し、それらとzスコアの差もまた正比例する。まだそれぞれの比例定数は不明であるが、それでも相対比較は可能だ。遺伝子Aにおけるzスコアの差と、別の遺伝子Bにおけるzスコアの差は、そのまま、重さの補正なしで比較できる。

1つだけ気をつけるべき点は、解析者間で縮尺を違えないようにすることだ。縮尺にはいくつかの作法があり得る:たとえばzスコアの差、$\log_2$レシオ、$\log_{10}$レシオがある。レシオはmRNAの変化を比で表したもので(たとえばコントロール実験の何倍というように)、その対数値がログレシオだ。この3つの値は定数をかければ相互変換可能である。

$$(zスコアの差) \times \sigma = \log_{10}(レシオ) = 0.3010 \times \log_2(レシオ) \tag{3}$$

これらの値には1つ、得がたい便利さがある。それは、基本的に正規分布するということだ。もともとzスコアは正規分布する。そこで、(もしそれらの値が独立なら)その差は正規分布することが演繹できる。遺伝子発現のデータは独立ではないが、しかし信頼域の上限・下限の影響を受けない領域のデータ間の発現変化は実際に正規分布する。この性質のおかげで、この値を評価することが容易である——評価のための新しい客観的な基準を用意しなくていいからだ。

さて、多くの調節タンパクは、それぞれ複数の塩基配列と相互作用して、複数の遺伝子の発現量を変える。これは複数の遺伝子が、ある1つの調節タンパクを介して、発現量(変化)について関係を持つことを意味している。ある調節タンパクと1つの遺伝子の組み合わせに着目するとき、その関係は基本的に不変である。そこで、この調節タンパクによってつながっている全ての遺伝子群の関係も一定である。遺伝子発現のデータを、ネットワーク理論やクラスター理論によってトップダウンに調べたときに観察される遺伝子間の関係は、おそらくこの関係を(理論と、採用する計算方法に固有の視点で)見ているものである。残念ながら現時点では、その不変の関係はまだ明らかになっていない——これを明らかにするためには、関係をひとつずつ物理的に測定する作業が必要になるだろう。

第3章　解析技術

1.4.2　結果から考える視点

　発現調節を受けた結果，mRNAの濃度は変化する。変化した量は，調節タンパクの変化に対して指数的に（対数規模で）変化する[2]。さてmRNAはタンパク質合成の鋳型である。タンパク質の細胞内濃度も（おそらく）合成速度と分解速度に従う。この関係に，mRNAと同じような理論が当てはまると仮定すると，タンパク質の細胞内濃度はそのmRNAの濃度に正比例すると推定される——少なくとも，全体としては比例する傾向を持つだろう。そこで，mRNAの濃度は，細胞の内容物の濃度を反映していると考えられる。細胞骨格や，イオン輸送などの機能の大きさ・強さは，構成的なタンパク質の濃度で判断されるべきものだ。この視点で考えるのなら，発現量の変化はmRNAの多寡で評価されるべきである。

　この多寡を相対的に示すのは，先に紹介した擬似データである。これはmRNAの絶対量に比例し，対数正規分布する。ただしこの値には原理的な誤差があるので注意が必要だ。この誤差は，比例定数が遺伝子ごとに異なり，未知であることから生じる。この比例定数はスポットないしセルに固有の感度を表す。前述した標準化は，測定間の遺伝子発現の違いを比較するためのもので，スポットないしセル間の違いを対象にしていない。そこで，たとえば同一の遺伝子でも，そのセルによってzスコアは異なったものになる（図4a）。だからチップ内で（感度差がある）遺伝子Aと遺伝子Bをそのまま比較することはできない。おそらく感度は配列の関数であるが，両者の関係は現時点では明らかでなく，そのためデータを配列から補正することができない。…とは言うものの，GeneChipデータの場合，遺伝子ごとに得られるデータは，たとえば10から20ほどのセルデータの中央値である。中央値には算術平均と同様な効果があるため，正規分布する誤差の影響は（1遺伝子1スポットのチップに比べて）小さくなることが期待される。経験的には，GeneChipにおける感度はzスコアに対して概略で正規分布し，その標準偏差は0.4–0.5ほどである。そこで（感度が遺伝子ごとに偏らないと仮定するなら）遺伝子ごとのセルの中央値に期待される標準偏差は，有効なセル数の平方根分の1になる。そこで，感度による遺伝子データへの影響の標準偏差は0.1–0.2程度であることが期待される。これはレシオに換算すると1.1–1.3倍に相当する。つまり，ある遺伝子Aの感度は，平均感度から1.1–1.3倍より高くなる確率が16％ほどある（そして逆に感度が低くなる確率も同じだけある）。そのとき，遺伝子Aは他の遺伝子よりもいつも（決まった割合で）多く見積もられることになる。現時点では，擬似データを（あるいはzスコアを）絶対量の代わりに使用するときには，この程度の系統誤差があることを承知しておく必要がある。個人の感覚をあえて述べさせていただくなら，この誤差は全体を（クラスタリングなどで）眺めるときにはあまり大きな問題ではなさそうだが，2つの遺伝子に着目して産物の量比を直接比較する際には障壁になるだろう。後者においては，とても大きな感度差があるペアを引き当ててしまう可能性もある。もっとも，こうしたケースでは，qPCRなどの手段で感度

差を実測することが可能だ．一度測定してしまえば，感度差はハイブリのプロトコルを変えない限り一定のはずなので，以後はその感度差でDNAチップデータを補正して正確な値が得られるだろう．これはもちろん，1遺伝子1スポットのチップにも使える方法だ．

1.5 測定結果の再現性を調べる

データに再現性があることを確認するのは，あらゆる測定の基本だ．これは，だれかが追試可能であることを保証するためにも必要である．

再現性は，DNAチップによる測定を繰り返すことで確認するのが実際的だ．現在のDNAチップのシステムで同一のRNAサンプルを測定すれば，そこそこ良い再現性が得られる．また1実験で得られる測定値が多数であるため，統計的な取り扱いをする際の誤差が小さい．そのためDNAチップによる測定の精度は抜きん出て高い（たとえばqPCRの結果を良い精度で標準化するのは，かなり難しい．目的以外の遺伝子を，たとえば100遺伝子ほどの規模で測定する必要があるからだ）．一般的に，高精度の方法を，より低い精度の同様の方法で数回だけ追試しても，得られるものは少ない——データの一致が見られても，それが偶然でないことを積極的に証明するのは難しく，また不一致が見られても，検証に使った方法に原因がないことを言うことが難しい．そしてもちろん，他の方法によってDNAチップの網羅性を得ることはできない．そこで，こうした裏づけのとりかたは，ごく大きな変化を示した，ごく少数の遺伝子にだけしか適用できない．労力と時間をかけて遺伝子をひとつひとつ精度の悪い方法で調べ直すよりは，同じ実験をもう一度やるほうが，得るものが大きい．

では，高価なチップをもう1枚使って，何を調べれば再現が確認できるだろう？　もちろんそれは，いわゆる生物学的な再現性の確認である．サンプルには個体差がある．培地にもロット間差がある．一方，ほとんどのケースで，測定のシステムは良好な再現性を示す．システムに由来する系統誤差は数回ほど繰り返し実験を行えば発見でき，その傾向がつかめれば補正可能になる．もっと深刻な測定の不具合（たとえば不均一なハイブリダイズや，チップ製造上の欠陥）があれば，何らかの方法で発見されることが多い．こうした場合は，該当する測定だけをやりなおせばいい．ほとんどの「再現されない差」は，生物学実験の側に起因する．

再現実験において，サンプルの生物にまったく同じ生理条件をそろえることは，かなり困難である．あるいはこれはDNAチップ以前になら可能だったかもしれない．しかしDNAチップは，それまで明白でなかった諸々の違いを検出してしまうのだ．動植物の個体差，サンプリングの時刻，天候，細胞のロット，血清の新鮮さ，そうした全てが影響する．シャーレをしばらくベンチに積んでおくだけでトランスクリプトームは変わる．そこで，要求される再現性について，何を確認せねばならないかを意識して解析を行うことが重要になってくる．何に着目するかは主観的

第3章　解析技術

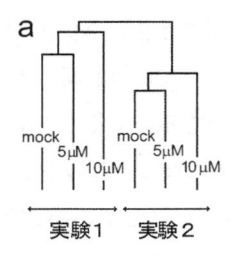

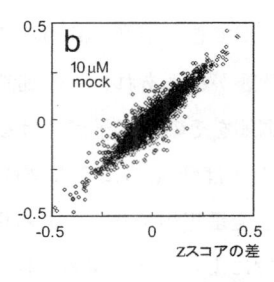

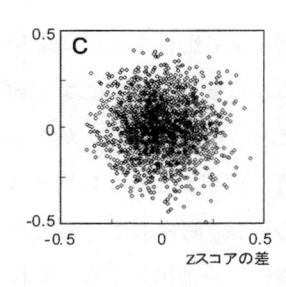

図5　再現の確認
パネルa：測定間の関係を示す階層型クラスタリングの結果。薬品を投与して，一定時間後のDNAチップデータのzスコアから計算した。明らかに，繰り返し実験のロット間差が最も大きな違いになっている。　パネルb：パネルaの処理群と対照群について，実験1と2の間で確認した再現性。遺伝子ごとに要約したデータをプロットしている。実験サンプルの状態は異なっていても，薬品の効果には再現性が認められる。　パネルc：パネルbと同様の実験において，再現性の確認ができないときの例。右上・左下方向からデータを抽出しても，実験系にあるノイズとの区別がつかない。

なものなので，そこに着目する理由は明示されなければならない。この理由に説得力があれば，その視点は他の研究者と共有できることになる。

　以上をふまえた上で具体例を見てみよう。組織や細胞に何らかの刺激を与えて刺激の前後で測定をした実験を繰り返したとする。それぞれのzスコアで階層的なクラスタリングを行うと，実験1と2が別のクラスターを形成することがある（図5a）――これは（動物でも植物でも）個体を使う実験[*]ではありふれた現象で，これはそれぞれの実験でサンプルの状態が違っていて，その違いの大きさが刺激による違いの大きさよりも大きいことを示している。しかし，刺激による遺伝子変動をzスコアの差で見ると（前述したようにこれは，変動を調節タンパクの影響から見る指標である），再現が確認できる発現の変化がある（図5b）。こうした場合，その刺激が特定の調節タンパク質の活性濃度を変化させ，それが特定の遺伝子群の発現を変化させたことが（個体差のノイズのなかから）検出されたことになる。以後，該当する遺伝子に絞り込んで，その意味することを考えるのは，理由のある妥当な行為だ。同じような測定をもう一度繰り返せば，

---

[*] 個体間差を避けるためにサンプルを複数用意して，それをRNA抽出の段階で混ぜることがあるが，これは勧められない。この行為は算術平均をとるのとおなじ効果を持つ。しかしmRNAは対数正規分布するものであって，この分布をするものは幾何平均をとらないと平均化できない。材料を混ぜてしまうと，1つの特異なサンプルが全体を汚染してしまうことにつながる（全体によって孤立値の影響を薄める効果が小さいのだ）。個体差が大きく見積もられ，かつその効果が問題になるときは，各個体ごとにデータをとって，解析段階でその個体差を消す作業が必要になる。このmRNAの厄介な性質はしかし，組織のなかの（物理的に分離しがたい）特異的な細胞に起きた大きな変化を，その組織全体のデータから検出するときには役立つ。チップデータのなかでは小さな変化でも，たとえば*in situ*のハイブリによって，局所的な大きな違いとして再確認できることがある。平均で消去されなかったからこそ，検出できたものである。

偶発誤差による影響をさらに減らすことができ，確度を高めることができる。つまり，何度も同じようにふるまう発現変化は，細胞の状態がどうあれ，その刺激によっていつも同じメカニズムが働くこと，そしてそのメカニズムの調節をその遺伝子がうけることを示唆する。ちなみに，効果の影響に再現がとれない場合は，たとえば図5cのようなプロットになる。このようにプロットが同心円状（厳密には，相関のない二変量正規分布）である場合，たとえば$y=x$に沿った方向から遺伝子を抽出しても，それは偶然によってその場所に居合わせたものと区別がつかない。このような場合，測定を繰り返しても有意差の検出は困難である――何らかのミスが改められて，図5bのような関係が新たに得られてこない限り，同心円状のプロットをいくつ用意しても状況は改善しない。

1.6 おわりに

紙面の都合で，ここでは主にGeneChipを例にして発現解析の基礎に話題を絞った。検定の方法などの高度な解析や，SNPs解析，Chip解析のための標準化に関してはまた別の機会に。また本稿の詳細は原著を参照されたい。

文 献

1) Konishi T., *BMC Bioinformatics*, **5**, 5 (2004)
2) Konishi T., *Nucleic Acids Research*, **33**, 6587 (2005)

2 自己組織化法のバイオインフォマティクスへの応用
―メタボロームおよびトランスクリプトームデータの統合解析に向けて

中村由紀子[*1], 真保陽子[*2], 矢野美弦[*3],
モハマド・アルタフル・アミン[*4], 黒川　顕[*5], 阿部貴志[*6],
木ノ内誠[*7], 斉藤和季[*8], 池村淑道[*9], 金谷重彦[*10]

2.1　はじめに

　バイオインフォマティクスとは，遺伝情報のコンピュータハンドリングおよび情報解析に基礎をおいた分子生物学と定義でき，究極的には細胞を情報技術で再現することにある．その一つとして細胞をシステムとして記述することが考えられる．生命を分子生物学的な立場でシステムとして記述する場合，RNA，DNA，代謝物質などの生体物質を要素として規定し，基質−生成物，発現制御関係などの要素間の関係を情報学的に記述することが必要となる．膨大なゲノム情報データと実験技術の進歩に伴うポストゲノム解析による種々の分子生物学的事象のデータ（インタラクトーム，トランスクリプトーム，メタボローム）を統合し信頼性の高い要素間の関係を抽出することが，生命システムとしての普遍性および多様性を理解するための重要な課題となっている．

　トランスクリプトームにおいて，マイクロアレイ実験技術の進展に伴い，一つの生物においても同時に数千〜数万の遺伝子に対する発現プロファイルを測定することが可能となり，数百の異

---

* [*1]　Yukiko Nakamura　愛媛女子短期大学　生命科学研究所，かずさDNA研究所　植物ゲノムバイテク研究室
* [*2]　Youko Shinbo　奈良先端科学技術大学院大学　情報科学研究科　情報生命学専攻
* [*3]　Mitsuru Yano　千葉大学大学院薬学研究科　遺伝子資源応用研究室，理化学研究所　植物科学研究センター
* [*4]　Md. Altaf-Ul-Amin　奈良先端科学技術大学院大学　情報科学研究科　情報生命学専攻
* [*5]　Ken Kurokawa　奈良先端科学技術大学院大学　情報科学研究科　情報生命学専攻
* [*6]　Takashi Abe　国立遺伝学研究所　生命情報・DDBJ研究センター
* [*7]　Makoto Kinouchi　山形大学　工学部　応用生命システム工学科
* [*8]　Kazuki Saito　千葉大学大学院薬学研究科　遺伝子資源応用研究室，理化学研究所　植物科学研究センター
* [*9]　Toshimichi Ikemura　長浜バイオ大学
* [*10]　Shigehiko Kanaya　奈良先端科学技術大学院大学　情報科学研究科　情報生命学専攻　教授

なった実験条件についてゲノム全体の遺伝子における発現プロファイルが得られる時代となった。複数の実験から得られる発現プロファイルの類似性から遺伝子を分類することにより，単に遺伝子発現プロファイルが類似の遺伝子を探索するだけでなく遺伝子発現の組織ならびに環境特異性と関連した制御メカニズムをゲノムスケールで理解することが可能になると期待される。種々の実験条件に対する遺伝子発現プロファイルから遺伝子を高精度で分類するために，筆者らはコホネンが記憶やその想起を研究した自己組織化マップ（SOM）[1~3] に着目した。

教師なし学習のアルゴリズムの一種である自己組織化法(Self-organizing mapping：SOM)は，コホネン博士により考案された方法であり，大量かつ多次元データの視覚化ならびにクラスタリング法としてバイオインフォマティクス解析ならびに種々の分野のデータ解析で活用されている[1~3]。大量かつ高次元のデータ解析をSOMでは高速，簡便，頑強に実効でき，かつ，得られた自己組織化地図の解釈が非常に容易であることが，非常に広範な研究分野で応用されていることの主要因である[4~8]。オリジナルSOMのバイオインフォマティクスデータへの適用としては，種固有の塩基配列ならびにコドン使用についての特徴解析[9,10]，転写因子の結合モチーフ解析[11]，網羅的遺伝子発現プロファイル解析[12~16] などがある。

我々の研究グループでは，このようなSOMの長所を生かすとともに，解析結果に再現性を有する形式にアルゴリズムを改良した一括学習型の自己組織化法（BL-SOM）を提案した[17]。BL-SOMはゲノム[18~20]ならびにポストゲノムデータ解析[21~26]などに広範に適用されるようになった。本解説では，まずはじめに，BL-SOMのアルゴリズムを説明する。続いて，トランスクリプトーム解析ならびにメタボローム解析への適用例について解説する。また，研究者が自らBL-SOMを試すことができるように，我々の研究室で開発したソフトウエアのダウンロードサイトについての情報も本解説に含めたので参考にしていただきたい。

2.2 自己組織化法

2.2.1 Kohonen SOM

BL-SOMでは，最終的に得られる対象の分類結果をデータの入力順序に依存しない形式に改良した[17]。まずはじめに，入力データについて説明する。いま，N個の遺伝子について，M種類の実験条件で発現プロファイルを測定したとすると，この発現プロファイルデータは，式(1)により行列により表現することができる。

第3章　解析技術

$$X = \begin{pmatrix} x_{11} & x_{12} & \cdots & x_{1t} & \cdots & x_{1M} \\ x_{21} & x_{22} & \cdots & x_{2t} & \cdots & x_{2M} \\ \cdots & \cdots & \cdots & \cdots & \cdots & \cdots \\ x_{s1} & x_{s2} & \cdots & x_{st} & \cdots & x_{sM} \\ \cdots & \cdots & \cdots & \cdots & \cdots & \cdots \\ x_{N1} & x_{N2} & \cdots & x_{Nt} & \cdots & x_{NM} \end{pmatrix} \tag{1}$$

s番目遺伝子についての発現プロファイルは，式(2)によりM次元のベクトルにより表現することができる。

$$X_s = (x_{s1}, x_{s2}, \cdots\cdots x_{st}, \cdots\cdots x_{sM}) \tag{2}$$

ここで，x_{st}はs番目の遺伝子におけるt番目の実験における発現量を意味する。いま，M次元空間における遺伝子の分布は，模式的に図1aにより図示することができる。すなわち，N個の遺伝子が，M次元空間に散布されることとなる。このM次元空間の中の遺伝子の分布を最もよ

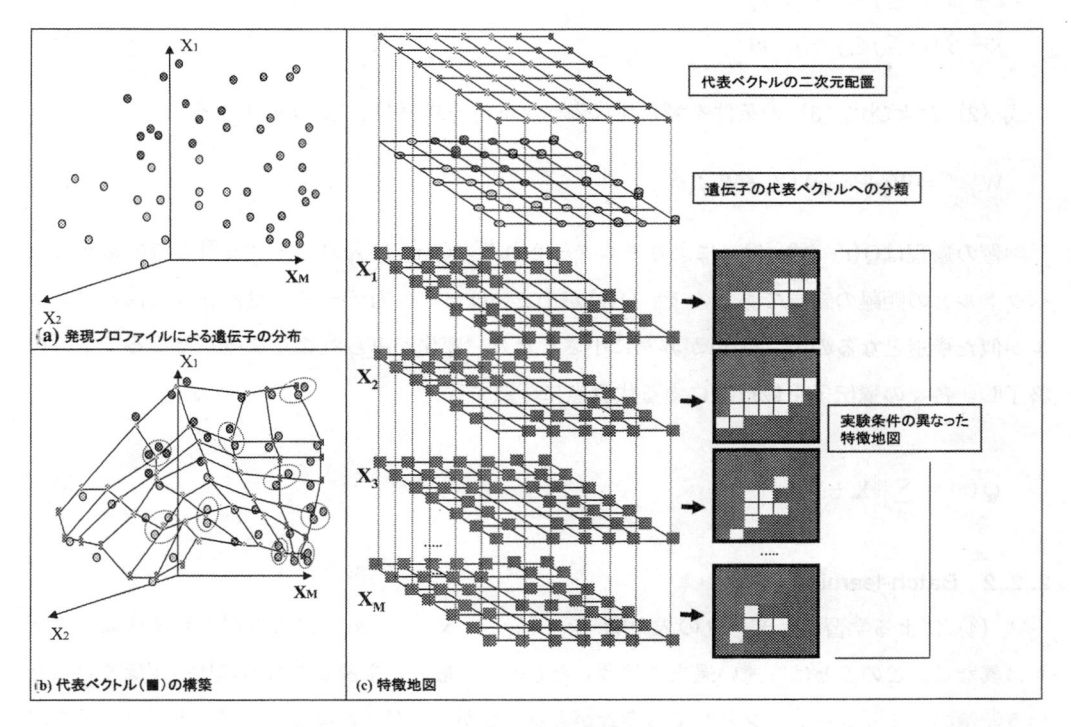

図1　自己組織化法の概念図
（巻頭カラーページ参照）

く反映するように代表ベクトルを配置する。ただし，この代表ベクトルは二次元格子上に関連づけられて配置されているものとする（図1b）。

まずはじめに通常のSOMについて説明する。ij番目初期代表ベクトルをw_{ij}により表現する。ここで，二つのサフィックスiとjにより初期代表ベクトルは二次元格子上に関連づけられて配置されることを意味する。すなわち，w_{ij}に直接関連づけられている代表ベクトルはw_{i-1j}, w_{i+1j}, w_{ij-1}, w_{ij+1}となる。通常初期ベクトルはランダム値をそれぞれの要素に割り当てることにより設定される。続いて，二つのパラメータ$\alpha(r)$と$\beta(r)$により，これらの代表ベクトルを以下の競合学習により更新する。$\alpha(r)$は0から1の間の値を有するパラメータであり，代表ベクトルを入力ベクトルに近づけるためのものであり，$\beta(r)$は正の整数を有し，変更する代表ベクトルの範囲を決めるためのパラメータである。これらの二つのパラメータは学習が進むに従って小さな値となるように設定する。

M次元空間内で任意の入力ベクトルx_sと最も近隣にある代表ベクトルを選択する。これを$w_{i'j'}$とする。この代表点の格子の位置$i'j'$をもとに変更すべき代表ベクトルを式(2)および式(3)により決定する。

$$i' - \beta(r) \leq i \leq i' + \beta(r) \tag{2}$$
$$j' - \beta(r) \leq j \leq j' + \beta(r) \tag{3}$$

式(2)および式(3)の条件を満たす代表ベクトルを式(4)により更新する。

$$W_{ij}^{(new)} = W_{ij} + \alpha(r)(X_s - W_{ij}) \tag{4}$$

学習の過程はQ(r)（式(5)）によりモニターされる。Q(r)は入力データと最近隣にある代表ベクトルとの距離の二乗であるので，Q(r)が小さいほど，入力データと更新された代表ベクトルが似た構造となるので，Q(r)が非常に小さくなり，変化がみられなくなったところで学習を終了し，各々の遺伝子を最近隣にある代表点に分類する。

$$Q(r) = \sum_{s=1}^{N} \{\|X_s - W_{i'j'}\|^2\} \tag{5}$$

2.2.2 Batch-learning SOM

式(4)による学習は，データの入力順$\{x_1, x_2, ..., x_s, ..., x_N\}$により得られる代表ベクトルは異なる。このことは，遠い過去に学習したものは，最近，学習したものに比べてぼやけるという記憶のシミュレーションとしての意義がある。しかし，ゲノムならびにポストゲノム解析において，入力順序を適切に決めることは難しい。また，一般的な多変量解析としては，入力順序

第3章 解析技術

により結果が異なることは，データの解釈を煩雑なものとする[27]。また，入力データ全てを対象に式 (4) を更新しなければならないために，ゲノムデータ，トランスクリプトームデータのように数千〜数万のベクトルを入力データとして用いる場合には，この学習の過程が困難になる。そこで，入力順序の影響を除去し，学習過程を効率化するアルゴリズムを考案した。これをBatch-learning SOM (BL-SOM) と呼ぶ。BL-SOMにおいては，初期値を主成分分析により設定し，入力ベクトルを代表ベクトルに分類するプロセスと代表ベクトルを更新するプロセスを完全に切り離すことにより学習順の影響を除去し，並列化による学習の効率化を図った。これら3個のステップに従って，BL-SOMのアルゴリズムを説明する。

(i) 初期ベクトルの設定

初期代表ベクトルを主成分分析法により決定する。いま，M次元空間に分布するN個の遺伝子からなる行列（式 (1)）をもとに主成分分析を行い，分散の最も大きな二つの軸を第1主成分軸ならびに第2主成分軸とよぶ。これら二つの主成分ベクトルをb_1ならびにb_2とする。主成分第1軸および第2軸にそって，それぞれIおよびJ個からなる合計I×J個の代表点を等間隔に配置する。ここでij番目の代表ベクトル（w_{ij}）を式 (6) により表す。

$$W_{ij} = X_{av} + \frac{5\sigma_1}{I}\left[b_1\left(i - \frac{I}{2}\right) + b_2\left(j - \frac{J}{2}\right)\right] \tag{6}$$

ここで，Iは，便宜上，主成分第1軸の標準偏差の5倍の範囲で設定した。また，Jは，主成分第1軸と第2軸の分散の比

$$(\sigma_2/\sigma_1) \times I$$

に最も近い整数により規定した。式 (6) におけるx_{av}は入力データの平均値ベクトルである。

(ii) 入力ベクトルの分類

k番目の入力ベクトルx_kとM次元空間において最近隣にある代表ベクトルを$w_{i'j'}$とする。入力ベクトルx_kを，

$$i' - \beta(r) \leq i \leq i' + \beta(r) \tag{7}$$

ならびに

$$j' - \beta(r) \leq j \leq j' + \beta(r) \tag{8}$$

を満たす集合S_{ij}に分類する。

すべての入力ベクトルx_k ($k = 1, 2, ..., N$) について式 (7) および式 (8) に従って分類を行い，集合S_{ij}の構築する。

(iii) 代表ベクトルの更新

集合 S_{ij} を構築が完了した後,式 (9) により代表ベクトルの更新を行う。

$$W_{ij}^{(new)} = W_{ij} + \alpha(r)\left(\frac{\sum_{x_k \in S_{ij}} x_k}{N_{ij}} - W_{ij}\right) \quad (9)$$

二つのパラメータの設定はKohonen SOMと同様の方法で設定する。ここでrは,全ての入力ベクトル x_k (k=1, 2, ..., N) が集合 S_{ij} に分類されるごとにインクリメントされる。これらの二つのパラメータは,暫定的には,式 (10) および式 (11) のように規定した。ここで,重要なことは,二つのパラメータは共に学習回数(エポック)が増えるに従って減少することである。すなわち,はじめは,大幅に代表ベクトルを変化させ,徐々に最適値へと収束させることとなる。

$$\alpha(r) = \max\{0.01, \alpha(1)(1-r/T)\} \quad (10)$$
$$\beta(r) = \max\{0, \beta(1) - r\} \quad (11)$$

なお,学習過程は,Kohonen SOMと同様に式 (5) によりモニターする。すなわち,Q(r) が十分小さくなるまで,ステップ (ii) と (iii) を繰り返す。Q(r) が十分小さくなったら学習を終了し,各々の遺伝子を最近隣にある代表点に分類する。

2.2.3 BL-SOMによる発現プロファイル解析法

学習過程が終了し,各々の遺伝子を最近隣にある代表点に分類することにより類似の発現プロファイルを有する遺伝子群を得ることができる。代表ベクトルは二次元格子上に配置されているので,配置のトポロジーにより二次元に代表点を配置することができる(図1c最上段)。このことにより,M次元データをトポロジカルな意味で二次元にすることにより,人間の目で二次元地図としてデータの分布を把握することが可能となる。つづいて,遺伝子を際近隣の代表点に分類する(図1cの2段目)。発現プロファイルにおいて類似である遺伝子が同一の代表点に分類されているので,近い代表点に分類されている遺伝子における発現プロファイルには類似性を有することになる。さらに,M種の実験それぞれについて,各々の代表点に分類された遺伝子の全てが平均以上の時に赤色,全てが平均未満のときには青色として,代表点を塗り分ける(図1cの3段目から最終段)。このように色分けをした図を特徴地図(Feature Map)と呼ぶ。それぞれの実験と対応したM枚の図を比較することにより,発現プロファイルにより実験条件の類似性を検討することが可能となる。このようにして,非線形写像による高分離能で,発現プロファイルの類似性から遺伝子および実験条件の両方をそれぞれ分類することができることが自己組織化法の最大の特徴である。

第3章　解析技術

2.3　トランスクリプトームおよびメタボロームにおけるデータの統合解析

　細胞・組織全体のトランスクリプトームとメタボロームの統合解析の例として，硫黄が欠乏した状態における植物の遺伝子発現量ならびに代謝物量の時経データの統合解析結果を図2に示す．硫黄は植物にとって必須の栄養素であり，硫黄が欠乏すると成長阻害や葉のクロロシスなどが起こる[28]。過度の栄養欠乏では枯死してしまうが，ある程度の欠乏状態には適応して生育する能力を植物は有している．栄養欠乏状態に適応するときの遺伝子の発現制御ネットワークが解明されれば，その制御ネットワークを操作することにより，より過酷な栄養欠乏状態に耐性のある植物が作出することが可能となるなどの実用性も創出される．硫酸イオンを含む通常培地で3週間栽培したシロイヌナズナを通常培地または硫酸イオンを含まない培地に移し替え，さらに3h，6h，12h，24h，48h，168hインキュベートさせ，根と葉の各器官から得られた遺伝子発現データをもとに2種類の器官における6個の時系列データ，すなわち12個の要素を持つベクトルで各々の遺伝子の発現プロファイルならびに代謝物量プロファイルを数値化した．代謝物量については FT-ICR-MSにより精密分子量ごとの定量データを解析に用いた．図2aにおける特徴地図において，硫黄欠乏状態で12-24hの間で根および葉の両方で特徴地図の構成が大きく変化した．この12-24hにおいて遺伝子全体の発現量ならびに代謝物全体における組織内量が有意に変化することが統計的方法からもあきらかとなった．12hならびに24hにおける特徴地図の差分をとった地図が図2bである．我々が開発したBL-SOMでは，任意の2枚の特徴地図間の差分を特徴地図として表現できる．このことにより，各ステージ間で有意に発現量変化がみられる遺伝子を探索す

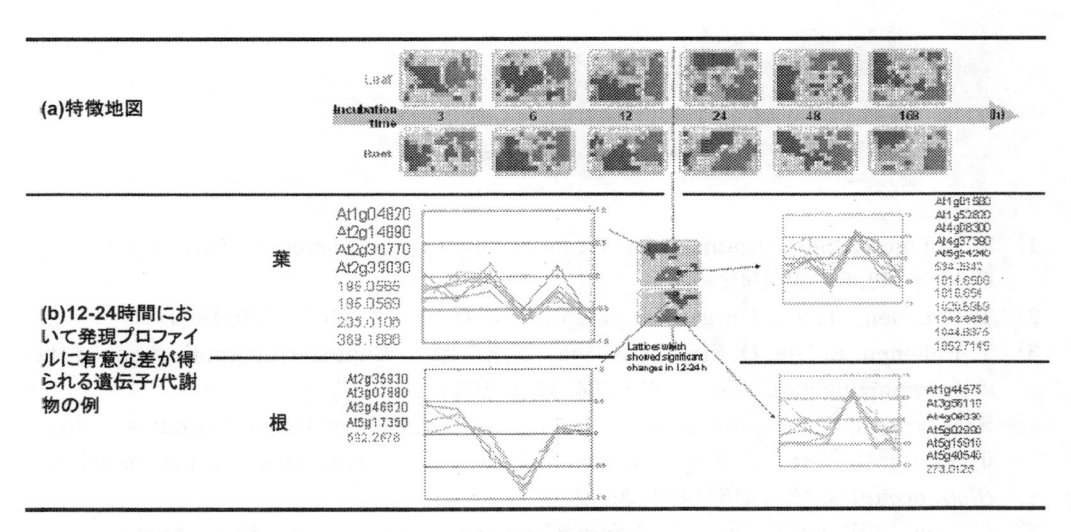

図2　特徴地図解析
(巻頭カラーページ参照)

ることができる。その一例として，葉において12-24hの間で発現量に有意な差が得られた遺伝子はAt1g04820，At2g14890，At2g30770，At2g39030であり，有意な量的変化が見られた代謝物は，195.0565，195.0569，235.0106，369.1888である。これらの遺伝子/代謝物の発現量/定量プロファイルは協調していることが図より読み取れる。このように，FT-ICR-MSに代表される質量分析技術の進展にともない，精密分子量ごとの組織における定量が可能となっており，遺伝子発現と代謝物量の関係づけが可能となりつつある。精密分子量から天然物化合物を検索する，あるいは，FT-ICR-MSによる質量分析データから天然物を検索するシステム構築も我々の研究グループで進めており，随時公開を進めている(http://kanaya.aist-nara.ac.jp/KNApSAcK/)。平井ら[22~24]は，自己組織化法による植物におけるトランスクリプトームならびにメタボロームデータの統合解析に成功しており，また，矢野ら[21]は，ケーススタディとしてこれらの成果を解析法の立場からの検討をすすめた。これらの論文はBL-SOMを理解し，いかにバイオインフォマティクス研究にBL-SOMを使うかを理解するうえでも非常に重要な論文であるので一読をお奨めする。

2.4 ダウンロードサイト

BL-SOMシステムは，

http://kanaya.aist-nara.ac.jp/SOM/

より無償でダウンロードできる。Java j2sdk-1.4.2の環境下でBL-SOMシステム(SimpleSOM)は実効可能である。また，詳細なマニュアルも同サイトより得ることができる。

文　献

1) T. Kohonen, "Self-organized formation of topologically correct feature maps", *Biol. Cybern.*, **43**, 59-69(1982)
2) T. Kohonen, "The self-organizing map", *Proc. IEEE*, **78**, 1464-1480(1990)
3) T. Kohonen, E. Oja, O. Simula, A. Visa, J. Kangas, "Engineering applications of the self-organizing map", *Proc. IEEE*, **84**, 1358-1384(1996)
4) S. Mavroudi, S. Papadimitriou, A. Bezerianos, "Gene expression data analysis with a dynamically extended self-organized map that exploits class information", *Bioinformatics*, **18**, 1446-1453(2002)
5) L. Xiao, K. Wang, Y. Teng, J. Zhang, "Component plane presentation integrated self-organizing map for microarray data analysis", *FEBS Lett.*, **538**, 117-124(2003)

6) P. Mangiameli, S. K. Chen, D. West, "A comparison of SOM neural network and hierarchical clustering methods", *Eur. J. Operational Res.*, **93**, 402–417(1996)
7) S. Kaski, J. Nikkila, M. Oja, J. Venna, P. Toronen, E. Castren, "Trustworthiness and metrics in visualizing similarity of gene expression", *BMC Bioinformatics*, **4:48**, 1–13 (2003)
8) M. Vracko, "Kohonen artificial neural network and counter propagation neural network in molecular structure-toxicity studies", *Curr. Comput-Aided Drug Design*, **1**, 73–78(2005)
9) H-C. Wang, J. Badger, P. Kearney, M. Li, "Analysis of codon usage patterns of bacterial genomes using the self-organizing map", *Mol. Biol. Evol.*, **18**, 792–800(2001)
10) S. Mahony, J. O. McInerney, T. J. Smith, A. Golden, "Gene prediction using the self-organizing map: automatic generation of multiple gene models", *BMC Bioinformatics*, **5:23**, 1–9(2004)
11) S. Mahony, A. Golden, T. J. Smith, P. V. Benos, "Improved detection of motifs using a self-organized clustering of familial binding profiles", *Bioinformatics*, **21**, 1283–1291 (2005)
12) P. Tamayo, D. Slonim, J. Mesirov, Q. Zhu, S. Kitareewan, E. Dmitrovsky, E. S. Lander, T. R. Golub, "Interpreting patterns of gene expression with self-organizing maps : Methods and application to hematopoietic", *Proc. Natl. Acad. Sci. USA*, **96**, 2907–2912(1999)
13) S. I. Meireles, A. F. Carvalho, R. Hirata Jr., A. L. Montagnini, W. K. Martins, F. B. Runza, B. S. Stolf, L. Termini, C. E. M. Neto., R. L. A. Silva, F. A. Soares, E. J. Neves, L. F. L. Reis, Differentially expressed genes in gastric tumors identified by cDNA array, *Cancer Letters*, **190**, 199–211(2003)
14) O. Kontkanen, P. Toronen, M. Lakso, G. Wong, E. Castren, "Antipsychotic drug treatment induced diffential gene expression in the rat cortex", *J. Neurochemistry*, **83**, 1043–1053(2002)
15) M. R. Saban, H. Helmich, N. Nguyen, J. Winston, T. G. Hammond, R. Saban, "Time course of LPS-induced gene expression in a mouse model of genitourinary inflammation", *Physiol. Genomics*, **5**, 147–160(2001)
16) T. R. Golub, D. K. Slonim, P. Tamayo, C. Huard, M. Gaasenbeek, J. P. Mesirov, H. Coller, M. L. Loh, J. R. Downing, M. A. Caligiuri, C. D. Bloomfield, E. S. Lander, "Molecular classification of cancer : class discovery and class prediction by gene expression monitoring", *Sci.*, **286**, 531–537(1999)
17) S. Kanaya, M. Kinouchi, T. Abe, Y. Kudo, Y. Yamada, T. Nishi, H. Mori, T. Ikemura, "Analysis of codon usage diversity for bacterial genes with a self-organizing map(SOM): characterization of horizontally transferred genes with emphasis on the *E. coli* O157 genome"., *Gene*, **276**, 89–99(2001)
18) T. Abe, S. Kanaya, M. Kinouchi, Y. Ichiba, T. Kozuki, T. Ikemura, Informatics for unvailing hidden genome signature., *Genome Res.*, **13**, 693–702(2003)
19) T. Abe, H. Sugawara, M. Kinouch, S. Kanaya, T. Ikemura, "Novel phylogenetic studies of genomic sequence fragments derived from uncultured microbe mixtures in environ-

mental and clinical samples", *DNA Res.*, **12**, 281-290(2005)
20) T. Abe, H. Sugawara, S. Kanaya, M. Kinouchi, T. Ikemura, "Self-organizing map (SOM) unveils and visualizes hidden sequence characteristics of a wide range of eukaryote genomes", *Gene*, **365**, 27-43(2006)
21) M. Yano, S. Kanaya, Md. Altaf-Ul-Amin, K. Kurokawa, M. Y. Hirai, K. Saito, "Integrated dataminign of transcriptome and metabolome based on BL-SOM", *J. Comput. Aided Chem.*, (in press) (2006)
22) M. Y. Hirai, M. Yano, D. B. Goodenowe, S. Kanaya, T. Kimura, M. Awazuhara, M. Arita, T. Fujiwara, K. Saito, "Integration of transcriptomics and metabolomics for understanding of global responses to nutritional stresses in Arabidopsis thaliana", *Proc. Natl. Acad. Sci. USA*, **101**, 10205-10210(2004)
23) M. Y. Hirai, M. Klein, Y. Fujiwara, M. Yano, D. B. Goodenowe, Y. Yamazaki, S. Kanaya, Y. Nakamura, M. Kitayama, H. Suzuki, N. Sakurai, D. Shibata, J. Tokuhisa, M. Reichelt, J. Gershenzon, J. Papenbrock, K. Saito, Elucidation of gene-to-gene and metabolite-to-gene networks in Arabidopsis by integration of metabolomics and transcriptomics", *J. Biol. Chem.*, **280**, 25590-25595(2005)
24) M. Y. Hirai, Y. Fujikawa, M. Yano, *et al*, (12 persons), "Clustering of sulfur-assimilation gene-family members for comprehensive prediction of their functions", *Sulfur Transport and Assimilation in Plants in the Postgenomic Era*(Eds, K. Saito, L. J. Dekok, I. Stulen, M. J. Hawesford, E. schnug, A. Sirko, H. Rennenberg), 183-186(2005)
25) M. Y. Hirai, T. Tohge, K. Saito, "Systems-based analysis of plant metabolism by integration of metabolomics with transcriptomics", *Biotehnol. in Agric. and Forestry*, **57**, 199-209(2006)
26) Y. Nakamura, Y. Shinbo, H. Asahi *et al.*(19 persons), "METABOLIX : Metabolome profiling system based on mass spectrometry", *Sulfur Transport and Assimilation in Plants in the Postgenomic Era*(Eds, K. Saito, L. J. Dekok, I. Stulen, M. J. Hawesford, E. schnug, A. Sirko, H. Rennenberg), 179-182(2005)
27) J. Huang, H. Shimizu, S. Shioya, "Clustering gene expression pattern and extracting relationship in gene network based on artificial neural networks", *J. Biosci. and Bioeng.*, **96**, 421-428(2003)
28) 斉藤和季, 硫黄代謝, 山谷知行編, 朝倉植物生理学講座2, 朝倉書店, pp.103-118(2001)

3 発現プロファイル解析―ネットワーク構築

井元清哉*

3.1 はじめに

マイクロアレイ技術の発展に伴い,遺伝子の発現状態を様々な実験的状況下においてゲノムワイドに知ることができるようになった。そのようなマイクロアレイデータに基づくバイオインフォマティクス,システムバイオロジーにおける最もチャレンジングな話題の一つが遺伝子ネットワーク(gene networks)の推定である。AffymetrixのGeneChipや競合的ハイブリダイゼーションによるcDNAマイクロアレイではmRNAの量(もしくは相対量)を計測しているため,それらのデータに基づき構成されたネットワークは遺伝子転写制御ネットワークと呼んだ方が適切かもしれない。ここでは,遺伝子転写制御ネットワークを遺伝子ネットワークと呼ぶこととする。転写因子が中心的役割を果たす遺伝子ネットワークは,代謝ネットワーク,シグナル伝達パスウェイと並び生命活動の中心的役割を果たす生体内ネットワークの部分ネットワークである。

これまでに遺伝子ネットワークをマイクロアレイデータから推定するために様々な数理モデル,アルゴリズムが提案されてきた。本節では,基本的な統計量の一つである相関係数に基づく遺伝子ネットワークの推定から話を始める。相関係数では計測されない条件付き独立性について次に紹介し,条件付き独立性を利用し遺伝子ネットワークを推定する手法としてグラフィカル・ガウシアンモデル,およびベイジアンネットワークについて紹介する。さらに,推定された遺伝子ネットワークを利用した研究として,計算機科学的薬剤ターゲット遺伝子の発見(computational-drug target gene discovery)の例を紹介する。遺伝子間の関係をネットワークとして理解することにより,投与された薬のmode-of-action,薬効のメカニズム,副作用の予測・回避,新規薬剤ターゲット遺伝子の発見へと繋がる可能性があり,今後発展の期待される研究分野である。

3.2 遺伝子ネットワーク推定

3.2.1 記号の整理

今,我々はn種類の実験条件においてp個の遺伝子の発現状態を観測したとする。例えば,時系列に観測されたデータとすると,何らかの刺激を細胞に与え,その後30分,1時間,1.5時間,2時間,2.5時間,3時間と6時点において発現の変化を計測したような場合が考えられる。このとき,$n=6$となる。また,後の解析例でも扱う遺伝子ノックダウン(ノックアウト)実験では,ある遺伝子の発現を強制的に抑制し他の遺伝子がどのような影響を受けるかを計測する。一度に

---

* Seiya Imoto 東京大学 医科学研究所 ヒトゲノム解析センター DNA情報解析分野 助手

ノックアウトする遺伝子を1つとすると，270個のノックアウト遺伝子を選定した場合$n=270$となる。また，どちらの場合も遺伝子数pは興味ある遺伝子の数に相当する。

上述した遺伝子発現データは，$p \times n$の表としてまとめることができる。すなわち$\boldsymbol{X}$をサイズが$p \times n$の行列とし，その(j, i)成分x_{ji}はj番目の遺伝子のi番目のマイクロアレイによって計測された発現値を表す。ここで，$j=1, ..., p; i=1, ..., n$である。cDNAマイクロアレイデータでは，x_{ji}は対数発現値とする。すなわち，$Cy3_{ji}$, $Cy5_{ji}$をそれぞれi番目のマイクロアレイによるj番目の遺伝子のCy3（コントロール細胞），Cy5（サンプル細胞）のインテンシティとすると

$$x_{ji} = \log \frac{Cy5_{ji}}{Cy3_{ji}}$$

である。また，GeneChipのようなオリゴヌクレオチドを利用したDNAチップの場合，x_{ji}はmRNAの量を表すインテンシティもしくは対数インテンシティとなる。j番目の遺伝子の発現値をまとめて

$$\boldsymbol{x}_j = (x_{j1}, ..., x_{jn})^t \quad (j=1, ..., p)$$

とベクトル表示する。ただし，$\boldsymbol{a}^t$, $\boldsymbol{A}^t$はベクトル$\boldsymbol{a}^t$，行列$\boldsymbol{A}^t$の転置を表す。また，1つのマイクロアレイによる各遺伝子の発現値をまとめて

$$\boldsymbol{x}_{(i)} = (x_{1i}, ..., x_{pi})^t \quad (i=1, ..., n)$$

とベクトル表示する。添え字が括弧で囲まれていることで遺伝子の発現ベクトルと区別していることに注意。このベクトル表示を用いると遺伝子発現行列$\boldsymbol{X}$は

$$\boldsymbol{X} = (\boldsymbol{x}_1, ..., \boldsymbol{x}_p)^t = (\boldsymbol{x}_{(1)}, ..., \boldsymbol{x}_{(n)})$$

と表せる。本項目では，各マイクロアレイデータ$\boldsymbol{x}_{(1)}, ..., \boldsymbol{x}_{(n)}$は適切な方法で同一チップ内，チップ間で正規化されていると仮定する。例えば，cDNAマイクロアレイデータに対しては，lowess正規化などを施し前処理を行ったデータを想定している。

遺伝子ネットワークは，1つの遺伝子が1つのノードであるようなグラフを用いて表現される。2つの遺伝子に関連がある場合，枝によって2つのノードは結ばれる。遺伝子ネットワークは転写制御のネットワークであるため，転写因子とその制御遺伝子の関係は転写因子から制御遺伝子へ向いた矢印によって制御関係の向きを表す。数学的な表現を用いて整理する。今，p個の遺伝子があるとき，それらをノードの集合$\nu = \{V_1, ..., V_p\}$と表す。i番目の遺伝子がj番目の

遺伝子を制御しているとき V_i から V_j に引かれる有向枝を $e(i, j)$ と表す．有向枝の集合を ε と表すとき，有向グラフ G は $G=(\nu, \varepsilon)$ で定義される．また，ネットワークの表現として隣接行列を用いる場合がしばしばある．隣接行列は，p 個のノードからなる有向グラフの場合，$p \times p$ 次の行列でその (i, j) 成分 e_{ij} は $e(i, j) \in \varepsilon$ のときに1，それ以外で0である．

遺伝子ネットワークを有向グラフではなく無向グラフ（枝に向きのないグラフ）によって表現すると，有向枝から向きが除かれた枝 $e\{i, j\}$ を用いて表せる．遺伝子ネットワークは転写制御のネットワークということを考えると有向グラフによる表現がより自然であると考えられる．タンパク質間相互作用をまとめたタンパク質ネットワークでは，枝はあるタンパクとあるタンパクが複合体を形成したこと意味することが多いため，無向グラフによる表現が自然と考えられる．

3.2.2 遺伝子間の関係を知る

(1) 相関係数

マイクロアレイデータ行列 $\boldsymbol{X}$ が与えられたとき，i 番目の遺伝子と j 番目の遺伝子の間に関連があるかどうかを知るためのもっとも簡単な統計手法は $\boldsymbol{x}_i$ と $\boldsymbol{x}_j$ の相関係数を計算しその値が0か否かを判定する方法であろう．$\boldsymbol{x}_i$ と $\boldsymbol{x}_j$ の相関係数 $\rho(\boldsymbol{x}_i, \boldsymbol{x}_j)$ は次式で表される．

$$\rho(\boldsymbol{x}_i, \boldsymbol{x}_j) = \frac{\sum_{\alpha=1}^n (x_{i\alpha}-x_{i.})(x_{i\alpha}-x_{j.})}{\sqrt{\sum_{\beta=1}^n (x_{i\beta}-x_{i.})^2}\sqrt{\sum_{\gamma=1}^n (x_{j\gamma}-x_{j.})^2}}.$$

ただし，$x_{i.}=\sum_{k=1}^n x_{ik}/n$ である（$i=1, ..., n$）．求めた相関係数から2つの遺伝子に関連があるかどうかを知るためには，ある閾値 $\eta (>0)$ を用意して

$$|\rho(\boldsymbol{x}_i, \boldsymbol{x}_j)| > \eta$$

ならば2つの遺伝子には関連があると結論づける方法が考えられるであろう．閾値の設定については，統計的仮説検定の利用が考えられる．つまり，帰無仮説：「母相関係数は0である」としたとき，検定統計量

$$\rho_0 = \frac{|\rho(\boldsymbol{x}_i, \boldsymbol{x}_j)|\sqrt{n-2}}{\sqrt{1-\rho(\boldsymbol{x}_i, \boldsymbol{x}_j)^2}}$$

は自由度 $n-2$ の t 分布に従うところから，帰無仮説に対する p 値は $p=\Pr(|t_{n-2}|>\rho_0)$ と求まり，有意水準を5%とすると $p<0.05$ ならば帰無仮説を棄却し，対立仮説：「母相関係数は0ではない」を採択する．ただし．t_{n-2} は自由度 $n-2$ の t 分布に従うとする．相関係数に基づく遺伝子のネットワークは，枝に向きのある情報はないため，上記の帰無仮説を棄却した枝 $e\{i, j\}$ とノード集合 ν で構成される無向グラフとして得られる．

(2) 条件付き独立

前述した相関係数によるネットワークを次の例で考えてみよう。表1は3つの確率変数X, Y, Zに関して得られた20個の実現値の例である。(X, Y), (Y, Z), (Z, X)の3つの組に対する散布図を図1にあげる。図1から分かるように，3つの確率変数間の相関係数は大きく，$\rho(X, Y) = 0.9249$, $\rho(Y, Z) = 0.7096$, $\rho(Z, X) = 0.7804$である。前節で述べた相関係数に関する検定を行った結果，p-値はそれぞれ5.453×10^{-9}, 0.0004579, 4.922×10^{-5}となり，有意水準を5%とすると全て帰無仮説を棄却する。また，仮説検定を3回繰り返しているため多重性の補正のためボンフェロニの補正を行っても3つのp値は全て0.05/3より小さいため，やはり3つの仮説検定は全て帰無仮説を棄却する。従って，相関係数によるこれら3変数間のネットワークは図2のように全連結のグラフとなる。

実は，表1に示したデータはコンピュータ上で乱数を持いて人工的に生成したデータである。生成方法は次の通りである：(1) Xのデータとして標準正規分布から1個の値を生成した。(2) 平均0, 分散0.64の正規分布から新たに1個の値を生成しその値を(1)で生成したXの値に加えてYのデータとした。(3) 平均0, 分散0.64の正規分布から新たに1個の値を生成しその値を(1)で生成したXの値に加えてZのデータとした。以上(1)〜(3)のステップを20回繰り

表1　変数X, Y, Zのデータの例
小数点以下2位まで表示。

X	Y	Z
−1.18	−1.83	−0.41
1.04	0.58	1.18
−0.72	−0.99	−1.71
1.23	1.16	1.08
−0.18	−0.37	0.39
0.03	−0.03	0.29
0.63	0.45	−0.63
−1.86	−1.27	−1.71
2.01	1.95	1.14
−1.60	−1.83	−0.4
−0.46	−1.14	0.27
−0.39	−0.11	−0.62
−2.31	−2.70	−1.84
1.31	0.61	1.40
−0.07	−1.09	0.73
−0.41	0.23	1.04
−0.52	−1.42	−1.28
0.05	0.48	0.07
−1.69	−2.05	−1.08
−1.37	−1.34	−2.44

第 3 章　解析技術

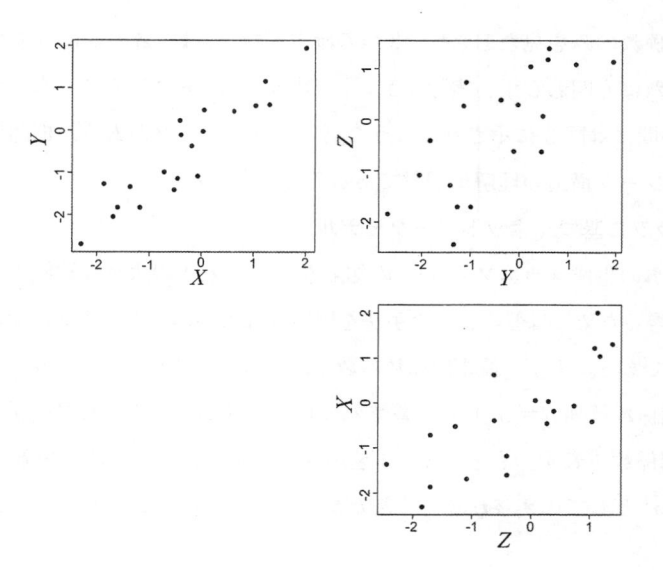

図 1　散布図

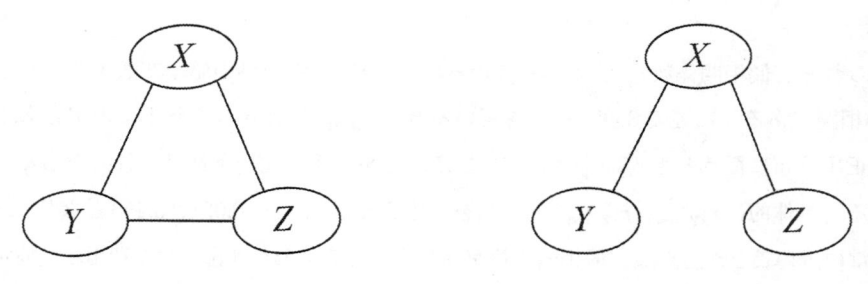

図 2　相関係数による 3 変数 X, Y, Z のネットワーク　　　　　図 3　X, Y, Z のネットワーク

返すことにより表 1 のデータを得た。つまり，3 つの確率変数の間には次の関係があることになる。

$$Y = X + e_Y,$$
$$Z = X + e_Z. \tag{1}$$

ただし，e_Y と e_Z は互いに独立であり，平均 0，分散 0.64 の正規分布に従う確率変数である。この関係のもとで X をある値 x_0 に固定した状況を考えると，Y と Z の確率的変動を与えているのはそれぞれ e_Y と e_Z だけとなる。つまり，e_Y と e_Z は互いに独立な確率変数であったため Y と Z も X をある値 x_0 に固定した状況では独立となる。このことを Y と Z は X を与えたときに条件付き独立という。

つまり，相関係数のみを見たときに，3つの確率変数X, Y, Zの間にはすべて有意な相関があるように見えたにも関わらず，実際はYとZの間にはXを介してのみ関係があった。すなわち，X, Y, Zの間には図3に示されるような真のネットワークがある。相関係数だけを見たのでは真のネットワーク構造の理解は困難であることが分かる。

(3) 無向グラフに基づくネットワークモデル

確率変数間の真の生成メカニズム(1)の知識なしに。表1のような数値のデータから図3のネットワークを得るためにはどのような手法を用いればよいのであろうか。その答えの一つが偏相関係数の利用である。まず，偏相関係数の数学的定義から述べる。今，p個の確率変数X_1, ..., X_pに対して相関係数行列$R=(r_{ij})$が計算されているとする。ここでr_{ij} (i, $j=1$, ..., p)はX_iとX_jの間の相関係数を表す。もちろん$-1 \leq r_{ij} \leq 1$である。また，R^{-1}をRの逆行列とし，その(i, j)成分をr^{ij}として添え字ijの上付きで表すこととする。このとき，X_iとX_jの偏相関係数は

$$r_{ij \cdot \text{rest}} = -\frac{r_{ij}}{\sqrt{r^{ii}}\sqrt{r^{jj}}}$$

で与えられる。偏相関係数$r_{ij \cdot \text{rest}}$が測っているのは，X_iとX_j以外の確率変数を与えたときのX_iとX_jの相関である。前述の3変数の例を用いると，$r_{YZ \cdot \text{rest}}$はXを与えた下でのYとZの相関であり，正規分布に従うとき$r_{YZ \cdot \text{rest}}=0$は$Y$と$Z$は$X$を与えた元で条件付き独立であることと同値である。具体的に$r_{XY \cdot \text{rest}}$, $r_{YZ \cdot \text{rest}}$, $r_{ZX \cdot \text{rest}}$を求めると0.842, -0.051, 0.463となり，$r_{YZ \cdot \text{rest}}$は0に非常に近いことが分かる。偏相関係数が0と見なせるか否かは逸脱度を利用した検定によって決めることが出来る。概略だけをp個の確率変数の一般的な状況で述べる。

今，集合$\tau \subset \{1, ..., p\} \times \{1, ..., p\}$を変数を表す添え字の組の部分集合とする。どの偏相関係数も0と見なさないモデルM_Fとτに属する組の偏相関係数を0とおいたモデルM_Rの逸脱度は正規分布の仮定の下で

$$\text{dev}(M_F, M_R) = -2\ln\frac{|R_R|}{|R_F|}$$

で与えられる。ここで，R_F, R_RはそれぞれM_F, M_Rの相関係数行列を表す。逸脱度は自由度が0と制約を課したパラメータ数，すなわち$|\tau|$のカイ2乗分布に従うことを用いて帰無仮説：「$M_F=M_R$」の検定を行う。確率変数が正規分布に従うと仮定したとき，確率変数間の条件付き独立性と偏相関係数の関連を利用したこのモデルはグラフィカル・ガウシアンモデルとよばれる。

グラフィカル・ガウシアンモデルをマイクロアレイデータに適用し遺伝子ネットワークを推定する際には遺伝子数とマイクロアレイの枚数の関係に注意を払う必要がある。すなわち，偏相関係行列を計算するためには相関行列の逆行列を計算する必要がある。しかしながら，遺伝子数がマイクロアレイの枚数を超えたような状況では相関行列が退化してしまい逆行列を計算することが不可能となる。このような場合，遺伝子をあらかじめ何らかの方法でいくつかのグループに分割し，遺伝子グループ間のネットワークを計算することとなる。詳しくはToh and Horimoto（2002）を参照されたい。

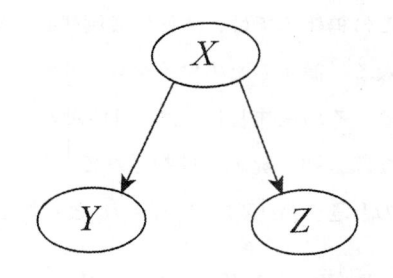

図4　3変数 X, Y, Z ネットワークの有向グラフによる表現

(4) 有向グラフに基づくネットワークモデル

図2，3は相関係数，偏相関係数の意味で関連のある変数を向きのない枝で結びネットワークを表示した。しかしながら，システム（1）からは Y と Z は共に X から生成されるという依存関係の向きが読み取れる。このような向きの情報を考慮したものが有向グラフであり，システム（1）に対応する有向グラフは図4で表される。遺伝子ネットワークは遺伝子間の制御関係を表したものであるため有向グラフによる表現はより自然なものであると考えられる。

有向グラフとして遺伝子ネットワークを推定する方法としては，ブーリアンネットワーク，ベイジアンネットワーク，ダイナミックベイジアンネットワークなどが挙げられる。ここではベイジアンネットワークについて解説する。一般に p 個の確率変数を $\chi = \{X_1, ..., X_p\}$ と表す。確率変数は離散型でも連続型でも構わないがここでは離散型の確率変数を考える。つまり，ある確率変数は r 個の離散値 $u_1, ..., u_r$ を取り得るとする。まず，非巡回有向グラフを考える。非巡回有向グラフとは，あるノードから矢印の向きに辿って自分自身に返ってくるパスのない有向グラフである。また，ある確率変数 X_j はその非巡回有向グラフ上の直接の親のみにその状態は依存すると仮定する。つまり，X_j の直接の親確率変数の集合を $Pa(X_j)$ とすると

$$\Pr(X_j | Pa(X_j), X \setminus \{X_j, Pa(X_j)\}) = \Pr(X_j | Pa(X_j))$$

が成り立つことを仮定する。この性質をマルコフ性とよぶ。非巡回有向グラフとマルコフ性により，次の分解が成立する。

$$\Pr(X_1, ..., X_p) = \prod_{j=1}^{p} \Pr(X_j | Pa(X_j)). \tag{2}$$

この枠組みでは，条件付き確率 $\Pr(X_j|Pa(X_j))$ により遺伝子間の制御関係を捉えていることとなる。簡単のためマイクロアレイデータ x_{ji} は3つの値 $\{-1, 0, +1\}$ に離散化されているとする。その意味としては，cDNAマイクロアレイデータでは，コントロールに比べてサンプル細胞では"-1：発現が抑制されている"，"0：変化なし"，"$+1$：発現が誘導されている"である。このとき，$Pa(X_j)=X_i\ (i\neq j)$ としたとき，例えば

$\Pr(X_j=-1|X_i=+1)=0.01$
$\Pr(X_j=0|X_i=+1)=0.01$
$\Pr(X_j=+1|X_i=+1)=0.98$

ならば，X_i は X_j の activator として働いているということと対応する。また，非巡回有向グラフを仮定しているため，$Pa(X_j)$ を与えた下では X_j は X_j の非子孫と条件付き独立となる。条件付き確率 $\Pr(X_j|Pa(X_j))$ の値はパラメータとなり，マイクロアレイデータに基づいて推定することにより確率的なネットワークモデルを得る。この非巡回有向グラフの与える条件付き独立性に従って得られる同時確率の分解に基づく方法はベイジアンネットワークとよばれる。

離散型確率変数を用いてベイジアンネットワークを説明したが，マイクロアレイデータは本来連続量として観測される。従って，上記の枠組みを適用するためには何らかの方法でマイクロアレイデータを離散化する必要がある。しかしながら，離散化する際の離散値の個数，閾値の設定は最適化すべきパラメータであり，この設定を誤ると有効な情報抽出は困難となる。また，離散化には情報損失が伴う点にも注意が必要である。そこで，次にマイクロアレイデータを連続量のまま取り扱う方法を紹介する。

連続型確率変数に対しては，(2) 式で表される分解は密度関数を用いて

$$f(x_{1i}, \ldots, x_{pi}) = \prod_{j=1}^{p} f_j(x_{ji}|\boldsymbol{pa}_{ji}) \tag{3}$$

と表される。ここで，$\boldsymbol{pa}_{ji}$ は $Pa(X_j)$ の i 番目のマイクロアレイによる観測値ベクトルを表し，$f, f_1, \ldots, f_p$ は密度関数である。離散型確率変数に対するベイジアンネットワークでは，条件付き確率の値自身がパラメータであったが，連続型確率変数に対するベイジアンネットワークでは，条件付き密度関数を推定する必要がある。通常はパラメータ $\boldsymbol{\theta}_j$ を持つ密度関数 f_j のクラスを考え，密度関数 f_j の推定をパラメータ $\boldsymbol{\theta}_j$ の推定に置き換える。具体的な例として最初に線形回帰モデルを用いた例を紹介する。今，非巡回有向グラフ上で X_1 は X_2 と X_3 を直接の親として持っているとする。このとき，条件付き密度 $f_1(x_{1i}|x_{2i}, x_{3i})$ が (3) 式の分解に現れる。線形回帰モデル

$$x_{1i} = \beta + \beta_2 x_{2i} + \beta_3 x_{3i} + \varepsilon_{1i} \tag{4}$$

を考え，ノイズ項 $\varepsilon_{1i}(i=1, \ldots, n)$ は互いに独立に平均 0，分散 σ_1^2 の正規分布に従うとすると

$$f(x_{1i}|x_{2i}, x_{3i}, \boldsymbol{\theta}_1) = \frac{1}{\sqrt{2\pi\sigma_1^2}} \exp\left\{-\frac{(x_{1i} - \beta - \beta_2 x_{2i} - \beta_3 x_{3i})^2}{2\sigma_1^2}\right\}$$

と表すことが出来る．ここで，$\boldsymbol{\theta}_1 = (\beta, \beta_2, \beta_3, \sigma_1^2)^t$ はパラメータのベクトルである．

遺伝子間の関係は線形であることが保証されない．従って，線形回帰モデルをノンパラメトリック回帰に拡張し遺伝子間の非線形関係を捉えるためのモデルの構築が考えられる．ノンパラメトリック回帰を用いることによって，(4) 式の線形回帰モデルは

$$x_{1i} = m_2(x_{2i}) + m_3(x_{3i}) + \varepsilon_{1i}$$

と表せる．ここで，$m_2(\cdot)$，$m_3(\cdot)$ は滑らかな関数でありデータに基づいて推定する．離散型ベイジアンネットワーク，線形回帰モデルに基づくベイジアンネットワークについては，Friedman et al.(2000)，ノンパラメトリック回帰に基づくベイジアンネットワークについては Imoto et al.(2002) を参照されたい．

非巡回有向グラフを与えると同時確率の分解が得られ，パラメータは最尤法など適切な方法を用いて推定することが出来る．しかしながら，遺伝子ネットワークは多くの部分が未知でありデータに基づいて推定する必要がある．その方法の一つとしてベイズ統計的なアプローチが考えられる．今，非巡回有向グラフを G と表す．ベイズ統計学の MAP (maximum *a posteriori*) 推定法に従うと，最適な非巡回有向グラフはマイクロアレイデータ $\boldsymbol{X}$ が与えられた下での非巡回有向グラフ G の事後確率 $p_{\text{post}}(G|\boldsymbol{X})$ を最大にするものである．ベイズルールを用いると，事後確率 $p_{\text{post}}(G|\boldsymbol{X})$ は

$$p_{\text{post}}(G|\boldsymbol{X}) = \frac{p_{\text{prior}}(G)p(\boldsymbol{X}|G)}{p(\boldsymbol{X})}$$

となる．ここで，$p_{\text{prior}}(G)$ は非巡回有向グラフ G の事前確率，$p(\boldsymbol{X}|G)$ は G を与えた下でのマイクロアレイデータ $\boldsymbol{X}$ の尤度である．分母 $p(\boldsymbol{X})$ は G には依存しない量であるので G の最適化には関与しない．従って，$p_{\text{post}}(G|\boldsymbol{X})$ の最大化は，分子 $p_{\text{prior}}(G)p(\boldsymbol{X}|G)$ の最大化と同値である．$p(\boldsymbol{X}|G)$ はベイジアンネットワークに含まれるパラメータを周辺化した周辺尤度に対応し，高次積分

$$p(\boldsymbol{X}|G) = \int \prod_{i=1}^{n} \prod_{j=1}^{p} f_j(X_{ji}|\boldsymbol{pa}_{ji}, \boldsymbol{\theta}_j) p_j(\boldsymbol{\theta}_j) d\boldsymbol{\theta}_j$$

を解くことで得られる。ただし，$p_j(\boldsymbol{\theta}_j)$ はパラメータ $\boldsymbol{\theta}_j$ の事前分布である。この，G の事後確率に基づくネットワーク構造推定のための基準は，離散型確率変数，線形回帰，ノンパラメトリック回帰に基づくベイジアンネットワークのそれぞれに対して導出されており，BDe，BIC，BNRC とよばれる。それぞれの詳細については Friedman *et al.*(2000)，Schwarz(1978)，Imoto *et al.*(2002) を参照されたい。また，ネットワーク構造の推定は，統計的モデル選択の問題と見なすことが出来る。統計的モデル選択については，小西・北川(2004)に詳しい解説がある。

理論的には，すべての非巡回有向グラフの構造に対して事後確率に基づくスコアを計算し，最もスコアの良いネットワーク構造を最適なものとして選択すればよい。しかしながら，この枚挙の作業は非現実的である。Robinson (1973) によると，ノードの数が p 個の非巡回有向グラフの個数 c_p は，近似式であるが

$$c_p = \frac{p! \times 2^{p(p-1)/2}}{r \times z^p}, \quad r \sim 0.574, \quad z \sim 1.488$$

と表すことが出来る。具体的には，ノード数が9，20，30の非巡回有向グラフの個数はそれぞれおおよそ 1.21×10^{15}，2.34×10^{72}，2.71×10^{158} となる。今，もし10,000個のネットワークのスコアを1秒間に計算できるとしても，ノード数が9の非巡回有向グラフの数え上げでさえ約3,800年かかる計算になる。ノード数が30ともなると 8.59×10^{146} 年もの歳月が必要となる。しかしながら，Ott *et al.*(2003) の提案したアルゴリズムを用いることによりノード数が30程度のネットワークであれば最適解を求めることが可能となった。より大規模なネットワーク推定に対しては，greedyアルゴリズムとよばれるアルゴリズムの利用が考えられる。Greedyアルゴリズムとは，あるノードに対し枝を加える，枝を削除する，枝の向きを変えるという操作のなかで，最もスコアを改善する操作を一つだけ行うというステップを繰り返し実行し，常にスコアを改善する方向にネットワーク構造を学習する方法である。

3.3 解析例

次に，実際にマイクロアレイデータから遺伝子ネットワークを推定し，薬剤のターゲットとなる遺伝子を同定するための研究を紹介する。創薬に至るプロセスは大きく分けて薬剤のターゲットとなる遺伝子の同定と薬剤自身の設計に分けることができると考えられる。後者については計算化学を用いた既に分かっているターゲットに対して最適な化合物を設計するアプローチなど洗

第3章　解析技術

練された技術が既に確立されつつある。しかしながら，前者の薬剤のターゲットとなる遺伝子をゲノムワイドな情報からシステマティックに同定するための手法に関しては，その研究はまだ始まったばかりである。

3.3.1　Griseofulvin の例：出芽酵母

Imoto *et al.*（2003）は，遺伝子ネットワークが薬剤ターゲット遺伝子の同定に対して本質的な情報を与えることを指摘し，ネットワーク推定技術を用いた薬剤ターゲット遺伝子の同定法を提案した最初の論文である。使用したマイクロアレイデータは，①出芽酵母 *Saccharomyces cerevisiae* の遺伝子破壊株マイクロアレイデータ120枚，および ②抗真菌薬griseofulvin を濃度 10, 25, 50, 100 mg/ml で投与した際の，時刻 0, 15, 30, 45, 60 分における時系列反応データである。これら2種類のデータを用い，最初にgriseofulvin が直接影響を与えている候補遺伝子（drug affected genes）を同定する。次に，drug affected genes の上流にあり，それらを強力に制御している遺伝子でかつ低分子のターゲットとなるような遺伝子（druggable genes）を遺伝子ネットワーク推定手法を用い探索する。本解析はこれら2段階のステップで行われる。

　図5は，Imoto *et al.*（2003）によって提案された仮想遺伝子法による薬剤被影響遺伝子の同定結果を表す。YEXP100mg30min は griseofulvin（100mg/m，30 分後）を表す仮想的なノードである。このノードから直接の枝を引かれている遺伝子（影の付いた部分）は griseofulvin から直接影響を受けている候補の遺伝子となる。次に，ベイジアンネットワークノンパラメトリック

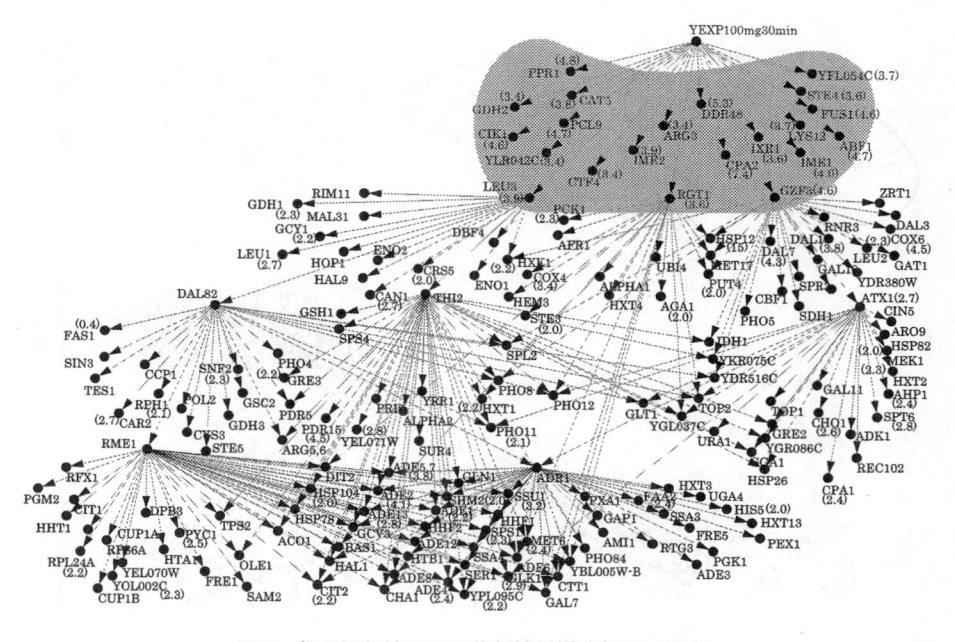

図5　仮想評価法による薬剤被影響遺伝子の同定

回帰モデルを用い735遺伝子のネットワークを構築した。735遺伝子のネットワークから仮想遺伝子法により予測された薬剤被影響遺伝子とネットワーク上でその上流にある核内受容体遺伝子を表したのが図6である。図6の下段の遺伝子ら（図中ではAffectedと示している）が仮想遺伝子法による薬剤被影響遺伝子の候補であり，上段に配置した遺伝子ら（Druggableと示した）が下段の遺伝子らを制御するとされた核内受容体遺伝子である。上段の遺伝子らの左に円で囲まれた遺伝子らは薬剤被影響遺伝子を直接制御していると予測されたもので，それ以外の上段にある遺伝子らは中段の遺伝子ら（Intermediateと表記した）を介して薬剤被影響遺伝子を制御すると予測されたものである。Savoie et al. (2003) は仮想遺伝子法を用いgriseofulvinのターゲットとして*CIK1*を同定した。さらに，*CIK1*を破壊することによってgriseofulvinを投与したときと同様の表現型を得ることを示した。

3.3.2　Fenofibrateの例：ヒト血管内皮細胞

　Imoto et al. (2006) ではヒト血管内皮細胞を用いて高脂血症薬であるfenofibrateの反応パスウェイを推定した。その中で，druggable genesをより発展させdruggable gene networkという概念を提案した。Druggable gene networkとは，ある特定の薬剤に対して反応性のあるパスウェイとして定義され，既知のターゲット遺伝子や新規のターゲット遺伝子候補を含むことからその名前が付けられた。図7は270枚のsiRNAによる遺伝子ノックダウンのマイクロアレイデータとfenofibrateを投与しそのレスポンスを調べた時系列のマイクロアレイデータに基づきfenofibrate

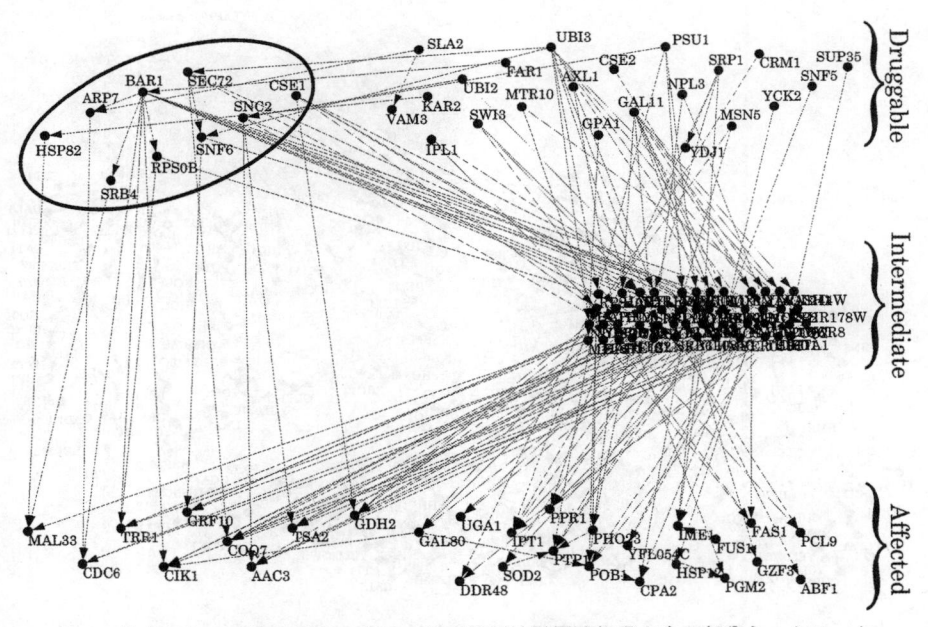

図6　推定した735遺伝子ネットワークの薬剤被影響遺伝子を含む部分ネットワーク

第 3 章　解析技術

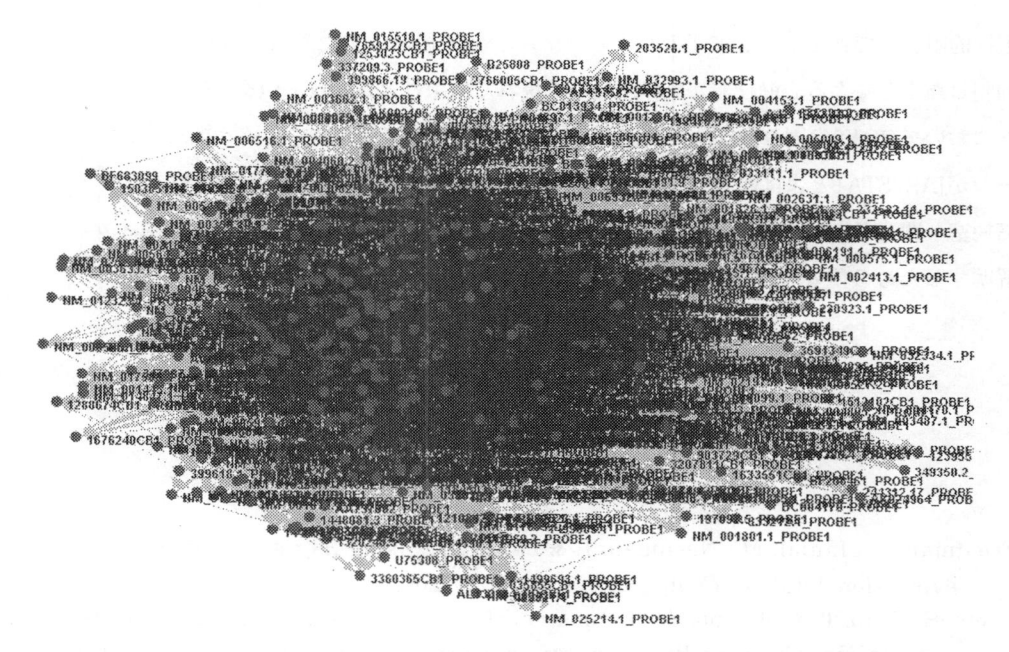

図 7　推定した 735 遺伝子ネットワークの薬剤被影響遺伝子を含む部分ネットワーク

に関連すると予測された遺伝子のットワークである。ネットワークはベイジアンネットワークとノンパラメトリック回帰に基づく方法で推定された。手法の詳細，および使用したデータについては Imoto *et al.*（2006）を参照されたい。

　PPAR-α は fenofibrate のターゲット遺伝子であることが知られており，推定された反応パスウェイにおいては，*PPAR-α* は多数の遺伝子を制御しており，まさにそのパスウェイのトリガー的役割を担っていた。また，*PPAR-α* に関連していくつかの既知の情報と整合性のある関係が得られた。Imoto *et al.*（2006）の推定したネットワークは，多数の既知ターゲット遺伝子を含み，そのほとんどがネットワーク上で多数の遺伝子を制御している，いわゆる hub 遺伝子となっていた。高脂血症に関連する脂質代謝遺伝子において，fenofibrate のターゲット遺伝子である *PPAR-α* よりも多くの遺伝子を制御していたものは 17 個あり，そのうち 6 個の遺伝子は既存薬のターゲット遺伝子であった。それらのうちいくつかを紹介すると，*HMGCR* は多くの製薬会社がターゲットとしており，三共の高脂血症治療剤である HMG-CoA 還元酵素阻害剤メバロチンのターゲット遺伝子でもある。他にも *LIPG*, *LSS* などが発見されるが，興味深いのはその中に *COX2* が含まれていることである。

　COX2 は関節炎治療薬であり，ここでターゲットとしている高脂血症との関連性は明らかではないが，多くの製薬会社がターゲットとしている遺伝子である。メルクのバイオックスも *COX2*

選択的阻害剤であるが，2005年のバイオックスの副作用訴訟は記憶に新しい．これは，$COX2$を抑制したことによる心筋梗塞が副作用として現れた結果だと言われている．推定したネットワークにおいて$COX2$の周りの情報を見てみると，$COX2$が直接制御していると推定された遺伝子の一つがJAK/STATとよばれるパスウェイに上にある遺伝子であった．JAK/STATパスウェイは心筋梗塞と関連があることが知られているため，推定したネットワークはその副作用メカニズムを解明するための重要な手がかりになる可能性がある．

文　　献

Friedman, N., Linial, M., Nachman, I. & Pe'er, D., "Using Bayesian networks to analyze expression data"., *J. Comp. Biol.*, **7**, 601–620 (2000)

Imoto, S., Goto, T. & Miyano, S., "Estimation of genetic networks and functional structures between genes by using Bayesian networks and nonparametric regression"., *Pac. Symp. Biocomput.*, **7**, 175–186 (2002)

Imoto, S., Savoie, C. J., Aburatani, S., Kim, S., Tashiro, K., Kuhara, S. & Miyano, S., "Use of gene networks for identifying and validating drug targets"., *J. Bioinform. Comput. Biol.*, **1**, 459–474 (2003)

Imoto, S., Tamada, Y., Araki, H., Yasuda, K., Print, C. G., Charnock-Jones, S. D., Sanders, D., Savoie, C. J., Tashiro, K., Kuhara, S. & Miyano, S. "Computational strategy for discovering druggable gene networks from genome-wide RNA expression profiles"., *Pac. Symp. Biocomput.*, **11**, 559–571 (2006)

小西貞則，北川源四郎，．情報量規準，予測と発見の科学シリーズ2，朝倉書店 (2004)

Ott, S., Imoto, S. & Miyano, S., "Finding optimal models for small gene networks"., *Pac. Symp. Biocomput.*, **9**, 557–567 (2004)

Savoie, C. J., Aburatani, S., Watanabe, S., Eguchi, Y., Muta, S., Imoto, S., Miyano, S., Kuhara, S., & Tashiro, K., "Use of gene networks from full genome microarray libraries to identify functionally relevant drug-affected genes and gene regulation cascades"., *DNA Res.*, **10**, 19–25 (2003)

Schwarz, G., "Estimating the dimension of a model"., *The Annals of Statistics*, **6**, 461–464 (1978)

Toh, H. & Horimoto, K. "Inference of a genetic network by a combined approach of cluster analysis and graphical Gaussian modeling"., *Bioinformatics*, **18**, 287–297 (2002)

DNAチップ活用テクノロジーと応用 《普及版》（B1076）
2006年 9 月 29 日 初　版　第 1 刷発行
2014年 4 月 7 日 普及版　第 1 刷発行

監　修	久原　哲	Printed in Japan
発行者	辻　賢司	
発行所	株式会社シーエムシー出版	

　　　　　東京都千代田区神田錦町 1-17-1
　　　　　電話 03 (3293) 2061
　　　　　大阪市中央区内平野町 1-3-12
　　　　　電話 06 (4794) 8234
　　　　　http://www.cmcbooks.co.jp/

〔印刷　株式会社遊文舎〕　　　　　　　　　Ⓒ S. Kuhara, 2014

落丁・乱丁本はお取替えいたします。

本書の内容の一部あるいは全部を無断で複写（コピー）することは，法律で認められた場合を除き，著作者および出版社の権利の侵害になります。

ISBN978-4-7813-0879-1　C3047　¥3400E